Our WWOOFing Days

유럽, 여행 말고 우프!

Prologue

"잡초 뽑을 거면 아버지 텃밭에 있는 거나 뽑아주지. 거기까지 가서 웬 고생이니?"

어머니 말씀처럼, 가끔 '왜 우리가 이 먼 곳까지 와서 잡초를 뽑고 있나'라는
생각이 들었다. 남들은 열심히 직장을 다니며 미래를 준비하고 있을 시간에 비싼
비행기 값을 들여 만리타국 남의 농장까지 와서는 고작 한다는 일이 잡초 뽑기라니.
그나마 돈이라도 벌면 다행이지만 우리가 얻는 것이라고는 근육통뿐.
그래도 좋은 것이 더 많았다. 온전히 우리 둘과 주변 사람들, 자연만을 마주하며
보낼 수 있는 이 시간은 무엇과도 바꿀 수 없다. 도피처를 찾아온 것은 아니지만,
자연스럽게 복잡하고 험악한 세상일에서 벗어날 수 있었다. 그만큼 삶은 단순해진다.
소유해야 할 것은 배낭 하나와 한나절 정도 일할 수 있는 건강한 신체와 정신이다.
우리가 텃밭을 일구면 누군가의 식량이 되고, 흙으로 벽을 쌓으면 누군가의 집이 된다.
우리 또한 누군가의 노동을 통해 만들어진 음식을 먹고, 그 집에서 머문다. 뭘 하는지
알 수 있고, 결과를 눈으로 볼 수 있으니 그 어떤 일보다도 보람차다. 평생을 이렇게
복잡하지 않게 살 수 있다면, 이보다 넘치는 행복은 없겠다.
생활이 단순해진 만큼, 많은 시간을 대화와 사색으로 보낼 수 있다. 퇴근하면
밥해 먹고 잠자기 바쁜 한국의 일상에서 늘 부족했던 '우리'에 대한 고민. 이곳에
와서야 그 목마름을 채운다. 새로운 공간에서 새로운 사람들과 부대끼다 보면
자연스럽게 편견과 고집이 하나하나 해체된다. 자신을 얽메고 있던 것들에서
자유로워지는 순간, 다른 시선에서 삶을 되돌아볼 수 있다.

무엇을 구경하거나 무엇을 얻고자 한 여행이 아니었다. 그저 한 번 '새로운 곳에서 살아보기' 위함이었다. 자연스럽게 관광 위주의 여행이 아닌, 머무는 여행을 생각하게 되었다. 그리고 그 방법으로 유기농 농장에서 일하고 숙식을 제공받는 '우프WWOOF'를 선택하였다. 어떤 나라의 진짜 모습을 보기 위해서는 도시보다는 시골에 가야 한다는 생각도 작용했다. 그렇게 우리의 여행은 '교환'과 '관계'를 통한 여정이 되었고, 그 과정에서 남다른 경험을 할 수 있었다.

여행이라면 사진 한 장으로만 남게 될, 예쁘고 독특한 집에서 살아볼 수도 있다. 남들이 그 지역의 대표적인 음식을 쫓아 식당을 전전할 때, 우리는 그들의 집, 식탁에 앉아 진짜 그들의 음식을 함께 즐겼다. 음식만 맛본 것이 아니라, 식사에 대한 태도와 정서는 물론이고 덤으로 요리법까지 배웠다. 함께 일하고, 탁구치고, 노래를 부르며 춤도 추는 일상을 공유하면서 자연스럽게 그들과 친구가 되어갔다.

짧은 시간 동안 허겁지겁 많이만 보려는 급한 여행이 아닌, 현지인과 머물며 함께 생활하는 느린 여행을 제안하고 싶다. 겉을 보는 여행, 과거의 유산을 따라가는 여행이 아닌, 그들의 속살을 느낄 수 있는 현재를 여행하는 방법 말이다.

Treveling Day 04
끝나지 않은 여행

Supplement 05
남다른 시선, 현재를 여행하다

Epilogue

Wedding Day

01

우리는 왜

배낭을 꾸렸나?

그녀, 우정의 이유

"나 결혼해야 할 것 같아."

영글의 사슴 같은 눈망울이 내 말에 더 반짝인다.

"누구랑?"

"누구든. 부모님이 혼자 해외여행은 절대 허락 안 하신대. 결혼하는 것밖에 방법이 없어."

"그럼 나랑 해! 내가 늘 곁에 있어 줄게."

"음, 좋아. 그럼 나랑 같이 외국에 나가 살아보는 거야. 알았지? 난 한 일 년 정도 생각하고 있어."

대학 마지막 학기가 시작되기도 전, 환경단체에서 활동을 시작해 그 흔한 휴학 한 번 하지 않고 졸업했다. 주변 친구들이 휴학하고 해외연수다 여행이다 세상을 배워가고 있을 때, 4대강 반대운동과 에너지 전환운동에 몰두하느라 사방팔방 열심히 뛰어다녔다. 지금 그들은 취업준비생이거나 사회생활을 막 시작했지만, 난 이제 와서 '휴학' 같은 시간이 필요했다. 일 년의 시간을 온전히 나에게 선물하고 싶었다.

그러나 몇 년 전, 배낭 메고 처음 떠난 해외여행지 필리핀에서 사기꾼이 건네준 음료를 먹고 잠들어 부모님 간장을 녹아내리게 한 전례가 있던지라, 내 고집만 피울 수는 없는 노릇이었다(당시 지갑에 있던 현금 300만 원과 나의 목숨을 바꿨다).

"아직은 우리가 너의 보호자이므로 혼자 가는 여행은 허락할 수 없어. 내가 결혼해 독립하게 되면 그때 하고 싶은 대로 해."

부모님 말씀이다. 원하는 여행을 떠나기 위해 구혼해야만 하는 웃기고도 슬픈 상황. 다행히 나의 짝꿍 영글이 청혼을 받아 줬다. 이듬해 결혼식을 올리고 여행 준비를 하자며, 그렇게 우리 두 사람이 함께 만들어가는 여행 계획이 세워졌다.

그, 영글의 이유

"결혼은 최대한 늦게 하는 게 좋아. 즐길 거 다 즐기고 천천히 해!"

예전 직장 선배들이 옥상에서 담배를 태우며 밥 먹듯이 충고해 주던 이야기다. 계속 그런 이야기를 듣다보니 결혼은 마치 불행의 시작처럼 여겨졌다. 우정 역시 지금은 결혼 생각이 전혀 없다고 했다. 대학원에 막 입학하는 처지에, 가진 것 하나 없는 나 역시 결혼할 준비가 되어 있지 않았다.

2~3년 전부터 우정은 외국에 나가 1년 정도 살아보고 싶다고 종종 이야기했다. 나도 같은 생각이었지만, 실행에 옮길 용기는 없었다. 이런 타이밍에 우정의 청혼과 여행 제안은 나를 설레게 했다. 결혼으로 불행의 시작을 경험하는 것이 아니라, '새로운 여행'을 시작할 수 있다니!

일단 '대학원생'이라는 신분은 여행을 떠나기에 굉장히 유리했다. 직장을 다니다가 휴직할 순 없지만, 난 휴학을 할 수 있다. 마침 외국에서 장기간 머물 수 있는 자격이 주어지는 '워킹홀리데이' 비자를 발급받을 수 있는 나이도 내년이 마지막이다. 더 고민할 것도 없이 우리는 결혼한 후 바로 여행을 떠나자고 다짐했다. 대학원 입학이 결정되고, 교수님께서도 이 계획을 흔쾌히 허락해주시니 일이 잘 풀릴 모양이다.

그동안 나는 나의 꿈, 나의 미래에 대한 생각만 했었다. 일과 학업을 모두 멈추고, 동반자와 함께 새로운 시작을 한다고 생각하니 나 혼자만의 상상은 버리게 된다. 이 여행으로 '우리의 삶', '우리의 희망'을 함께 그려나갈 수 있다는 사실이 가슴 뛰게 했다. 앞으로의 1년, 설렘으로만 가득할 것 같다.

5월의 어느 멋진 날에

푸른 녹음이 짙은 숲 속. 드레스를 입어 어색하기 짝이 없는 내가, 양복이 잘 어울리는 신랑 영글의 손을 맞잡고 섰다. 눈 앞에 펼쳐진 아름다운 풍경 속에 양가 부모님이 앉아 계시고 그 뒤로 가족과 친구, 지인들의 모습에 전율이 느껴진다. 한 사람 한 사람과 눈 인사를 주고받는다. 축복과 풍요로움이 가득한 지금 이 순간, 살아가며 오래도록 힘이 되

11

어 줄 것 같다.

　결혼식은 우리가 함께 만든 첫 작품이었다. 일반 예식장에서 결혼하고 싶지 않아 야외 결혼식을 올릴 수 있는 곳을 백방으로 찾아다닌 끝에 이곳, 곤지암밸리 야외정원을 찾아 냈다. 장소를 대여해 결혼식을 진행하려고 하니, 하나부터 열까지 신경써야할 일들 투성이었다. 결혼식을 위해 부산, 포항, 수원에서 올라온 친구들이 전날 식이 진행될 곤지암에 미리 도착해 이른 아침부터 결혼식 준비를 도왔다. 푸른 잔디밭에 버진로드를 깔고 부케를 포함해 스타일링을 도맡아준 플로리스트 십여 명이 온종일 잔디밭을 뛰어다녔다. 피로연 음식은 친환경 유기농으로 준비했다. 오늘의 모습을 카메라로 담아줄 사진작가 역시 지인이 애써주었고, 외할머니는 손녀를 위해 폐백 음식을 직접 만들어 주셨다. 가족과 지인들의 도움이 없었다면 엄두도 못 냈을 일이다.

　드레스는 결혼식을 목전에 두고 저렴하게 대여하였고, 웨딩 촬영 역시 생략했다. 다른 예비 신랑·신부들이 피부 관리를 받고 다이어트할 때, 우리는 함께 부를 노래를 연습하고 탱고를 배우러 다녔다. '인생을 축제처럼 살자'는 것이 공통된 바람이었기에 예식에는 정해진 식순도, 주례도 없었다. 가족과 가까운 지인들의 진정 어린 축하를 받으며 눈부신 그 날, 그렇게 우리는 부부가 되었다.

완벽하지 않은 우리. 서로에게 부족한 부분을 채워주고 보듬어 주기 위해 함께 사는 존재임을 다시 한 번 마음 깊이 되새겼다.

여행을 위한 준비

지금 생각해보면 몰라서 참 용감했고, 용감해서 소중한 순간과 시간을 만들어낼 수 있었던 젊은 우리의 모습이다.

결혼식을 끝내고, 우리는 바로 두 번째 작품에 들어갔다. 그런데 막상 배낭 하나만 달랑 메고 떠날 생각을 하니 정리할 것이 너무나 많다. 비행기 타기 한 달 전, 몸담았던 환경 단체에 휴직서를 내고 여행 준비를 시작했다. 비행기 표는 이미 네 달 전에 1년 오픈티켓으로 사 두었으니 1년 안에만 돌아오면 된다.

영글 역시 휴학할 생각이기에 학업을 마무리하고 있었다. 오래전 별생각 없이 떠났던 유럽 배낭여행에서 본 유럽인의 삶의 태도가 오래도록 그의 기억에 남았고, 그때의 자극은 영글이 살아가는 데 있어 많은 변화를 주었다. 부럽게만 느껴졌던 그 모습을, 이번엔 현지에서 그들과 같이 생활하며 경험한다니 기대가 가득하단다.

우리는 프랑스 워킹홀리데이 비자를 받아 출국하지만, 임금을 받는 노동을 할 생각은 없다. 비자는 그저 유럽에 오랫동안 머물기 위한 수단이다. 호주에서 워킹홀리데이로 돈을 벌었다는 사람들은 많이 봤지만, 유럽에서 워킹홀리데이를 한 사람들의 후기는 대체로 긍정적이지 못했다. 비영어권 국가가 많다보니 언어의 장벽이 높아 일단 일자리를 구하기 힘들고, 주거비나 생활비가 한국의 2배 이상이다. 결국 일자리를 찾다 못해 한인식당에서 일을 하는 경우가 다반사며, 그렇게 번 돈은 집세를 내느라 허덕이게 된다는 이야기가 곳곳에서 들려왔다. 유럽에 가서 그런 경험을 하게 될 바에야 차라리 한국에 머물면서 편하게 사는 게 나은 선택이란 생각이 들었다.

고민이 깊어갈 즈음, 영글이 '우프WWOOF(World-Wide Opportunities on Organic Farms)'라는 프로그램에 관해 이야기했다. 우프는 영국에서 시작되어 지금은 세계 전역으로 확대된 유기농가들과 봉사자들을 연결하는 운동으로, 이 프로그램의 가장 중요한 핵심은 '상호교환'이다. 보통 우퍼WWOOFer(우프 제도에 따라 노동력을 제공하는 사람)는 우프에 등록된 호스트 농가에서 하루 4~6시간 동안 일하고 숙박과 식사를 제공받는다. 주말이나 일하지 않는 시간을 이용해 여행할 수 있는 게 장점이고, 현지인과 생활하면서 언어와 문화를 익힐 수도 있다. 농사에 대한 경험은 없지만, 도시의 삶에서 벗어나 시골살이의 꿈을 가지고 환경과 대안 운동에 관심이 많은 우리에게 딱 맞는 프로그램이었다. 여행의 비용을 줄일 수 있음은 물론, 현지인들과 함께 생활할 수 있다는 건 가장 큰 매력일 것이다.

설렘을 가득 안고 우프 홈페이지에 들어가 보니, 농사일만 있는 게 아니다. 호스트의 형태도 농장뿐 아니라 생태건축을 하는 곳, 레스토랑을 운영하는 곳, 생태공동체 등 다양하다. 농장에서 하는 일 역시 텃밭 농사, 과일 농사, 목장 일, 빵 만들기, 양봉 등 무궁무진하다. 잘만 하면 새로운 음식, 기술도 배울 수 있겠다는 생각에 우리의 고민은 점점 사라져갔다.

설렘으로 가득 찬 17kg의 배낭

출발까지는 한 달도 넘게 남았는데, 배낭에 짐을 넣었다 풀기를 반복했다. 영글은 10년도 넘게 써서 등판이 반으로 쪼개져 있는 배낭을 그냥 가져가겠다고 고집을 부린다.

"여보, 그걸 메고 산티아고길을 어떻게 걸으려고 그래?"
"낡아 보여도 전혀 문제없어. 작년에 지리산 종주할 때도 이 상태였는 걸!"

결국은 유럽에 도착해 배낭을 하나 사기로 타협하고, 무엇을 가져갈지 하나하나 체크했다. 여행 기간이 긴 만큼 고민거리도 많았다. 경험해 보고 싶은 것들이 부지기수라 버킷리스트를 만들었더니, 그 목록이 늘어날수록 그에 따른 짐도 하나씩 늘어났다. 여행 중에 사용할 노트북은 뭘 사야 할지, 지금 가지고 있던 침낭은 쓸 만할지, 텐트를 챙겨갈지 말지, 사계절을 다 보내야 하니 옷은 또 얼마나 가져가야 할지 도통 가늠이 안 된다. 다들 여행 갈 때에는 사진에 잘 나올 수 있게 예쁜 옷을 하나쯤은 챙겨가던데, 산티아고길을 걸고 농장에서 일하며 다닐 생각에 최대한 가벼운 옷이나 작업복으로 입을 옷들만 담았다. 신발은 튼튼한 트래킹화를 새로 장만했다. 남대문 시장에 가서 우프 호스트들에게 선물해줄 기념품도 샀다. 여유시간에 연습할 피리와 여름을 대비한 수영복, 비싼 이발비를 아끼기 위한 미용 가위까지 챙겼다.

"배낭 하나에 인생이 들어가는구나."

영글의 말처럼, 1년간 우리의 집이 되어줄 배낭이 꾸려졌다. 우리에게 꼭 필요한 것들, 하고 싶은 일들이 꽉꽉 담겼다. 내가 짊어질 수 있는 무게에 맞게, 가방의 크기에 맞게…. 하고 싶은 일에 대한 욕심을 넣으려면 필요하다고 생각하는 것을 줄일 수밖에 없고, 필요한 것이 많아지면 욕심을 재단할 수밖에 없다. 1년 동안의 짐을 배낭에 싸고 등에 짊어지니, 남은 것들이 보이기 시작했다. 우리는 그동안 너무 많은 것을 소유하고 살았던 건 아닐까. 인생을 위한 배낭의 크기가 정말로 정해져 있다면, 우리의 배낭은 과연 얼마만한 크기일까?

여행 짐을 싸고 보니 정작 문제는 한국에 남겨두고 갈 짐들이다. 결혼하고 8개월째 살고 있는 신혼집을 어떻게 해야 할까? 잠깐 사이에 살림이 늘어 창고에 넣고 떠날 수도 없는 노릇이다. 결국 우리가 살던 집에 들어와 1년간 살 사람을 찾는다며 주위에 입소문을 내기 시작했다.

떠나는 날을 위해 결혼식 비용을 줄이고 작년 한 해 돈을 모았다. 통장에는 3천만 원이 쌓였다. 우리 두 사람이 여행할 예산은 총 2천만 원. 적금을 깨고 외국에서 사용할 수 있는 수수료가 저렴한 통장으로 갈아탔다. 그리고 여행비용의 30%는 적금통장에 묶어 놓았다.

"우정, 우리 여행 가서 쓸 돈도 없는데, 그렇게 많이 남겨두면 어떡해!"
"그럼 빈털터리로 돌아와서 어떻게 살려고?"

한국에 돌아왔을 때를 대비해 최소한의 것을 남겨둬야 한다. 그것이 주변에 피해를 끼치지 않는 일일 테지만 영글이 뭐라 해도 배낭을 풀 집과 돌아와서 사용할 비상금만큼은 양보할 수 없다.

머지않아 친구의 친구가 집을 구하고 있다는 소식이 들려왔고, 우리가 살던 집의 임시 주인을 찾았다. 떠나기 전 '우리 집 사용설명서'를 적어주며, 그렇게 집을 부탁했다.

여행의 목적

"여행은 어쩌다가 가기로 했어?"

"응? 그냥. 한국이 아닌 곳에서 길게 한 번 살아보고 싶어서."

"그럼 여행 계획도 다 짰겠네?"

"아니. 첫 달 정도 계획만 대충 짰는데?"

"숙소랑 교통편이랑 미리 다 예약해야 하는 거 아니야?"

"가서 그때그때 계획하면 되지 뭐~."

모두들 묻는다. 어쩌다가 여행을 가기로 했는지, 비용은 어떻게 충당하는지, 어디 어디를 가는지, 갔다 와서 어떻게 할 건지 등등.

말했지만 우리는 그저 한 번 외국에 나가 살아보고 싶었을 뿐, 여행에 대단한 목적이 있는 건 아니었다.

"우린 왜 떠나는 거지?"

"음…. 그냥 그곳 사람들은 어떻게 사는지 궁금해서? 근데 꼭 목적이 있어야 해?"

여행 계획을 듣는 사람마다 가는 김에 책 한 권을 쓰라는 충고도 잊지 않았다. 그렇게 길게 나갔다 오는 거면 남는 게 있어야 하지 않겠냐고. 사진도 열심히 찍고, 블로그를 하면서 매일매일 일기를 쓰지 않으면 나중에 후회할 거란다. 그런데 정작 우리의 여행은 글을 쓰기 위해서나 남에게 보여주기 위한 이벤트가 아닌, 그저 우리를 위한 여행이다.

블로그는 초창기부터 나름 꾸준히 해왔지만, 거기에 얼마나 많은 공이 들어가는지를 잘 알고 있다. 다른 사람이 보고 공감하고 흥미를 느끼도록 글을 쓰려면 하루에 한두 시간 이상의 투자는 기본이다. 그래서 바쁘게 여행하면서 블로그 글을 실시간으로 올리는 사람들을 보면 실로 존경스럽다. 그들은 글을 빨리 쓸 수 있는 재주가 있는 걸까, 아니면 잠을 줄여가며 기록하는 걸까? 우리는 그런 재주와 의지가 없는 사람이다. 피곤하면 해야 할 일보다는 잠을 우선으로 선택할 게 뻔하다. 매일매일 블로그에 글을 쓰겠다고 다짐하는 순간, 글을 쓰기 위한 여행이 될 것만 같고, 매 순간 사진을 제대로 찍어야 한다는 스트레스를 받을 것만 같았다. 굳이 여행 가서까지 그렇게 치열할 필요가 있을까? 기록하고 싶은 장면마다 카메라를 들이댄다면 감동을 주는 순간도 마음껏 즐길 수 없을 게 뻔하다.

우린 모두 목표를 정하고 그것을 위해 달려가는 것에 익숙하다. 아무것도 모르는 초등학교 시절부터 사회는 장래희망과 꿈을 갖도록 압박한다. 학창시절에는 대학 진학에, 대학에 가면 취업에, 취업하면 결혼을 하고 집을 사는 것이 삶의 당면과제다. 그러다가 아이를 낳으면 또다시 아이의 성공에 목을 매겠지.

각자의 인생 사이클에서 그 시기에 이루어야 할 목적에 맞지 않는 행동은 시간 낭비로 여겨지기 십상이다. 예전에는 자신의 즐거움을 위해 택했던 동아리, 배낭여행, 봉사활동이 이제는 이력서 한 줄을 채우기 위한 어쩔 수 없는 선택이 되어버리곤 한다. 세월이 이렇게 변했을 진데, 우리가 열일 제쳐두고 변변한 목적도 없이 여행을 간다고 하는 건 감히 누구나 할 수 없는 일탈이 되어버린 셈이다.

우리는 여행할 때만큼은 여유를 갖고 지내려 한다. 마음 편하게 눈에 보이는, 귀에 들리는 모든 것을 그대로 흡수하고 싶다. 우리를 속박하게 될 '목표'를 찾으려 굳이 애쓰지 않기로 했다.

물론, 한국에 다시 돌아오면 어떤 미래가 우리를 기다리고 있을까 고민을 하지 않은 건 아니다. 주위에서는 배낭 메고 1년간 여행을 간다는 우리 부부에게 '대단하다', '부럽다', '좋겠다'를 연발한다. 그러나 단지 1년간의 쉼을 선택했을 뿐, 여유가 있어서가 절대 아니다. 왜 모를까. 불안함도, 안락함도 접어두고 간다는 사실을.

며칠 남지 않은 출국 날을 앞두고 배낭을 싸다보니, 왠지 모를 걱정에 영글에게 중얼거렸다.

"여보, 엄친딸, 엄친아는 그사이 집도 사고, 차도 뽑고, 결혼도 하고, 아이도 낳고 잘 살겠지?"

"우리, 가슴이 떨릴 때 떠나자. 다리가 떨리기 전에 말고!"

아직도 영글은 설레기만 한 모양이다.

그래! 인생에 정답이 없듯, 삶에도 정해진 길이 없을 테니 우리는 우리의 길을 걷자!

Walking Day

02

산티아고길을

걷다

　유럽에 도착한 후 본격적인 우핑에 앞서, 버킷리스트에 담아두었던 '산티아고길 순례'
에 나서기로 했다. 프랑스 파리 ^{Paris}로 입국해서 그곳에 며칠을 머물렀지만, 살인적인 물가
와 음식 때문에 상대적으로 물가가 싼 스페인 남부로 일찌감치 내려왔다. 스페인어로 된
메뉴판이 익숙해질 무렵, 마침내 길을 떠날 날짜가 코 앞으로 다가왔다.

　산티아고길 하면 주로 프랑스 남부에서 출발하는 한달 정도의 긴 여정을 이야기하
지만 우리는 포르투갈 포르투 ^{Porto}에서 출발해서 스페인의 산티아고 데 콤포스텔라 ^{Santiago}
^{de Compostela}로 향하는 열흘 정도의 짧은 구간을 선택했다. 여행의 동선과 난이도를 고려
한 결정이었다. 그렇다고는 해도 걱정이 되기는 매한가지다. 우리 둘 다 한국에서 국토
대장정에 참여해본 적은 있지만 만리타국에서 단 둘이 길을 걷는다는 것은 크나큰 도전
이 아닐 수 없다.

"매일 배낭과의 싸움이었어. 치약을 짜서 버릴까, 비누를 반으로 쪼개서 버리고 갈까. 잠들기 전까지 어떡하면 조금이라도 배낭 무게를 줄일 수 있을지만 생각나더라고."

작년에 산티아고 프랑스길을 걷고 온 친구의 말이 생각난다. 산티아고길을 걷기 위해서는 1년을 계획한 여행 배낭의 재정비가 필요할 듯싶다.

스페인 세비야 Sevilla 를 떠나 포르투갈로 가기 진 우체국 Correos 을 찾아갔다. 여름옷, 여행책자, 삼각대, 코펠 Kocher 등 당장 순례길에 필요치 않은 짐 무게를 재보니 총 8kg. 모두 택배로 산티아고의 짐 보관서비스 센터에 보낼 생각이다. 포르투갈로 넘어가 순례길이 시작되기 전 짐을 부쳐도 되지만, 그땐 국제우편이 되어 배송료가 비싸다. 우체국 담당 직원에게 시간이 많으니 가장 느리고 제일 저렴한 배송편으로 보내달라고 부탁했다. 박스 포함 14유로, 산티아고에서의 짐 보관비 20유로를 더해 총 34유로. 한국의 총알 배송과 택배 요금에 익숙한 우리로서는 너무 비쌌다. 그래도 가벼워진 배낭만큼은 기분이 좋다. 영글은 9kg, 나는 7kg. 각각 4kg 정도씩 무게가 줄어드니 훨훨 날아갈 것 같다.

"알베르게에 빈대가 가득하다는데, 우정이 그런 거로 포기하는 일이 없으면 해."

산티아고길을 경험한 주변 친구들의 좋은 이야기만 듣고 한껏 들뜬 나를 보며 영글이 걱정되는 표정으로 말을 건넨다. 사실 한국을 떠나기 전, 텐트를 비롯한 캠핑 장비를 싸고 풀기를 반복했다. 빈대에 물리는 것보다는 조금 무겁더라도 텐트에서 자는 것이 낫다는 생각 때문이었는데, 터질듯한 배낭의 부피로 결국 모든 장비를 포기하고 말았다.

"유럽에 가니까 산티아고길 정도는 걸어야지!"

"에이, 걷는 건 좋은데 꼭 산티아고길일 필요 있어?"

"그래도 중간중간에 순례자를 위한 숙소도 있고 다른 여행자들도 만날 수 있으니까 좋지 않을까?"

많은 이들이 종교적인 믿음으로, 나 자신을 찾겠다는 이유로 산티아고길에 오르지만, 솔직히 우린 특별한 의미를 부여하진 않았다. 난 그저 이번이 아니면 언제 영글과 손잡고 몇 날 며칠을 걸어보겠나 싶은 마음이 컸지만, 영글은 '거길 굳이 왜 가?'라며 마지못해 따라 나섰다.

Camino Portugues

밤새 날이 밝기를 기다렸다. 포르투갈길을 걷는 첫날이기도 했지만, 전날 포르투 시내에 나갔다가 잃어버린 선글라스를 되찾을 수 있을 거란 기대 때문이다.

어제 '샌드만 와이너리 투어^{Sandeman Winery Tour}'에 참여했는데, 그때 시음한 술기운 때문인지 돌아오는 길 어딘가 선글라스를 흘린 모양이다. 하필 순례를 시작하기 바로 전날 잃어버리다니. 왔던 길을 거슬러 가 봐도 찾지 못했다. 샌드만 양조장에 전화해 물어봤지만 역시나 헛수고. 게다가 우린 산티아고길 순례자의 상징이라 할 수 있는 순례자 여권^{Credential}조차 아직 없다. 포르투갈길 여권은 포르투 대성당에서 발급받을 수 있는데, 평일에만 가능하단다. 그 사실을 알지 못한 채 일요일인 어제 찾아갔으니…. 첫날 힘차게 출발하고자 했으나 왠지 흥이 나지 않는다. 중요한 것을 빠뜨린듯한 찜찜함과 여권 발급 등으로 정신없이 아침을 보내고 목적지인 포보아드바르징^{Povoa de Varzim}을 향해 출발했다.

포르투에서 산티아고로 가는 길 '까미노 포르투게스^{Camino Portugues}'는 육지길 두 갈래와 해안길 등 크게 3개의 루트로 나뉜다. 우리가 선택한 것은 해안길. 육지길에는 차도가 너무 많아 위험하다고 들어서였다. 그러나 순례자의 15% 정도인 포르투갈길을 걷는 사람들 대부분은 육지길로 가는 모양이다. 포르투의 서점에서 본 포르투갈길 관련 책자에는 전혀 정보가 없었다. 그나마 관광안내소에서 준 지도에 대략적인 경로와 순례자을 위한 숙소인 알베르게^{Albergue}가 소개되어, 일단 그것만 믿고 길을 나섰다.

해를 등지고 북쪽으로 올라가니 뜨거운 햇살과 마주할 걱정은 덜었다. 3월 말인데 기온은 7~18℃로, 한국보다 따뜻한 편이라 한낮에 걷기는 딱 좋았다. 봄을 맞아 온갖 꽃이 앞다투어 얼굴을 내밀고, 농사를 준비하는 분주한 풍경이 곳곳에 펼쳐진다.

Sandeman Winery Tour 포르투갈 포르투는 와이너리로 유명하다. 우리가 참여한 샌드맨 와이너리 투어는 현장을 직접 방문해 원하는 시간을 선택할 수 있고, 홈페이지(www.sandeman.com)를 통해 신청할 수도 있다. 총 소요 시간은 30분 정도, 요금은 인당 5유로이다.

Albergue 마을마다 있는 순례자 전용 숙소. 이곳에서 순례자들은 잠자리와 취사를 해결할 수 있어 유럽의 비싼 물가도 가뿐하게 극복할 수 있다.

산티아고길의 상징인 노란 화살표를 찾는 재미에, 걷는 길은 생각보다 지루하지 않다. 목적지까지 1시간여 앞두고 예고에 없던 소나기를 만났다. 출발 전, 짐이 되는 우산을 호스텔에 기부하고 나온 길이었는데…. 재빨리 배낭에 커버를 씌우고 빗속을 걸었다. 한국에서 비싼 돈 주고 사온 트레킹화와 모자가 빛을 발하는 순간이다. 한참을 걸어 긴 해안을 따라 리조트와 호텔, 레스토랑이 들어선 도시와 마주했다. 안내책자에 소개된 주소를 보며 대성당 옆 알베르게 건물을 찾았다. 성당에서 나온 담당자가 굳게 닫혔던 문을 열고, 순례자 여권 대신 수첩에 도장을 찍어준다.

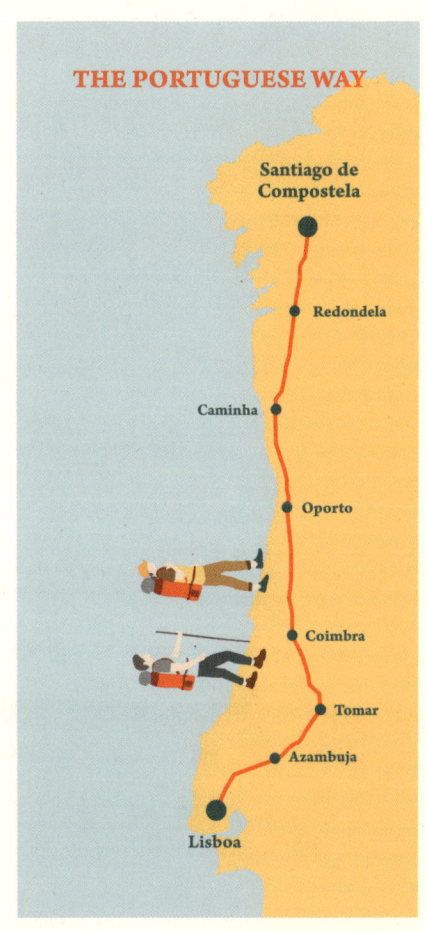

산티아고 포르투갈길 지도

지금 알베르게에는 우리 둘 뿐, 다른 순례자는 없다. 설마 했는데 하루 종일 아무도 만나지 못했다. 그래도 둘이서 손잡고 걸으니 그곳은 평화롭고 아름다웠다. 순례자들의 언어인 '부엔 까미노Buen Camino(좋은 여행길 되세요)'라는 말을 되새기며 우린 눈을 붙인다.

바람이 분다

"우정, 어젯밤에 잘 잤어?"

"잘 못 잤어. 시소처럼 머리 쪽이 가라앉는 것 같아서."

"나도 떨어질까 봐 몸에 자꾸 힘이 들어가더라."

"그러게 말이야. 잠결에 보니 침대 난간을 꽉 잡고 자던데?"

알베르게는 매우 만족스러웠지만, 난방이 되지 않아 다소 추웠다. 빈대가 침대 1층에 많을 거라는, 어디선가 주워들은 이야기 때문에 2층에 올라가 함께 누웠으나 혹시 우리 무게를 못 견딘 침대가 무너질 걱정에 잠을 제대로 자지 못했다.

오늘 걸어야 할 구간은 20km 남짓. 서쪽 해안길을 따라 올라가던 우리는 따뜻한 햇볕보다도 바람을 먼저 맞이했다. 출발부터 도착할 때까지 내내 태풍 같은 맞바람을 7시간이나 맞으며 걸었다. 휘날리는 강한 모래바람 때문에 눈을 거의 감다시피 하고 나아갔다. 바로 옆에 있어도 바람 소리가 하도 시끄러워 서로의 말에 동문서답하기 일쑤다.

"스페인 가면 사람이 좀 있겠지?"

"응~. 육지길에서 순례자를 만날 수 있을 거야."

"응? 뭐~ 갈비찜?"

바람을 빨리 벗어나려고 발걸음을 재촉했지만, 계속 제자리를 맴도는 기분이다. 그러다보니 온종일 바람 타령. 바람이 들어간 노래 가사는 전부 쏟아낸다. 눈에는 눈, 이에는 이, 바람에는 바람! 바람과 정면으로 맞서며 걷고 있다. 돌길과 마을길만 이어졌던 어제에 비해 흙길, 숲길, 바닷길, 코르크나무가 있는 길 등을 지나니 훨씬 재미있었지만, 역시나 바람 때문에 여유를 가질 수 있는 순간은 잠깐 뿐이다.

나무도 사람도 휘어지게 만드는 세찬 바람

포르투갈에서의 편안한 밤

　포르투갈은 여러모로 한국과 닮아 있어 애정이 갔다. 땅 크기도 음식에 사용하는 식재료도 우리나라와 유사한 면이 꽤 많았는데, 풍경까지도 닮아 있다. 작은 규모로 텃밭농사를 짓는 시골마을, 해풍을 맞고 서 있는 바닷가 소나무도 그렇다. 제주도처럼 돌담을 쌓아 밭의 경계를 나누는 모습까지 낯설지 않다. 물론 제주의 길이 훨씬 아름답지만. 올레길을 연 서명숙 씨가 산티아고길을 걷고 만들었다더니, 길을 걸을수록 풍요로운 고요함이 우리에게 그대로 전달된다.

25

　바람과의 고된 전투 끝에 에스포센데Esposende에 위치한 유스호스텔 앞에 도착했다. 몸을 녹이고 점심도 해결할 요량이었으나 철문이 굳게 닫혀 있다. 하는 수 없이 알베르게가 있는 마린하스Marinhas까지 7km를 다시 걸었는데, 이곳 역시 문을 열지 않았다. 종일 바람을 맞고 찾아간 두 곳의 숙소에서 연타로 바람을 맞은 우리. 엎친 데 덮친 격으로 난데없이 장대비마저 쏟아진다.

　결국, 앞서 지나온 에스포센데로 가 시내에서 그나마 저렴한 숙소를 찾았다. 3성급 호텔인데, 조식 포함 30유로로 둘이 묵을 수 있다. 짐을 풀자마자 영글은 욕조에 몸을 뉘우고 꿀 같은 휴식을 즐겼지만, 난 세찬 바람으로 바지에 쓸린 종아리가 벌겋게 부어올라 목욕조차 힘들었다.

　행운인지 불행인지 우연히 묵게 된 이곳 잠자리는 너무도 편안했다. 숙박비를 아끼고자 늘 햇빛도 들지 않고 난방도 잘 안 되는 눅눅한 방, 불편한 침대에서 자는 게 다반사였다. 한국을 떠나 여행을 시작한 지 한 달여 만에 가장 푹신하고 따뜻한 침대에서 보내는 하룻밤이다.

때론 점프해도 괜찮아

　오늘도 온종일 바람이 분다는 예보다. 게다가 따뜻함을 기대했던 이곳의 최고기온은 13℃를 넘지 않았다. 짐을 싸고 아침까지 다 먹었지만 좀처럼 의자에서 엉덩이가 떨어지지 않던 차, 영글이 제안을 한다.

"우정, 여기 봐봐. 언덕 위에 성당이 있어 알아보니 산악열차가 다닌대. 우리 가보자."

열차를 타고 간다니 의자에 붙었던 엉덩이가 갑자기 들썩였다. 높은 언덕 위 성당에 가려면 400개가 넘는 계단을 오르든가 왕복 3유로 하는 산악열차^{Funicula}를 이용해야 한다. 큰맘 먹고 산악열차 플랫폼을 찾아갔는데, '10:00~12:00 / 13:00~17:00'에만 운행한다는 표지판과 '고장'이라는 안내문이 나란히 붙어 있다. 뭘 믿어야 하지? 한참을 기다려봤지만, 13시가 지나도 닫힌 문은 열리지 않는다. 고장인가 보다. 어쩔 수 없이 배낭을 짊어지고 힘들게 계단을 오르고 있는데, 멀리서부터 '돌돌돌~' 기계 소리가 들려온다. 이윽고 고장인줄만 알았던 산악열차가 얄궂게 모습을 드러낸다. 열차 안에는 아래에서 마주쳤던 사람들이 땀을 뻴뻴 흘리는 우리를 해맑은 표정으로 내려다본다.

힘들게 올라온 만큼 그들보다 더 멋있게 보일 거라며 위안 삼는 긍정의 사나이 영글. 어쨌든 녹초가 되어 도착한 곳은 정말 풍경이 끝내준다. 두 다리는 하루치 산티아고길을 다 걸은 것만 같이 후들거린다. 결국엔 버스를 타고 목적지인 카미냐^{Caminha}로 이동하기로 한 우리. 버스나 기차를 타면 20~30분이면 갈 거리를 온종일 걸어야 한다니…. 몸은 편해서 좋았지만 순례자길을 걷겠다던 우리가 이러면 되는가 싶어 마음이 편치 않다.

버스는 포르투갈과 스페인의 국경 마을에 가까워지고 있다. '나는 누구인가?', '걷지 않으면 순례가 아닌 걸까?', '왜 왔는지 모르겠다', '춥고 바람 불어 힘든데, 무엇을 얻기 위해 걷고 있는 걸까?' 스치는 풍경 사이로 질문은 계속 피어올랐다.

우정의 재발견

24시간 삼시 세끼를 365일 동안 함께한다는 것은 쉬운 일이 아니다. 이제 한 달을 조금 넘겼지만 결혼을 하고도 몰랐던 미묘한 것들이 점차 모습을 드러낸다. 우정은 며칠 동안 같은 음식 먹는 것을 싫어했다. 그러니 매일 빵과 고기를 먹는 이곳의 식사에 금방 싫증 낼 만도 하다. 그런데 더 큰 문제는 새로운 음식에 도전하기를 너무 꺼려한다.

생선이 먹고 싶다는 말에 생선 요리집에 가면, 난생 처음 보는 생선 이름을 보고는 그냥 파에야^{Paella}(스페인식 볶음밥)로 때운다. 타파스^{Tapas}(스페인 전채요리) 가게에선 눈에 익숙한 음식만 고르니, 이것저것 시도해보고 싶은 나는 성이 찾지 않는다. 전날에도 우연히 지역요리 식당에 갔는데, 전부 한 번도 보지 못한 요리였다. 바깔라우^{Bacalhau}(대구) 튀김을 먹으러 갔지만, 여타 신기한 메뉴가 침샘을 자극했다. 옆에서 우정이 걱정해도 가격이 저렴해 이것저것을 주문해보았다. 꽂히면 안 먹어보고는 못 배기는 나도 문제긴 하다.

우정이 원하는 숙소의 조건도 한참을 잘못 알고 있었다. 까다롭지 않아서 함께 있으면 굉장히 편안한 게 우정의 매력인데, 털털하고 시원시원한 그녀에게도 민감한 부분이 있었다. 늘 인도와 히말라야, 남미 여행을 꿈꾸었기에 겁도 없고 거리낌도 없는 줄만 알았다. 그러나 벌레도 무서워하고 아무 곳에서나 못 자는 보통 여자였다. 햇빛 잘 들고 난방이 잘 되어야만 잠을 잘 수 있는 우정. 산티아고길을 고집한 그녀이지만 알베르게의 쾌적하지 않은 잠자리는 좀처럼 적응하기 힘든 모양이다. 혼자 걷는 길이었다면 어찌되었든 그곳에서 계속 묵었을 텐데, 함께 길을 나섰으니 배려하고 맞춰 나아갈 수밖에….

부엔 까미노

"우리 종종 버스로 점프하는 거 어때?"

"좋기는 한데, 우리 너무 야매로 걷는 거 아냐?"

버스로 이동한 편안함을 만끽해서일까, 오늘 걸어야 할 길이 출발 전부터 걱정이다. 일기예보대로 새벽부터 제법 많은 비가 내리고 있다. 어쩔 수 없이 오늘은 기차를 타고 스페인 국경까지 이동하기로 했다. 내친 김에 스페인 오 포리뇨ᴼ ᴾᵒʳʳⁱⁿᵒ까지 건너뛸까도 싶었지만, 점프의 달콤한 유혹은 이젠 그만!

꼬박 걸어서 하루가 걸릴 길이, 기차를 타니 불과 30분도 안 돼 발렌사ⱽᵃˡᵉⁿᶜᵃ에 도착했다. 이젠 다리만 건너면 스페인이다. 포르투갈을 떠나는 섭섭함도 잠시, 2주 만에 다시 찾은 스페인으로의 새로운 여정에 접어들었다. 다행히 비가 잦아들어 뚜이ᵀᵘⁱ를 지나 오 포리뇨까지 걷기로 했다. 해안길에서는 다른 순례자를 만나지 못해 쓸쓸했는데, 과연 이번 육지길에서는 어떤 여행과 만남이 펼쳐질까?

다리 하나 건넜을 뿐인데, 곳곳에서 스페인이 느껴진다. 고맙다는 인사 '오브리가다 Obrigada'는 '그라시아스ᴳʳᵃᶜⁱᵃˢ'로 바뀌고, 포르투갈 돌길도 더 이상 보이지 않는다. 앞에는 노부부 순례자, 뒤로는 독일 커플 순례자를 두고 그 사이에서 걸음을 이어갔다. 반대편에는 산티아고에서 출발해 포르투로 향한다는 독일인과 사료가 든 봇짐을 등에 메고 걷는 개도 보인다. 일주일간 둘이서만 걸었는데, 곳곳에 순례자가 있으니 반가운 마음 반, 조급한 마음 반이다.

산티아고길에 대한 경험담에 의하면 알베르게에선 선착순으로 침대를 배정하기 때문에 자칫 늦으면 길바닥 신세를 져야 할 경우도 있단다. 숙소도 숙소지만, 왠지 모르게 경쟁심리가 생겨 걸음을 재촉이게 된다. 뒤에 걷는 순례자보다 뒤처져서도 안 되겠지만, 비슷하게 가던 순례자가 앞에서 휴식을 취하고 있어도 괜스레 마음이 불편했다. 모두가 각자의 이유와 속도로 걷는 길인데, 참 이상하지? 우린 왜 그럴까. 다시금 길을 통해 마음의 여유를 배워간다.

북쪽으로 올라가면 레돈델라ᴿᵉᵈᵒⁿᵈᵉˡᵃ로 향한다. 문제는 레돈델라 알베르게 시설이 열악하다는 게 고민이다. 다음 구간으로 건너가는 것을 염두에 두고 지도를 살펴보니, 가까운 비고^{Vigo} 옆에 시에스^{Cíes Islands}라는 작은 섬 하나가 보인다. 환경 보존을 위해 여름 휴가철과 부활절^{Semana Santa}(세마나 산타) 기간에만 개방하는 곳이다. 마침 지금은 부활절 기간! 파라다이스 같은 섬도 구경할 겸 레돈델라도 우회할 겸, 비고까지 행군을 이어가기로 결정했다. 육지길로 들어온 지 하루 만에 다시 해안길로 돌아서게 된 셈이다.

레돈델라로 가는 노란 화살표를 무시하고, 무작정 비고^{Vigo}로 방향을 잡았다. 어떤 길이 나올지 모르겠지만, 사람이 사는 마을을 지나니 그리 걱정되진 않았다. 산티아고길을 벗어나자 지나는 사람마다 발걸음을 멈추고 "산티아고길은 여기가 아니다"라고 알려준다. 행색은 순례자인데 엉뚱한 길을 걷고 있으니 그럴 만도 하다. 차를 세워 도움을 주고, "부엔 까미노!"를 외치며 응원해주는 사람들. 어찌 이리도 다들 친절한지. 그렇게 산 하나를 넘으니 눈앞에 바다를 마주한 도시가 펼쳐진다. 이제 조금만 힘을 내면 된다.

시에스섬을 둘러보는 데는 2시간밖에 걸리지 않았다. 숙박은 캠핑만 가능하다는데 집에 두고 온 텐트가 생각난다. 작지만 아름답고 태고의 자연을 품고 있는 섬이다.

여행 중에 우연히 만나는 축제는
여행자에게 더 없는 즐거움이다.

축제의 도가니 속으로

"아무리 불금이라지만, 사람들이 너무 많은데?"

비고 숙소에 짐을 풀고 저녁을 먹으러 나섰다. 구시가 전체가 마치 크리스마스날 명동거리처럼 북적인다. 사람들로 가득 찬 선술집에 들어가 그 분위기를 즐겨보려 했지만, 우정은 복잡하고 매연이 자욱한 비고 시내가 탐탁지 않은 모양이다.

다음 날, 시에스섬에 가려고 나와 보니 곳곳에 행사 부스를 차리고 구시가지 골목에는 성문 모형을 세우고 있다. 아니, 모형이 아니라 진짜 돌이잖아?

알고 보니 오늘은 '레콩키스타Reconquista'라는 축제가 열리는 날이다. 프랑스의 나폴레옹에게 점령당했다가 다시 해방된 날을 기념하는 축제로, 어젯밤도 이를 기념하기 위해 모두들 거리로 나와 왁자지껄 했던 것이다.

그런데 이 사람들 축제를 그냥 대충 하지 않는다. 축제에 참여한 사람들은 어른 아이 할 것 없이 모두 전통의상을 입고, 부스도 각각 특색 있게 꾸몄다. 부스의 기둥이나 음료 캔, 종이컵도 전부 종이와 천으로 씌워 보기 좋게 만든다.

판매하는 음식 역시 수준급이다. 우리나라 축제에서는 늘 조미료 가득한 인스턴트 음식만 먹었던 기억인데, 여긴 모든 것이 수제다. 츄러스^{Churros}에 상그리아, 소시지까지 먹고 나니 시에스섬으로 가야 할 발걸음이 떨어지지 않는다. 그나저나 우리 순례길에 온 것 맞니?

뜻밖의 만찬

포르투에서 시작한 순례길이 벌써 일주일을 지나섰다. 이곳 폰테베드라^{Pontevedra}의 알베르게에는 침대 수가 무려 50개가 넘는다. 어림잡아도 40여 명의 순례자가 이곳에 함께 묵었다.

많은 순례자와 맞는 아침이라 늦잠을 잘 수가 없다. 간신히 7시에 눈을 떠 주위를 둘러봤더니 아래 칸 아주머니는 이미 떠났고, 사람들은 짐 싸느라 정신이 없다. 과일로 빈 속을 채우고 8시를 조금 넘겨 알베르게를 나섰다. 포르투에서 출발한 후, 가장 빠른 기상에 이은 출발시각이다. 해안길의 알베르게는 대부분 닫혀 있기 일쑤고, 이용하더라도 우리 둘 아니면 많아야 두 팀이었는데, 연일 상황이 딴판인 육지길 알베르게를 경험하니 마음이 또 조급해진다. 예약도 안 되고 선착순으로 침대를 배정해, 자칫 늦어지면 그야말로 노숙 신세를 면치 못한다.

동이 틀 무렵 걷는 길은 밤사이 이슬을 맞고 달의 기운을 받아서인지 더없이 촉촉하다. 여러 순례자와 앞서거니 뒤서거니 걸으며 인사를 나누다 보면 이제야 '우리가 산티아고길 위에 있음'을 실감한다. 다른 순례자를 만나지 못한 지난 일주일 동안 사람이 고팠나 보다. 길을 가는 방법도, 걷는 사람도 다양하다. 자전거를 탄 사람이 있는가 하면, 멋진 말을 타고 나타난 순례자도 있다. 매년 함께 산티아고길을 걷는다는 느린 걸음의 할아버지 두 분도 인상적이다.

한국에서 레스토랑이나 술집에 들르면 종종 상그리아^{Sangria}를 찾곤 했다. 한 잔에 무려 8천 원씩이나 하다 보니 홀짝홀짝 마실 수밖에 없어서 스페인에 가면 꼭 현지 레시피를 배우겠다고 다짐했었다. 그런데 만나는 순례자 대부분 우리와 같은 이방인들 뿐, 스페인 본토 순례자와 마주치기가 쉽지 않다. 그러던 중 강아지와 함께 걷고 있는 한 남자를 발견했다. '앙쏘'라며 자신을 소개하는데, 스페인 비고 출신이란다. 야호! 그의 반려견인 리오와 장난치며 서툰 영어로 이런저런 이야기를 나누다 기회를 봐서 슬쩍 물었다.

"앙쏘, 혹시 상그리아 만들 줄 알아? 나중에 한국에서 만들어 먹고 싶은데, 만드는 법을 알려줄 수 있어?"

당연히 그의 대답은 '오케이!'. 친절하게도 레시피를 정리해 메일로 보내준단다. 고맙다고 몇 번이나 외치고는 다시 걸음을 재촉했다. 벌써부터 상그리아의 향이 느껴져 어깨가 들썩인다. 오래 걸을 수만 있다면 길에서 더 많은 것을 배울 수 있었을 텐데 며칠 남지 않았다는 게 마냥 아쉽다.

이 지역만의 특별한 기후와 날씨에 점점 적응이 된다. 아침에는 늘 비가 내리다 오후 3시쯤 되면 점점 하늘이 파래진다. 오늘은 구름이 걷힐 무렵, 목적지인 칼다스 데 레이스 Caldas de Reis에 도착했다.

인당 6유로 정도의 공립 알베르게도 있었으나 바를 같이 운영한다는 사설 알베르게에 묵기로 했다. 둘이 합쳐 20유로지만 침대 수가 적고 사람도 북적이지 않아 좋다. 볕이 잘 드는 앞마당과 바를 겸하니 식사 걱정도 덜고, 원한다면 부엌도 사용할 수 있어 이만하면 우리에겐 호텔이나 다름없다.

Sangria 에스파냐의 대중적인 술로써 여러 가지 과일을 넣어 차게 해서 먹는 칵테일의 일종이다. 여름에 즐겨 마시며, 특히 에스파냐 남부와 동부 지방에서 많이 마신다. 에스파냐에서는 품질이 우수한 포도주는 그냥 마시고, 그보다 질이 떨어지는 포도주는 상그리아를 만들어 마시는 경우가 많다. 원래 상그리아는 적포도주 40~60%, 오렌지 주스 20~30%, 소다수 20~30%를 섞은 다음 오렌지와 레몬을 잘게 썰어서 넣는다. 그러나 곁들이는 음식이나 기호에 따라 브랜디·퀴라소·트리플 섹 등의 술을 섞을 수도 있다. 과일 역시 오렌지나 레몬 대신 복숭아·딸기·키위·포도·사과·라임 등을 사용할 수도 있다. 오렌지주스 대신 레몬주스를 넣기도 하며 설탕을 첨가해 단맛을 더하기도 한다. 반드시 냉장고에 보관해 차게 마시는 것이 좋다. 독하지 않고 달콤한 맛이 있어 해물 요리나 닭 요리 또는 볶음밥인 파에야 등과 잘 어울린다.

바에서 허기진 배를 채울 요량으로 먹을거리 추천을 요청했더니, 지역 음식과 '어머니가 끓였다'는 수프를 내왔다. 소고기뭇국 맛이 나는 수프, 고추 튀김 같은 삐미엔또스데 빠드론^{Pimientos de Padron}, 양파만 더한다면 제육볶음과 유사한 조르자^{Zorza}. 오랜만에 한식 같은 음식을 맛보니 너무 반갑다. 주인아저씨가 집에서 직접 제조한 하우스와인을 잔이 넘치게 건네준다. 향이 깊고 뒤끝이 깔끔한 레드와인이다. 우리나라에서 막걸리를 사발에 마시듯, 여기서는 사발에 와인을 마셨다. 어제 하루 금주했던 영글, 오늘은 작정하고 마실 거라며 으름장을 논다.

짐을 풀고 배를 채우겠다고 시작한 식사는 술을 부르고, 술은 안주를 부르고, 안주는 다시 술을 부르기를 반복했다. 입술과 치아가 와인 색으로 검붉게 물든 서로를 쳐다보며 크게 웃고 말았다. '아, 이 와인, 앉은뱅이 술이다!'

그렇게 양껏 먹고도 음식값 15유로, 하몽과 치즈 그리고 와인 값이 14유로 밖에 나오지 않았다. 온 가족이 함께 운영하는 이곳은 따뜻하고 친절했다. 주인아저씨, 아주머니와 언어는 전혀 통하지 않았지만, 마음을 나누는 데는 맛난 음식과 와인, 눈빛과 손짓만으로 충분하다.

함께 걷는 길

아침 7시. 아직 컴컴하다. 손에 작은 랜턴 하나 쥐고 열심히 노란 화살표를 살피며 걸었다. 동트기 전이라 찬기가 가시질 않았지만 서로의 체온을 느끼기에는 더없이 좋은 공기다. 숲의 향기를 머금은 기분 좋은 바람이 뒤에서 살며시 불어온다.

테오^{Teo}에서 산티아고까지 12km 남짓 3시간이면 닿을 거리라 여유롭게 출발해도 되었지만, 정오에 있는 순례자 미사를 보기 위해 꼭두새벽부터 서둘렀다. 2시간 반을 쉬지 않고 걸었더니 드디어 3km 남았다는 표지판이 우릴 반긴다. 마침 한인 민박이 주변에 있어 그곳에 짐을 풀고, 순례자 여권만 챙겨 가벼운 몸으로 산티아고에 입성했다. 중세의 고요함과 순례자의 기쁨이 공존하고 나지막한 옛 건물과 위풍당당한 대성당이 조화를 이루는 곳, '산티아고 데 콤포스텔라^{Santiago de Compostela}'이다.

낮 12시 대성당에서 열리는 순례자 미사는 이전까지만 하더라도 순례자의 국적과 이름을 일일이 불러주었다고 한다. 요즘은 순례자가 워낙 많아 국가별 순례자 인원만 호명한다. 알베르게에서 만났던 커플도, 길에서 인사를 나눴던 순례자들도 이 시간을 함께 나누고 있다. 자아를 찾기 위해, 종교적인 동기로, 스페인 문화를 즐기기 위해서, 이 길을 찾아온 이유가 모두 다른 만큼 종착지에서의 표정도 가지각색이다. 행복한 미소를 짓고 있는 사람, 눈물을 하염없이 흘리는 사람, 무덤덤한 표정의 사람 등. 다들 자신을 위한 감상에 잠겨있을 때, 남들 모습을 두리번거리기 바쁜 나를 발견한다. '아, 나는 이 순간에 왜 다른 사람들의 표정이나 살피고 있는 것인가!'

산티아고길을 걷는 데는 정도가 없다. 숙소로 알베르게를 이용해야 한다든지, 순례자 도장을 꼭 받아야 한다거나 일정 기간 안에 도착해야 한다든지 정해진 틀도 있지 않다. 산티아고를 걸으며 얼마큼 고생했고, 얼마나 많은 사람과 친구가 되었으며 깨달음을 얻었는지 역시 순례를 잘 마쳤느냐의 척도가 되지 못한다. 그저 자신만의 산티아고 순례길을 걸으면 그만인 것이다.

지금 이 순간 함께 있다는 사실이 얼마나 고마운지. 나의 바람을 위해 산티아고에 와준 영글의 마음이 없었다면 오늘 같은 시간도 없었을 것이다.

짧았던 11일을 되돌아보니 우리에게는 서로의 마음을 맞추고 읽으며 걸어왔던 순간순간 모두가 바로 순례였다. 산티아고길은 생각지 못했던 많은 깨달음과 즐거움을 가져다주었다. 인생의 걸림돌은 물론, 좀처럼 잘 풀리지 않는 상황에 직면했을 때 분명 이 경험은 든든한 버팀목이 되어 줄 것이다.

"걷는 동안 안 싸웠어요?"

"눈뜨면 걷고, 힘들면 쉬고, 배고프면 먹고, 도착하면 자는데 둘이서 싸울 일이 뭐가 있겠어요?"

한인 민박집 사장님과 그곳에서 마주친 한국인 순례자들, 그리고 한국에 있는 친구들까지 한결같은 물음에 대한 우리의 답변이다. 싸운 적이 없으니 늘 손을 맞잡고 걸었다. 매일 같은 시간에 눈을 뜨고, 같은 음식을 삼시 세끼 먹으며, 걷는 걸음의 양도 같으니 신체 바이오리듬이 비슷해지는 독특한 경험도 잊을 수 없다. 영글이 트림을 하면 나도 곧 트림이 나오고, 내가 방귀를 뀌면 영글도 곧 따라 뀌고, 누군가 배고프면 덩달아 배꼽시계가 울리던 264시간이었다.

　포르투에서 산티아고까지는 230km 정도 된다. 어떤 구간은 대중교통을 이용했고, 축제에 한눈팔려 잠시 눌러앉기도 했다. 게다가 노란 화살표 대신 스마트폰 지도에 의지해 길을 벗어나기도 했으니, 우리의 여정은 '산티아고 포르투갈 언저리길'이라 불러야겠다.

부활절 기간이라 산티아고에서는 이런저런 이벤트가 열렸다.

WWOOFing day

03

우프,

우리의 유러피안 유기농 라이프

1.

in SPAIN
Antequera

첫, 삽을 뜨다!

우핑 기간 : 3월 3일 ~ 3월 13일, 11일간

여기는 스페인. '스페인' 하면 다들 가우디의 멋진 건축물이나 알함브라^Alhambra 궁전을 우선 떠올릴 것이다. 우리가 지금 있는 이곳은 첩첩산중의 조그마한 시골집, '파파존스 플레이스^Papa Jones Place'이다. 3월에 유럽에서도 가장 따뜻한 곳을 찾아 우리는 스페인 남부 안달루시아^Andalucia 지방까지 내려왔다.

설렘보다는 두려움

드디어 우리의 첫 우핑이 시작됐다. 어떤 일을 하게 될지, 어떤 숙소에서 묵게 될지, 또 호스트는 어떤 사람일지, 처음 해보는 우프^WWOOF에 설렘과 두려움이 교차한다. 조바심이 들어 영글에게 이것저것 물어보지만 알 턱이 있나, 그 역시 처음인걸.

스페인에서 유심칩을 사지 못해 우프 호스트와 메일로 연락해야만 했다. '일단 근처 안테케라^Antequera 기차역으로 갈 테니 픽업해 달라'고 요청했고, 역에서 호스트 안을 만났다. 스페인 시골에서 동양인이 흔치 않기에 안이 우리를 쉽게 알아보는 건 어쩌면 당연한 일. 70대쯤으로 보이는 안은 스페인이 아닌 영국 출신이다. 여느 영국 할머니처럼 커다란 배에 뒤뚱거리는 걸음걸이를 가졌다. 서로 인사를 나누며 차로 집까지 가는 짧은 시간 동안 안에게서 짙은 영국식 발음을 느꼈다. 스페인어라고는 '올라, 보니따, 우노, 도스, 꽈트로' 밖에 몰라서 걱정했는데, 그나마 다행이다. 다만 우리가 원했던 스페인 사람들의 삶을 경험하기는 힘들 것 같다는 생각이 든다. 안의 차를 타고 집으로 가는 길, 여기에 오기까지의 지난날들이 새록새록 떠올랐다.

여행 오기 두 달 전쯤, 이미 우프를 경험한 친구들을 만났었다. 인기 있는 농가들은 일찌감치 예약이 꽉 차기 때문에 2~3개월 전부터 호스트와 약속을 잡아야 한다고 조언해주었다. 막상 첫 목적지인 스페인 우프 웹사이트에 가입했지만, 조건이 맞는 호스트를 찾고

WWOOF 우프란 'World-Wide Opportunities on Organic Farms'의 약자로, 유기농가와 자원봉사자를 연결하는 세계적인 네트워크다. 1971년 영국에서 시작되었으며, 현재 여러 국가에서 이루어지고 있다. 국가별로 대표 홈페이지가 있고 한국에도 대표부가 있다. 자세한 내용은 우프 홈페이지(www.wwoof.net) 또는 우프코리아 홈페이지(http://wwoofkorea.org)를 참고하자.

약속을 잡기가 쉽진 않았다. 호스트 리스트는 왜 이렇게 보기 힘들게 만들었는지 검색조차 난해하다. 게다가 영어가 아닌 스페인어 설명에다 대충 적힌 소개글이 대부분. 나름 괜찮아 보이는 호스트 열 몇 곳을 추려, 주절주절 사연을 담아 메일을 보냈다. 그러나 한 달이 지나도록 답변이 오는 곳이 없었다. 메일을 잘못 써서 그런 걸까? 아니면 농촌 사람들이라 원래 메일을 잘 안 보는 걸까? 우프 경험이 처음이라 일주일만 머물기를 원했는데, 혹시 기간이 너무 짧아서인가? 여러 추측이 머리를 스쳐 갔다. 그렇게 기다리고 기다리다가 결국 출발 일주일을 앞두고 수화기를 들었다.

"음…. Hello, We are Korean couple and… we want to go WWOOFing at your farm."

"Hi, @#$@#$@#$@#?"

그동안 영어학원에 다닌 건 아무 소용없었다. 말을 못 알아들은 호스트는 메일을 다시 보내달라며 전화를 끊었다. 가기도 전에 난관에 봉착. 다행히 몇 차례 메일을 주고받으며 겨우 약속을 잡을 수 있었다. 여러 곳 중 단 한 곳만 가능하다는 답변이 왔으니 선택의 여지도 없었다.

멋진 산이 펼쳐져 있는 이곳. 풍경은 좋지만 높은 지대라 찬바람에 을씨년스럽기만 하다.

이렇게 우리는 한국도 아닌 외국의 시골에 와 있다. 과연 우리가 호스트에게 도움이 될 수 있을까? 어떤 일을 하게 될지, 농장에서의 생활은 불편하지 않을지, 외국인과의 생활은 할 만할지 걱정거리가 한두 가지가 아니다.

안테케라에서 차로 20분 정도 거리에 위치한 파파존스 플레이스는 무려 해발 850m나 되는 산 위에 자리했다. 집에는 안의 남편 존과 우프를 하러 온 스웨덴인 에바가 기다리고 있다. 존과 안은 일주일 동안 우리가 묵을 곳과 농장을 소개해주었다. 1층은 존과 안의 공간, 2층은 우퍼가 생활하는 공간이다. 2층에는 2개의 방이 있고 화장실은 함께 사용한다. 예상했던 것보다 훨씬 좋았다. 1층 존의 방에는 많은 DVD와 책이 쌓여 있어 오랫동안 지내더라도 여가시간이 심심하진 않겠다. 짐을 풀고 안이 앞으로 일주일간의 일정을 안내해준다.

08:30 ~ 09:00	아침 식사(시리얼)
09:00 ~ 11:00	오전 일과
11:00 ~ 11:30	커피 타임
11:30 ~ 14:30	오후 일과
14:30 ~	점심, 휴식
19:30 ~ 20:30	저녁 식사

하루에 5시간만 일하면 된다니, 일이 아닌 쉬러 왔다는 생각이 들 정도다. 프랑스에서 스페인까지의 2주는 한 달처럼 느껴지던 시간이었다. 1년이란 긴 시간을 두고 여행하게 될 우리지만, 웬만한 도시는 걷고(유럽의 대중교통비는 살인적이기에), 2~3일 관광코스를 하루 만에 소화했다. 젊고 건강하다는 이유로 야간 버스, 야간 기차를 이용하며 숙박비를 모으기도 했다. 스페인에서는 시에스타^{Siesta} 시간 때문에 밥때를 놓치기 일쑤였고, 프랑스에선 식당에 갔다 하면 왠지 코스로 먹어야 할 것만 같은 부담감에 늘 제대로 된 끼니를 챙기지 못했다. 그러나 그것도 옛말. 이제부터는 돈 걱정, 끼니 걱정, 숙소 걱정에서 해방이다! 하다못해 빨래도 아래층으로 가져다주기만 하면 된다. 여행자로 지낼 때 늘 신경 쓰였던 일들이 단번에 해결된 셈이다. 대중교통이 없어서 쉬는 날 밖으로 나갈 수가 없는 게 흠이라면 흠인데, 안이 다가오는 금요일에 안테케라에 있는 고대 무덤 유적지에 데려다준단다. 야호!!!

Siesta 지중해 연안과 라틴 문화권의 나라에서 시행되고 있는 낮잠 풍습을 말한다. 동틀 무렵부터 정오까지의 시간인 6시간이 지나 잠시 휴식을 취한다는 의미에서 붙여진 라틴어 'hora sexra'에서 유래한 스페인어. 한낮에는 높은 기온과 점심 식사 후의 식곤증으로 일의 능률이 떨어지기 때문에 정해둔 일정한 시간에 낮잠을 자거나 휴식을 취한 후 다시 일을 시작하게 된다. 시에스타 중에는 상점뿐만 아니라 각 관공서도 문을 닫는다. 시간은 나라마다 조금씩 차이가 있는데, 그리스에서는 오후 2~4시, 스페인에서는 오후 1~4시, 이탈리아에서는 오후 1~3시 30분에 시행된다.

뒷마당 곳곳의 정원과 텃밭에서 잡초를 제거하고 정리하는 게 우리의 주요 임무이다.

WALK? WORK?

휴식을 취하고 있으려니 존이 물어온다.

"I will go for a work, will you join me?"
"Yes!"

딱히 할 일 없고 별로 지친 상태도 아니었던 우리는 냉큼 대답했다. 그러나 도착하자마자 일을 시키려 하다니. 어리둥절하고 당황스러웠지만 존을 따라 길을 나섰다. 유기견 보호소에서 데려와 한 식구가 되었다는 반려견 피파도 함께했다. 근데 이 녀석 상처가 많은지 낯선 사람을 심하게 경계한다.

찬찬히 걸으며 주변 이곳저곳을 친절히 설명해주는 존. 스페인 남부이지만 워낙 높은 지대라 겨울에는 북쪽에 있는 나라들만큼이나 춥다고 한다. 따뜻하리라 기대하고 스페인에 온 우리의 예상이 여실히 빗나갔다. 길가에 벚꽃 같은 것들이 피어 있길래 물어봤더니, '오멘트'란다. 오멘트? 철자가 뭐지? 아무리 사전을 찾아봐도 도무지 알 수 없다. 나중에 열린 열매를 까 본 후에야 '아몬드'였음을 알아차렸다는 웃지 못할 이야기.

길옆으로 검은색 열매가 달린 올리브밭이 펼쳐졌다. 가을에 그린 올리브를 한차례 수확하고, 나머지는 더 놓아두었다가 완전히 익어 검은색으로 변하면 겨울에 다시 수확한단다. 거기까지가 알아들은 전부고, 그 뒤로는 그저 웃음으로 대답을 대신했다. 영국식 영어에 할아버지 발음인지라 알아듣기가 더욱 어려웠다. 10분쯤 걸었을까. 존이 발걸음을 멈추고 돌아선다.

"자, 인제 그만 돌아가자. 보통 산책하면 이 정도쯤 걷곤 해."

그럼 그렇지! 우린 일하러 간 게 아니었다. 산책^{Walk}가자고 한 말을 일^{Work}하러 가자는 뜻으로 착각한 것이다. 잘못 알아들었다는 우리 얘기를 듣고 존은 껄껄 웃으며 'Walk'와 'Work'의 발음 차이를 열심히 설명해줬지만, 아무리 들어도 똑같다. 앞으로의 의사소통에 큰 난관이 예상된다. 이대로라면 심으라는 것은 뽑아버리고, 뽑으라고 한 것은 도로 심어 놓는 건 아닐지 모르겠다.

"Supper Time~!"

1층에서 안이 우리를 부른다. 저녁 먹을 시간인가 보다. 존과 안이 무슨 이야기를 할 때마다 귀를 쫑긋 세워 들어야 한다. 그런데 'Dinner Time'이 아닌 'Supper Time'이라니.

"영글~ Supper가 뭐야?"

"영국에선 저녁 식사를 Dinner가 아닌 Supper라고 한다고 안에게 들었어."

이마저도 발음이 안 돼서 안에게 발음교정까지 받았다. 서퍼도 아니고 수퍼도 아니고 '쉬퍼'란다. 식탁에는 와인과 맥주, 물이 준비되어 있다. 안이 정성스럽게 만든 음식을 각자 부엌에서 먹을 만큼 덜어오면 된다. 식탁에 앉아 존과 안이 식사하기를 기다리는데, 에바는 이미 먹고 있다. '아, 여기는 한국이 아니지!' 우리는 습관적으로 어른이 먼저 한 술 뜨기를 기다렸던 것이다.

산책길에 만나는 아늑한 풍경을 보니 안과 존이 이곳에 자리 잡은 이유를 알 것 같다.

포크와 나이프 사용을 어색해하며 존과 식사 예절에 대한 이런저런 이야기를 나누었다. 에바는 우리가 존과 안의 말을 못 알아듣거나, 우리 표현과 발음이 서툴러 존과 안이 이해 못 할 때 중간에서 통역을 해줬다. 마치 살아 있는 영영사전을 보는 듯 훨씬 대화하기 편했다. 불과 하루 먼저 들어왔고 똑같이 우프를 처음 경험하는 에바였지만, 마치 일주일은 있던 것처럼 이것저것 친절히 알려줬다. 덕분에 이곳 분위기에 쉽게 적응할 수 있었다.

솔직히 일주일간 머물면서 가장 힘들었던 건, 일이 아니라 삼시 세끼 함께하는 긴 식사시간과 티타임이었다. 말수가 많지 않았던 우리는 영국인 할아버지, 할머니 앞에서 꿀 먹은 벙어리가 되곤 했다. 그마저 에바가 있을 때는 괜찮았지만, 그녀가 먼저 떠난 후로는 삭막한 분위기를 어찌할 수 없었다. 식사시간이 왜 그리 길게 느껴지는지.

봄 맞을 준비

3월임에도 불구하고 집안은 서늘했다. 파리에서 니스로, 니스에서 스페인으로 추위를 피해 내려왔건만 우리를 기다리는 건 또 추운 잠자리였다. 존과 안의 집은 지역 환경을 고스란히 담고 있는 전형적인 스페인식 돌집이다. 한여름 40℃에 육박하는 기온 때문에 창문은 작게 나 있고 실내는 어둡다. 때문에 겨울에는 냉기가 쉽게 빠져나가지 못한다.

옆방 에바는 감기가 심하게 걸려 종일 기침을 해댔다. 방에 있는 라디에이터는 빨래를 말리는 용도 외에 별 소용이 없었다. 다행히 우리가 묵은 방에는 조그만(1인용) 전기장판이 있어 둘이서 세로로 몸을 뉘이고 꼭 붙어 잠을 청했다. 장판 밖으로 조금만 벗어나도 오싹한 기운이 엄습해왔다.

처음 하는 농사일에 대한 긴장 때문인지 추위 때문인지 잠에서 일찍 깼다. 한국을 떠나올 때 야심차게 준비한 새 신발과 새 옷을 챙겨 입고 일할 채비를 마쳤다. 복장만 봐서는 농부 저리 가라 할 모습으로 뒷마당에 당당하게 나섰다. 200평 남짓한 텃밭과 정원이 봄을 맞을 준비로 한창이다. 우리에게 주어진 일은 베이비 라벤더밭 가꾸기, 블랙베리 넝쿨 정리, 불쏘시개로 사용할 장작 패기와 곳곳에 우거진 잡초 제거 등이다. '그냥 텃밭이잖아?' 금방 끝나겠다 싶었던 밭일은 팔뚝과 허벅지에 묵직한 근육통을 안겨줬다. 이곳 안테케라가 속한 안달루시아 지방은 돌산이 많은 탓에 비옥한 땅을 찾기 힘들다. 잡초 하나 뽑으려 해도 땅속으로 삽이 들어가질 않으니 신발은 온통 삽 자국 투성이다.

솔직히 우리로 말할 것 같으면 농사 경험이라고는 둘이 합쳐 농활 한 번 다녀 온 게 전부인 수준에, 늘 사무실에 앉아 몸 쓰는 일은 제대로 해 본 적 없는 평범한 도시인이다. 기술도 요령도 없으니 농사일의 기본 중 기본인 잡초 뽑는 일도 서툴다. 모르는 게 산더미지만, 아무도 그걸 일일이 알려주지 않기에 온몸으로 부딪쳐 느끼고 배워야 한다. 대신 몸으로 한 노동은 우리에게 매일매일 큰일을 해낸 것 같은 뿌듯함을 안겨줬다. 더욱이 불모지를 개간했다는 사실에 어깨마저 으쓱해졌다. 평범한 일상에서 결과를 한눈에 볼 수 있는 일들이 과연 얼마나 있을까?

우리가 일을 하는 동안 안은 식사준비를 한다.
바쁘게 여행 다니면서는 사먹기 힘든 다양한 치즈, 와인은 물론
가정식 요리를 맛볼 수 있는 것 또한 큰 행복이다.

파파존스 플레이스의 뒷마당에 있던 아몬드나무

작업 전과 후. 손바닥만 한 땅이었지만, 초보인 우리는 한나절이 걸리는 일이다.

스페인에 사는 영국인, 런던에 사는 외국인

"이제 뭐 하지?"

파파존스 플레이스의 시간은 정확하다. 일이 끝난 2시 30분 이후로는 자유 시간, 온전히 우리만의 시간이다. 달콤할 것 같지만 우선 스마트폰과 컴퓨터(인터넷은 하루에 15분 가능하나 그것마저도 잘 안 된다)를 쓸 수 없어 아쉽다. 짜인 시간표 없이 누구의 지시도 받지 않는 시간 앞에서 늘 바쁘게만 살아왔던 우리는 무기력해진다. 주말이면 가만히 있는 것이 아까워 뭐라도 하고 싶었는데, 교통수단이 없으니 어딜 가볼 수도 없다. 그나마 존과 안이 시내에 일을 보러 갈 때 따라나서는 것이 우리에게 주어진 유일한 나들이다.

에바는 50대 초반의 싱글맘이자 플로리스트로, 이곳에서 휴가를 보내고 있는 중이다. 현재 생활에 너무 만족한다는 그녀는 햇살이 좋은 날에는 비치 의자에 누워 낮잠을 청하거나 책을 읽고, 종종 산책도 했다. 존과 안 역시 밀린 빨래를 비롯한 집안일을 하고, 때로는 친구들을 초대해 여가를 즐겼다. 반면 우리는 바위에 걸터앉아 한국에서 가져온 피리 연습을 하거나 알아듣지도 못하는 DVD를 보면서 시간을 때웠다. 앞으로 몇 개월은 이럴 텐데, 시골에서 산다면 여유시간에 대한 적응력이 필요하겠다는 생각이 든다.

"주변에 아무것도 없는데, 적적하지 않으세요?"

"그래서 우프를 시작하게 된 거야."

"호스트를 하면 여행을 다니지 않아도 세상 이곳저곳에서 오는 사람들을 만날 수 있어서 좋아. 집에 가만히 앉아서 세계여행을 하는 느낌이랄까."

존과 안 부부는 영국에서 살다가 은퇴한 뒤 따뜻한 스페인으로 건너와 자리 잡았다. 국적은 영국인이기 때문에 영국의 연금을 받아 생활하는데, 스페인에 산다고 해서 이곳에 세금을 내는 건 아니라고 했다. 이 정도면 악명 높은 영국의 물가, 궂은 날씨, 맛없는 음식을 한 번에 피해 누릴 것은 다 누리는 최고의 복지 아닌가? 그래서인지 스페인은 영국인들이 가장 많이 사는 유럽 국가로 꼽힌다. 마드리드에 있는 영국대사관에 따르면 연중 일부라도 스페인에 사는 영국인이 80만 명에 이른다고.

"진짜 영국인들은 런던에 살지 않아. 한적한 시골로 가서 살거나 우리처럼 해외에 나

와서 살고 있지. 런던은 돈을 벌기 위해 온 외국인이 사는 도시야."

2011년 통계로는 런던에 사는 영국인(백인)의 비율은 45%에 불과하다. 10년 사이 60만 명이나 런던을 떠났고, 그 빈자리를 해외 이주민이나 혼혈 영국인들이 채우고 있다는 것이다. 그들이 떠나간 이유는 무엇일까. 충분히 돈을 벌어서? 도시생활에 염증을 느껴서? 아니면 이민자의 값싼 노동력에 밀려 일자리를 잃어서? 이미 많은 부를 축적해 일하지 않고도 재산가치가 증가하는 단계의 사람들이 런던을 떠나고 있는 건 아닐까 싶다.

식용유를 선택하는 방법

오늘은 기다리던 Day Off! 아침부터 모두가 분주하다. 분홍색 바지에 체크무늬 셔츠를 꺼내 입은 존을 보니 멋쟁이 할아버지가 따로 없다. 안 역시 밝고 화사한 연두색 옷으로 갈아입고 외출 준비 완료! 산골에서 꼼짝도 못하는 우리를 남쪽 해안의 '토레몰리노스 Torremolinos'라는 도시로 데려다준다고 한다. 모처럼 산에서 내려와 시내로 나간다니 신이 난다. 수영복도 챙기라는 안의 농담 섞인 말에 정말 수영복에 선크림, 비치타월까지 챙겨서 길을 나섰다. 일기예보에서 분명 남부 해안은 더울 거라 했다.

차로 한 시간을 달려 도착한 곳은 시원한 해변 휴양지다. 존과 안은 여기서 친구들을 만나 올리브유 시음 행사에 간단다. 따라가고 싶었지만 불청객처럼 끼는 것 같아 오후에 만날 시간을 정해놓고는 헤어졌다.

한여름을 기대하고 간단히 걸치고 나왔는데, 막상 해변에는 바람이 쎙하다. 당연히 바닷물에 들어가 있거나 모래사장에서 일광욕을 즐기는 사람은 아무도 없다. 비치타월을 망토 삼아 칭칭 감고 다니는 꼴도 우스웠지만 별수 없다. 우린 너무 춥다.

해변에는 사람들이 없었지만, 호텔이나 별장 앞에는 수영복 차림으로 선탠하는 이들이 적지 않다. 동네를 조금 돌아보니 그 이유를 알 것 같다. 이곳은 영국인들의 휴양지이다. 스페인답지 않게 음식점이며 상점들 간판이 모두 영어로 되어 있고, 메뉴도 영국식이다. 프랑스 남부에도 영국인들의 별장이 수도 없이 늘어서 있었는데, 스페인 남부도 마찬가지였다. 추운 지역에서 온 사람들이니 이 정도 날씨는 옷을 훌훌 벗을 수 있나 보다. 이런 곳에 휴가를 보낼 집 한 채씩을 가진 그들이 부럽기도 했지만, 한편으론 아름다운 해변이 온통 고층 빌딩과 별장으로 뒤덮여 안타까운 마음이 들었다. 우리 제주도도 지금처럼 개발이 지속되면 곧 이런 모습이 되지 않을까 걱정이다.

해변을 따라 걷다 보니 올리브유 시음 행사장이 보인다. 인근 지역 생산자들이 나와 부스에서 상품을 전시하고 맛볼 수 있는 장을 마련한 것이다. 와인 잔에 담긴 올리브유를 보니, 와인 시음회에 온 듯한 착각이 든다. 한쪽에서는 작은 세미나와 부대행사도 이어졌다. 우리가 갔을 때는 마침 아이들을 위한 테이스팅 프로그램이 진행 중이었는데, 올리브유가 스페인 사람들의 삶에서 얼마나 중요한지 짐작이 간다. 올리브유는 그저 오일파스타 만들 때나 사용하는 줄 알았던 우리에게 이곳은 신세계가 아닐 수 없다. 스페인, 이탈리아 등 지중해 연안 국가들에서는 우리가 참기름, 들기름을 사용하듯 대부분의 요리에 올리브유를 사용한다. 그러고 보니 안의 집에서도 올리브유가 자주 식탁에 등장했고, 요리에는 물론 빵에 뿌려먹거나 마늘을 재워 놓기도 했다.

아무리 그래도 어떻게 그 느끼한 기름을 시음한다는 거지? 수십 종류의 참기름, 들기름을 차례차례 맛보는 것과 뭐가 다를까. 향의 강도에 차이가 있겠지만, 다 그 맛이 그 맛일 텐데. 시음을 주저하는 우정 대신 먹는 것이라면 환장하는 내가 용감히 나섰다. 와인 잔을 들고 올리브유를 흡입하려던 찰나, 스태프가 깜짝 놀라 나를 말린다. 아! 먹는 게 아니었구나. 하하~

"향을 맡아보세요. 어떤 향이 나죠?"
"토마토!"

그렇다. 올리브유에서 신선한 과일 향이 난다. 한국에서 사용했던 올리브유는 정말 밋밋한 식용유나 마찬가지였다.

"올리브라고 다 같은 올리브가 아니에요. 올리브 종류에 따라, 생산된 지역에 따라 맛과 향이 다 달라요. 같은 품종이라도 그린 올리브냐, 블랙 올리브냐에 따라 다르고요. 여기 전시된 것들은 대부분 작년 가을에서 올해 수확한 올리브로 만든 거예요."

올리브유라는 단일 제품으로 이처럼 큰 시음 행사를 진행하는 데에는 다 그럴만한 이유가 있었다. 빵을 올리브유에 찍어 맛을 보니, 정말 많은 제품에서 확연한 차이가 느껴졌다. 올리브유도 참기름, 들기름처럼 시간이 흐르면 향이 없어지나 보다. 햇빛에 노출되면 맛이 변할 수도 있어, 어두운 유리병이나 불투명한 용기에 보관하는 게 좋다고 한다. 구매 욕구를 마구 솟구치게 하는 화장품 병처럼 예쁘게 디자인된 제품들도 많았다. 그러나 앞으로 남은 11개월의 여행을 생각하면 참을 수밖에. 얻어온 샘플 하나로 아쉬움을 달랜다.

오늘은 우리가 한국 요리를 만들어주기로 약속한 날. 파리 한인 마트에서 공수해온 귀한 고사리와 취나물을 꺼내 들었다. 이들에게 올리브유보다 훨씬 좋은 참기름의 향을 맛보게 해줄 작정이다.

아껴두었던 재료들을 보니 벌써 입에 군침이 돌기 시작한다. 한식을 보여주고 싶어서라기보다 내심 우리가 먹고 싶었던 건 아닌지. 하긴, 이렇게 음식을 조리할 제대로 된 주방을 만난 것도 여행 와서 처음이다. 마늘을 다져 넣고 간장과 소금 간으로 나물을 준비한다. 일일이 볶은 당근에 양파, 애호박, 버섯과 달걀까지 얹으니 그럴듯한 비빔밥 모양새를 갖췄다. 마지막으로 아끼고 아끼던 약고추장을 듬뿍 퍼 넣고 참기름을 붓는 순간!

"아니! 참기름에 향이 하나도 없잖아!"

맙소사! 이곳 마트에서 산 동남아산 참기름은 한국에서 샀던 올리브유처럼 아무런 향이 없었다. 나중에 알고 보니 외국 사람들 중에는 참기름 향을 스컹크 방귀 냄새로 여길 정도로 꺼려하는 이들이 적지 않단다. 애써 실망을 감추고, 접시에 밥과 나물을 얹어 쓱쓱 비볐다. 그래도 역시 비빔밥은 비빔밥. 만리타국에서 여행하다 먹는 한식은 그 어느 맛집에 비할 바가 아니었다. 한참을 맛있게 먹다 슬쩍 고개를 들어 존과 안, 에바를 보니 가관이다. 포크와 나이프로 밥 따로, 나물 따로, 달걀 따로 고추장에 찍어 먹고 있는 게 아닌가.

"여러분, 이건 'Mixed Rice'라고요."

고추장이 매웠던 건지, 섞어서 먹는 것을 안 좋아해서인지 모르겠다. 에이, 알아서 먹으라지. 이러나저러나 뱃속에 들어가면 다 비벼질 테니까. 먹는 폼이 영 맘에 안 들었지만 남기지 않고 모두 깨끗이 먹어 주니, 어쨌든 스페인에서의 비빔밥은 성공이다.

올리브는 기름을 짜는 데만 사용하는 것이 아니다.
절인 올리브는 우리나라의 김치처럼 매일 밥상에서
빠지지 않는 식재료다.

올리브 테이스팅을 위한 세팅. 와인잔에 있는
올리브유로 향을 맡아보고, 접시에 담긴 것에는
빵을 찍어 먹는다.

나쁜 호스트, 좋은 호스트

"기억에 남는 우퍼가 있었어요? 가장 마음에 들지 않았던 우퍼는요?"

"딱히 마음에 들지 않았던 친구는 없었던 것 같아. 한번은 늦잠이 심하고 게으른 녀석이 있었는데, 며칠 지내다 보니 괜찮아지더라고. 여기서 지냈던 우퍼들은 종종 다시 찾아오곤 해."

다른 우퍼들의 이야기를 하던 중, 존과 안은 무시무시한 이야기를 꺼낸다.

"좋은 호스트를 만나는 게 정말 중요해. 우리 집에 왔던 우퍼 중 하나는 노예처럼 일하다가 나온 경험이 있었대. 차도 안 다니고 집 한 채 없는 산골짜기로 들어갔는데, 먹을 것도 안 주고 종일 일만 시켰던 모양이야. 어떤 날은 하루에 토스트 3장만 먹고 8~9시간씩 일을 했대. 도망치고 싶은데 대중교통도 다니지 않고, 지나가는 차도 없는 동네라서 나올 방법이 없었던 거야."

"어떤 여학생은 남자 혼자 있는 농장에 들어가서 몇 주 동안 우프를 했는데, 호스트가 결혼해서 같이 살자고 하는 바람에 도망쳐서 여기로 왔어."

말만 들어도 소름이 끼친다. 우리야 둘이 함께 다니니까 그나마 괜찮겠지만, 여자 혼자 인적 드문 동네로 잘못 갔다가는 위험한 일을 당할 수도 있는 노릇이다. 물론 우프라는 조직과 프로그램이 그 정도로 허술하게 운영되지는 않겠지만, 그렇다고 방심해서도 안 되겠다. 그에 비하면 이곳은 천국이나 다름없다. 농장도 손바닥만 한 텃밭 수준이라 일주일 동안 휴식을 취하러 온 것이나 마찬가지였다.

"우프 홈페이지에 댓글이나 평가시스템이 있던데, 그런 것들로 불량 호스트가 어느 정도 정리되지 않아요?"

"글쎄. 우퍼의 입장과 호스트의 견해가 다르다보니, 우프 운영본부에서도 어느 한쪽의 말만 믿을 수는 없을 거야. 우퍼들도 괜히 좋지 않은 댓글을 달았다가 불이익을 받을까 봐 평가를 꺼리더라고."

"불이익이라니요?"

"우프는 생산자들의 조직이라 운영진이 호스트 편에 가까워. 어찌 보면 우퍼가 약자의 입장에 있는 거지. 자칫 잘못하면 회원에서 제명을 당하거나, 다른 호스트들이 자신이 남긴 댓글을 보고 안 받아줄 수 있으니 웬만해선 나쁜 평가는 남기지 않아."

우프 홈페이지에는 호스트 대부분이 긍정적인 평가를 받고 있던데, 이를 100% 신뢰해서는 안 되겠다. 물론 안의 조언도 믿거나 말거나 정확한 이야기가 아닐 수 있다. 여하튼 우리는 부당함에 대해서는 가차 없이 평가를 남겨 주리라.

파파존스 플레이스의 후기에는 '우프를 처음 하는 사람들에게 추천한다'라고 적혀 있었다. 우리는 물론 에바, 그리고 우리가 떠나기 이틀 전 들어왔던 린 모두 이곳이 우프의 첫 경험지였다. 20살의 린은 심지어 스타킹에 구두 차림으로 농사일에 나섰지만, 존과 안은 시골 할머니 집의 인심처럼 서툰 우리 모두를 포근하게 안아주었다.

스페인 현지인의 삶을 가까이서 경험 못한 것은 내심 아쉽지만, 첫걸음으로는 더할 나위 없이 좋은 출발이었다. 존과 안, 다시 만날 그 날까지 건강해요!

마지막을 기념하며 존, 안과 함께 사진을 남겼다.

WWOOFer's Diary. 01

'베이직'의 의미

스페인에서 일주일 동안의 우핑을 마친 후, 그라나다^{Granada}로 향했다. 이틀간 휴식한 뒤,
곧바로 주변의 다른 농가에서 열흘 정도를 보낼 계획이다. 스페인을 대표하는 먹거리
하몽^{Jamon}(돼지 뒷다리를 통째로 소금에 절여 만든 햄)을 마음껏 먹고 싶은 마음에
우프 장소는 하몽의 주생산지 중 하나인 트레벨레스^{Trevelez}로 정했다.
존의 집에서 내려오니 아래 동네는 여름 날씨다. 땀을 뻘뻘 흘리며 그라나다 숙소에 도착해
다음 호스트에게 확인 메일을 보내려던 찰나, 호스트로부터 먼저 메일 한 통이 와 있었다.

**너의 답장과 질문들 그리고 다른 봉사자들의 제안을 보았을 때, 너는 우리 농장이
적합하지 않다고 생각하는 듯하다. 그러니 다른 농장을 찾아가는 게 더 나을 것 같다.
막판에 바꿔서 미안하다.**

"!!!!!!"
상상도 못했던 일에 우리는 멘붕에 빠졌다. 답장과 질문이라곤 무슨 일을 하는지, 기본적인
숙식, 가는 방법에 대한 요청이 다였다. 파파존스 플레이스에 있을 때 인터넷 연결이
좋지 않아 메일 회신이 조금씩 늦기는 했지만, 지금까지 늘 답장이 늦었던 것은 오히려
그쪽이었다. 이틀을 남겨두고 일방적으로 약속을 취소하다니. 그러면 열흘 정도의 일정이
송두리째 엉망이 되어 버린다. 더 길게 일을 하겠다는 우퍼가 있었던 것일까?
한동안 멍하니 있다가 정신을 차린 후, 우리의 분노를 모두 담아 항의 메일을 보냈다. 로밍을
하지 않아 통화도 못 하고 화풀이 할 곳도 없으니 분통만 터진다. 호스트와 원활하게 연락을
주고받으려면 현지 휴대전화 개통은 필수인 듯하다. 안테케라에서도 안과의 연락을 위해
와이파이되는 곳을 찾느라 얼마나 고생했었던가.
갈 곳이 없어진 우리는 그라나다 구경은 제쳐놓고, 당장 내일부터라도 일할 수 있는 다른

호스트를 수소문했다. 한정된 여행경비 때문에 우프를 하지 않으면 한국으로 돌아가는 일정이 당겨질 수밖에 없다. 출발한 지 한 달째인데, 이미 계획보다 두 배의 돈을 사용한지라 내심 걱정까지 되던 차였다. 속 터지는 인터넷과 씨름하며 몇 군데 호스트에게 긴급 메일을 보내놓고서야 방을 나왔다. 꿀꿀한 기분에 아름다운 그라나다의 야경도 곱게 보이지 않는다.

다음 날, 천만다행으로 한 곳에서 연락이 왔다. 세비야Sevilla 주변에 있는 곳인데 당장 내일부터 일주일을 머물 수 있는 일정이다. 기본적인 가구와 주방, 화장실이 딸려 있고, 샤워는 50m 거리에 있는 호스트의 집에서 할 수 있다고 했다. 그런데 식재료를 주면 밥은 우리가 알아서 해먹어야 한단다. 다소 불편해 보이기는 했지만, 선택의 여지가 없었다. 그렇게 한시름 놓고서 그라나다 구경을 제대로 하면서 와인과 타파스도 즐겼다. 여기는 술꾼에게 천국이나 다름없다. 2~3유로를 내고 술 한 잔을 마실 때마다 타파스가 따라 나온다. 잘 자고 일어난 아침, 유럽의 카풀서비스 블라블라카Blablacar를 통해 세비야로 편하게 움직였다.

새로운 우프 호스트가 있는 곳은 세비야에서 시내버스로 30분 거리에 있는 '마이레나 델 알코르Mairena del Alcor'이다. 저녁쯤 도착해 전화했더니, 잠시 후 먼지투성이의 꾀죄죄한 차가 등장했다. 우리를 데리러 온 차가 아니면 좋겠다고 바랐는데, 호스트 파블로가 내려서 악수를 건넨다. 차 내부도 꼴이 말이 아니다. 각종 옷가지와 쓰레기가 널브러져 있다. 집도 이런 식일까? 걱정에 잠겨 차에 올랐다.
한참을 가다 한 울타리를 들어서니 20마리 정도의 닭이 있고, 곧이어 강아지 한 마리가 달려와 우릴 격하게 반긴다. 야성미 넘치는 텃밭을 앞에 두고 우리가 묵게 될 파란 집이 서 있었다.

Blablacar 일종의 카 쉐어링으로, 사이트(www.blablacar.com)에 차주가 올려놓은 개인정보, 이동 경로, 날짜, 시간, 빈자리 수, 가격, 차종 등을 보고 출발지, 목적지, 날짜에 맞춰 검색하면 나에게 맞는 차량 정보가 나온다. 기차나 버스보다 훨씬 저렴하고 시간도 절약되고, 게다가 보통 원하는 장소에 픽업과 드롭을 해주기 때문에 편리하다. 서유럽 쪽에서도 이용할 수 있지만 교통수단이 그에 비해 좀 불편한 동유럽에서 많이 사용된다고 한다.

강아지 마치히따. 이 녀석도 흙투성이다.
빌렁 드러눕고 놀아달라고 난리가 났다.
나름 영리해서 공놀이할 때엔 자기 배 밑에
공을 숨기는 기술까지 선보였다.

그런데! 'Basic'이라는 말이 뒤통수를 칠 줄이야. 숙소는 집이라기보다는 창고였다.
파블로가 방에 관해 설명을 해주는데 표정 관리가 힘들다. 앞선 설명대로 기본적인 것이
구비되어 있었지만, 무엇이 있느냐가 중요하다. 낡은 침구류와 곳곳을 기어 다니는 벌레에
난방 기구는 보이지도 않았다. 화장실 문을 여니 냄새가 가득하고 청소 상태도 엉망이다.
샤워부스에는 손톱만한 벌레가 배수구로 끊임없이 올라오고 있었다.
주방 사정도 열악하기는 매한가지. 온통 이가 나가고 찌그러진 주방기구에 가스레인지는
불이 붙여지지도 않는다. 고쳐준다고 하지만 영 못 미덥다. 도대체 여기서 어떻게 잠을 자고,
또 밥을 해 먹으라는 것인지 이해할 수가 없었다. 하지만 어쩌겠는가. 이미 날은 저물었고
나갈 수도 없다. 죽지는 않을 테니 하루는 견뎌보자!...고 했지만 생각할수록 차라리
지하철역에서 노숙하라면 하겠다. 더욱 화가 났던 것은 호스트 자신들은 정말 깨끗하고
멋진 통나무집에 머물렀다. 방도 많아 보이는데, 우퍼들을 같은 집에 머무르게 하지
않았다. 숙소에 돌아가기 싫어 일부러 천천히 식사하며 호스트의 집에서 시간을 끌었다.
제정신으로는 잠을 못 이룰 것 같아 와인 잔을 계속 비웠으나, 어떻게 된 건지 오히려 머리가
점점 더 맑아진다. 결국 춥디추운 창고로 돌아와 벌레가 입으로 기어들지는 않을까 걱정하며
새우잠을 청했다. 밤새 'Basic'이라는 단어 의미를 되짚으며, 이대로는 즐거운 마음으로
지내기 힘들 것 같아 내일 오전 일만 마치고 떠나기로 결정했다.
다음 날 아침, 빵 한 조각을 꾸역꾸역 먹고 텃밭에서 당근을 솎아내는 일을 했다. 오전 일을

마치자 점심을 어찌 해결할지 막막했다. 주방이 저 모양이니 밥은 해줄 거로 믿었는데
파블로는 전혀 그럴 생각이 없어 보인다. 더는 기다릴 수 없어 이야기를 꺼냈다.

"파블로, 이 숙소는 우리가 생활하기에 맞지 않는 것 같아요. 일하며 음식을 해먹기도
어렵고."
우리의 고충을 설명하고 다른 방법을 찾아봐 달라고 부탁했지만 의사소통은 쉽지 않았다.
처음에는 파블로가 영어를 못 알아듣는 줄 알았는데, 그게 아니라 그는 우리를 이해하지
못했다.

"내가 메일로 'Basic' 하다고 이야기했잖아. 몇 달 전에 다른 우퍼도 3주간 있었어. 다들
잘 지내는데 너희는 뭐가 문제라는 거지? 가스레인지는 고쳐줄게. 그 이상은 해줄 게
아무 것도 없어."

너무 'Basic' 했던 숙소

61

"가스레인지 문제가 아니에요. 기본적이라고는 했지만 이렇게 지저분하고 냄새나고, 벌레가 끝도 없이 나온다는 이야기는 하지 않았잖아요."

"시골은 원래 그래. 여기만 이런 게 아니야. 우리 집에도 벌레가 많이 들어와. 나도 집과 농장을 2년간 임대해 사용하는 거라 더는 여기에 투자할 수 없어."

더러움을 표현하는 단어를 총동원해서 이야기했지만 아무 소용없다. 파블로는 어쩔 수 없다는 말만 되풀이할 뿐, 해결방법을 내놓진 않았다. 시골은 원래 그렇고, 다른 우퍼들은 문제없이 지낸 이곳을 우리가 괜히 유난 떤다는 식이다.

수백 년 된 집에 살면서 몇십 년 된 차를 끌고 다니는 이곳 사람들의 생활방식이 일면 이해는 간다. 더구나 쉽게 사고 바꾸는 게 일반적인 한국에서의 일상과 그동안 우리 주변이 지나치게 깨끗했던 건 아닐지 자책하며 이해해보고자 했지만, 우리가 말하는 'Basic'과 파블로가 말하는 'Basic'은 분명 차원이 달랐다. 아무리 좋게 생각해도 분명한 것은 이 숙소는 집이 아니라 창고라는 점이다.

"집에 남는 방이 있잖아요."

"그건 불가능해. 예전에 우퍼를 우리 집에서 머물게 했다가 낭패를 본 적이 있어서 아내가 더 이상은 그럴 수 없다고 했어."

답은 안 나오고 배만 고파진 우리는 일단 밖으로 나가 점심을 때웠다. 당장 나가고 싶지만 올린에게 작별인사는 해야 하니까. 다행히 그녀는 우리를 이해한다며 미안해했지만, 파블로의 표정은 점점 어두워졌다. 그도 그럴 것이 우리가 오면 심기 위해 씨감자를 잔뜩 준비해 놓았는데, 온전히 혼자만의 몫이 되었기 때문이다. 순간 미안한 마음이 들어 마을에서 숙박하면서 도와주겠다고 제안했지만, 파블로는 괜찮다며 애써 사양했다. 마을로 나온 우리는 다행히 동네에 딱 하나 있는 에어비앤비^{Airbnb} 숙소를 찾았다. 가족 같은 분위기 속에서 마음 편히 씻고 아늑한 잠자리에 들었다.

"우리가 아직 농장에 있었더라면 분명 쫄쫄 굶으면서, '내일은 나가야지'하고 있었을 거야."

시행착오와 예상치 못했던 경험을 통해 우리의 내공도 쌓여간다. 농장을 정할 때 고려해야 할 우리만의 기준이 생겼다.

① 소통을 위해 영어가 가능한 호스트를 정한다.
② 현지 사람들과 늘 부대끼며 많은 것을 보고 느낄 수 있도록, 같은 건물 숙소를
사용하고 식사도 함께할 수 있는 곳을 선택한다.
③ 색다른 경험을 할 수 있거나, 기술을 배울 수 있는 곳이라면 더 좋다.

결국, 여기에서도 진정한 '스페니쉬 라이프'를 맛보는 데에는 실패하고 말았다. 지나간 것은
지나간 대로. 한 달 뒤, 벨기에서의 생활을 기대해 본다.

WWOOFer's Diary. 02

Tavira : 무인도 파도 살롱

스페인 세비야를 출발해 4시간을 달렸다. 포르투갈
국경을 넘어 해안가와 접해 있는 타비라^{Tavira} 마을에
도착했다. 콘도 같은 집을 일주일 머무는 조건으로
150유로에 빌렸다. 이곳에선 아무 생각 없이 그저 푹 쉴
작정이다.

요 며칠 바람이 심상치 않더니 끝내 비가 쏟아졌다. 어제는 구름 사이로 햇빛이 비추고
바람이 잦아들기에 보트 선착장을 찾았으나 기상악화로 운행하지 않았다. 다음 날 아침,
어제와 별반 차이 없는 날씨에 기대 없이 선착장에 나갔는데, 어제 마주친 선장이 우리를
알아보고는 웃는다. 오늘은 배를 탈 수 있겠군! 가방에 빗과 가위, 방수천을 넣고 다닌 지
3일 만에 일하드 카바나스^{Ilha De Cabanas} 섬으로 향했다. 사실 말이 배, 선장, 섬이지 왕복
1유로 하는 배 삯에 작은 보트를 타고 2분이면 도착하는 곳이다. 언제 비가 올지 모르는 날씨
탓에 우산까지 챙겨왔지만, 찬바람이 예사롭지 않아 오래 머물 순 없을 듯했다. 선장과 오후
1시에 다시 만나기로 약속하고 섬 안으로 천천히 걸었다.
조금 후 육지에서 섬 쪽을 봤을 때 보이지 않았던 풍경이 마법처럼 나타났다. 눈앞에 펼쳐진
아름다운 해안이 무려 7km에 이르는데, 이곳에 나와 영글 둘뿐이다. 파도, 바람, 모래, 하늘
그리고 우리 두 사람. 찬바람은 불지만 왠지 싫지 않았다.

"영글, 우리 돗자리 챙겨왔지? 여기서 이발하자."
내 말에 당황한 기색이 역력한 영글이지만, 별수 있나. 출국 전 한국에서 이발했으나 한 달이
지난 지금, 눈에 띄게 머리가 자랐다. 귀 옆으로 삐죽삐죽 나온 머리카락이 눈에 거슬렀던
참이다. 해변에 나뒹굴고 있는 의자에 영글을 앉혀놓고 돗자리를 가운 삼아 몸에 둘렀다.
그리고 가위를 들었다. 그동안 영글이 머리하러 갈 때마다 졸졸 쫓아 다녔다. 옆 눈질로

슬쩍, 어깨 너머로 슬쩍 봐둔 눈썰미를 살려 투블럭컷으로 잘라줄 생각이다. 이미 한국에서 연습 삼아 머리카락을 깎아준 적이 있었다. "영글아 어디서 이발했어? 다시는 거기 가지 마라", "머리가 왜 그래? 좀 웃겨"라며 주위에서 지탄을 받기도 했었지만, 20유로나 드는 이발비용을 무시할 수 없으니 다시 가위를 들 수밖에. 햇살을 마주하고 바닷바람을 맞으며 30여 분 가위질 끝에 완성된 머리 스타일. 거울을 대신해 스마트폰 카메라로 머리를 보더니 만족한 웃음을 짓는 영글이 그저 고맙다.

"나 돗자리 피고 해변에 누워 버킷리스트 하나 달성하려고 했단 말이야."
"해변에서 하룻밤 보내기, 그거?"
해변에 누워 둘만의 로맨스를 꿈꾸었던 영글.
얼어 죽을, 바람 쌩쌩 부는데 로맨스는 무슨!

2.

in BELGIUM

Diest

따로 또 같이, 함께 산다는 것

스무 명의 가족

노는 놈, 일하는 놈, 척하는 놈

행복한 아기, 가스퍼

너는 오늘 어디서 햇빛을 받을 거니?

코리안 데이

나는 누군가를 칭찬해준 적이 있었던가!

Turning to One Another. 서로에게 기대어보기를

WWOOFer's Diary. 활기찬 운하 도시, 겐트

우핑 기간 : 4월 8일 ~ 4월 22일, 15일간

　바야흐로 따뜻한 봄날. 차창으로 들어오는 햇살을 맞으며 우리는 벨기에 동쪽 신트 얀스베르그^{Sint Jansberg} 수도원으로 향한다. 기차를 타면 금방이지만, 수도인 브뤼셀^{Brussel}에서 시내버스로 이동했다. 벨기에가 작은 나라라 그런지 구글맵을 검색해보니 세 번만 환승하면 된다. '기차를 타면 동네 구석구석 풍경을 지나칠 수 있으니'라는 그럴싸한 핑곗거리를 대보지만, 이건 순전히 게을러서다. 너무 일찍 도착하면 첫날부터 일해야 한다는 생각에…. 한 달 사이 잔머리만 늘었다.

　브뤼셀을 벗어나자 산이라고는 없는 온통 평평한 풍경이다. 높은 건물조차 보이지 않는다. 확 트여 있는 들판에 아기자기한 벽돌집이 여기저기 흩어진 모습이, 하늘을 가릴 만큼 빽빽하게 건물이 들어선 우리나라와 대조적이다. 버스는 골목 사이를 돌고 돌아 3시간 후 목적지인 디스트^{Diest}역에 다다랐다. 여기서도 다시 버스를 타야 수도원에 갈 수 있는데, 앞으로 2시간을 기다릴 판이다. 어쩔 수 없이 호스트에게 픽업을 요청했다.

　시간이 지나 마중 나온 호스트 그릿과 함께 수도원에 도착했다. 차에서 내리는 순간, 놀란 입이 다물어지지 않았다. 무려 700년 넘은 채플이 있었고, 고등학교만한 수녀원은 역사가 300년도 더 되었다고 한다. 지난달 처음 우핑을 시작했던 파파존스 플레이스와 파블로의 집이 소규모 가족농장이라면, 여기는 여럿이 함께 모여 주거를 하는 공동체이다. 꽉 막힌 도심 작은 투룸에서 전세살이하며 이웃의 존재가 무의미했던 우리에게 커뮤니티 생활을 경험해 볼 좋은 기회임이 틀림없다.

　원래 우리는 한인이 운영하는 독일 농장에 머물 계획이었다. 본격적인 우프에 앞서 그곳 농업과 시골살이를 자세히 들어보고자 유럽 교민 커뮤니티를 통해 연락을 취했다. 그런데 중간에 미처 확인 못한 실수로 인해 또다시 급하게 일할 곳을 찾아야 했다. 이번엔 '헬프엑스^{HelpX}'를 통해 근처 벨기에 지역의 여러 호스트에게 메일을 보냈고, 무작정 브뤼셀로 이동했다. 다행히 하루 만에 연락이 왔고, 다음 날 바로 이 수도원에 오게 된 것이다.

　건물에 들어서자 기숙사 건물처럼 긴 복도 한쪽으로 방들이 줄지어 있다. 우리가 사용할 방은 파블로 집보다는 양호했지만, 한참 동안 방치되었는지 먼지가 수북하다. 갑작

HelpX 헬프엑스는 국가별로 가입하고 회비를 내야 하는 우프와는 달리, 사이트(www.helpx.net)에 한 번 가입하면 모든 국가에서 활용할 수 있다. 일할 수 있는 직종도 다양해, 우리가 찾고 있는 유기농 농장도 쉽게 찾을 수 있었다.

스레 우퍼를 받아 정리가 채 되지 않았던 모양이다. 더러운 침대 매트리스, 창고에 있어야 할 소파, 버리려고 쌓아둔 듯한 이불. 정말 이 방에서 14일간 잠을 청해야 한다는 말이지? 이제 어찌하겠는가, 이 상황에서 최선을 찾아야지. 그나마 2층이니까 파블로네 창고처럼 벌레가 돌아다니지는 않을 거다. 땅도 개간했는데 이 방 하나 잘 만한 곳으로 탈바꿈 못할까 싶어 부지런히 정리했다. 정체 모를 깃털과 먼지가 덕지덕지 붙어 있던 매트리스는 침대 시트를 찾아 두 겹으로 씌웠다. 답이 안 나오는 이불은 침낭으로 대신할 생각에 밖으로 내놓았더니, 멋진 흰 수염의 할아버지 얀이 상황을 알아차리곤 다른 이불을 가져다준다. 정리를 마치자 제법 살만한 곳으로 바뀌었다. 2주 동안 머물 공간이 생겼다는 사실에 마음도 편해진다.

수도원의 뒤뜰에서 종종 파티가 벌어지곤 한다.

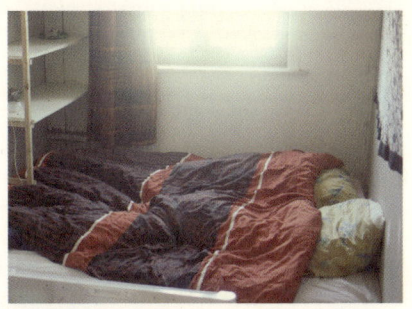

2주 동안 정착할 수 있는 공간이 생겼다.
좁지만 밖으로 나가면 엄청난 공유공간이 있으니
전혀 답답하게 느껴지지 않는다.

야외 테이블에 모두가 둘러 앉아먹는 즐거운 식사시간

방 정리를 끝내고 그릿이 본격적으로 이곳 생활에 대해 알려준다. 12명이 사는데, 지금은 우리와 같은 봉사자, 녹음 작업을 하러 왔다는 아티스트를 포함해 20명 정도가 머물고 있었다. 건물 뒤편으로 잘 꾸며진 정원과 작은 숲, 채플이 있다. 채플 내부는 거미줄이 가득하고 유리창도 깨져 있는데, 놀랍게도 여기서 종종 결혼식도 올린단다. 복원하는 데에만 10억 원이 넘는 비용이 필요해 아직 손을 못 대고 있다고. 건물 앞엔 농장이 위치한다. 한쪽에서 다른 우퍼들이 맨발로 뭔가 작업하고 있었는데, 이들은 한참 후 저녁 식사 시간이 다 돼서야 땀과 흙 범벅이 된 채 나타났다. 순간, 내일의 작업이 살짝 걱정된다.

그릿은 우리에게 읽어보라며 파일을 건네주었다. 하루 일정과 공동생활에서 지켜야 할 내용이 적힌 우퍼들의 생활지침이다. 여러 명의 봉사자를 체계적으로 관리하기 위한 일환이었다. 여독이 풀리기도 전에 영어로 된 두꺼운 책자를 보려니 피곤이 몰려온다.

"휴~ 영글이 읽어보고 알려줘!"

자리에서 일어나 정원으로 나가버리는 우정. 늘 그렇듯, 복잡한 건 내 몫이다.

스무 명의 가족

　기다리던 저녁 식사시간. 채식 위주라는데, 과연 어떤 요리가 나올지 어떤 사람들과 만나게 될지 기대가 가득하다. 다행히 이젠 저녁이 되어도 해가 남아 있고 날씨도 춥지 않다. 하나둘 사람들이 나오더니 일자로 연결된 긴 테이블이 꽉 찬다. 다들 어디 숨어 있었던 걸까. 정말 딱 20명이다. 처음 온 우리를 위해 한 사람씩 돌아가며 자기소개를 했다. 이름과 뭘 하고 있는지 어디서 왔는지를 알려주는데 정신이 하나도 없다. 안 그래도 우리 눈에는 키도 눈도 코도 큰 서양인들은 다 비슷해 보이는데, '얀'이라는 이름을 가진 사람이 3명, '톰'이 2명이다. 머무는 동안 이 사람들 이름이나 다 외울 수 있을런지.

　비어 있던 수도원 건물을 3년 전, 그릿과 에릭 부부, 얀이 함께 사들이고 조합원을 모집하면서 커뮤니티가 시작되었다. 그릿의 아들인 이제 막 3살이 된 가스퍼부터 70세에 접어든 얀까지, 이곳 사람들은 각각 연령도 국적도 언어도 달랐다. 벨기에뿐만 아니라 네덜란드, 스페인, 미국, 영국, 호주 등 곳곳에서 모여들었다. 모두 영어를 할 줄 알지만, 어떤 테이블에서는 네덜란드어로 대화를 한다. '국경 없는 유럽'이라는 말이 피부로 직접 와 닿았다. 같은 나라 사람끼리도 함께 있다 보면 다툼이 생기는데 민족, 문화가 다른 사람들이 이렇게 어울려 살 수 있다니 놀라울 따름이다. '다름'에 대하여 보다 개방적인 환경에서 살아왔기 때문은 아닐지. 돌이켜보면 지금까지 내 스스로의 기준으로 타인의 행동에 무언가를 기대하고 평가했다. 하지만 여기에서는 그 기준을 무너뜨려야 한다. 그런 생활에 익숙해지면 우리도 진정 '오픈마인드'를 지닌 사람이 될 수 있지 않을까.

　구성원들은 농부, 요리사, 파티플래너, IT 전문가, 건물관리인 등 각자 자신의 직업과 재능을 살려 역할을 맡고 있다. 이들은 공간을 활용해 기업체 워크숍, 웨딩, 파티, 문화행사, 생태교육 등 다양한 프로그램을 진행하고, 농장에서 직접 기른 채소와 과일로 먹거리를 충당한다. 일요일에는 레스토랑도 운영한다(레스토랑 운영에 참여하지 않는 사람은 외부의 다른 일을 하거나 긴 휴가를 보낸다).

　처음엔 공동주거라기에 뭔가 제한적이고 어려울 것이라 예상했지만, 겉보기에는 대학 기숙사 생활과 별반 차이가 없다. 각자의 방에 화장실, 세탁실, 주방과 휴식공간을 공유하며, 아침은 직접 챙겨 먹지만 점심과 저녁은 모두 모여 식사한다. 말 그대로 함께 밥을 먹는 구성원들이므로 이곳 사람들을 '식구(食口)'라 부를 만하다.

이야기를 나누다 보니 어느덧 접시 바닥을 긁고 있다. 더 먹고 싶지만 남은 음식이 없다. 맛없을 거라는 선입견에 채식은 시도조차 안 했는데, 이렇게 맛날 줄이야. 조리를 담당한 올리버는 스페인에서 요리사를 했단다. 스페인에서 우프를 하면서도 맛보지 못했던 스페인 요리를 여기서 마음껏 먹게 되었다. 그나저나 매일 20인분의 식사를 책임지고 있는 올리버가 새삼 대단해 보인다.

식사를 마치고 올라와 잠자리에 누우려니 그제야 노을이 진다. 새들의 지저귐이 잦아들고 어둠이 찾아오자 언제 그랬냐는 듯 고요하다. 소음 없이 오직 자연의 목소리만이 들리는 이곳이 참 마음에 든다.

노는 놈, 일하는 놈, 척하는 놈

우리가 도착했을 때, 맥, 비비안, 알노 세 명의 우퍼가 먼저 와 있었다. 맥과 비비안은 이제 막 고등학교를 졸업하고 갭이어 **Gap year**(고등학교 졸업 후 대학에 진학 전 1년 동안 다양한 활동을 하며 경험을 쌓고 진로를 탐색하는 기간)를 보내고 있단다. 20살인 맥은 키 크고 가녀린 금발의 영국 소녀다. 여기서 우프를 하며 3개월 동안 휴가를 보낼 예정이라고. 쉬는 시간이면 그림을 그리거나 올리버에게 기타를 배우면서 이곳 생활을 즐기고 있다. 비비안은 중국계 미국인이지만 꼭 한국 여자처럼 생겼다. 우프를 한 후에는 중국에 있는 할머니 댁에 갈 거라는데, 여기는 부모님이 보냈단다. 자발적인 우프가 아닌 이유일까. 매사 의욕이 없고, 주로 컴퓨터를 하며 시간을 때운다. 지난주에 왔다는 알노는 와플로 유명한 리에주 **Liege** 출신이다. 워크캠프 리더를 맡고 있는데, 다음 주까지 일정이 비어 이곳에 오게되었다. 작고 단단한 체구에 사교적이라 늘 분위기를 밝게 만든다. 23살밖에 되지 않았지만, 일머리와 사회성은 누구보다도 좋은 알토란 같은 친구다.

여러 명의 봉사자가 함께 일하다 보니 일을 대하는 태도나 방식도 제각각이다. 임금을 받고 고용되어 일하는 게 아니라서 분위기가 자유로운 것은 어쩌면 당연하다. 일주일에 할당된 시간이 정해져 있지만, 언제 쉬고 언제 일할지는 특별한 경우가 아니면 우퍼의 선택이고 자유다.

이곳에서 우리들의 주요 임무는 농사일과 정원 가꾸기, 그리고 일요일에 열리는 레스토랑을 돕는 일이다. 얼마 전 스페인의 작은 텃밭 가꾸기에 비하면 일의 강도가 센 편이다. 특히 얀이 오는 날이면 우리에게 '특별한 일'이 주어진다. 가끔 올 때마다 일을 몰아서 시키기 때문에 모두들 긴장할 수밖에 없다. 첫날, 먼저 와 있던 맥과 비비안, 알노가 흙투성이에 녹초가 되어 돌아온 모습이 잊히질 않는다. 다음 날, 얀의 방문으로 우리 역시 힘든 농사일에 투입되었다. 주어진 작업은 토마토를 심을 비닐하우스 안에 난 풀들을 모조리 제거하는 것. 낮은 천장에 쭈그리고 앉아 힘들게 일하는 것도 모자라, 그 자세로 삽을 깊숙이 꽂아 흙을 30㎝는 떠내야 풀이 뽑혔다. 이른 아침에는 버틸 만했지만, 오후가 되어 하우스 내부가 햇빛에 달궈지자 땀이 비 오듯 쏟아진다. 옆에서 쉴 새 없이 흙을 퍼내는 얀. 우리 네 명이 겨우 하는 일을 혼자서 다 해내고 있다. 무릎을 꿇은 상태로 도대체 어떻게 저런 힘이 나오는 거지? 농사 로봇처럼 연신 흙을 퍼내 수레에 담는 얀 덕분에 우리도 좀처럼 쉴 수가 없다. 퍼낸 흙은 하우스 밖으로 옮겨야 하는데, 장정 둘이 붙어도 얀의 속도를 따라잡지 못한다. 맥은 그야말로 맥을 못 추고, 비비안은 삽질 몇 번 하더니 어디론가 사라져 돌아오질 않는다. 결국은 우리 둘과 성실한 청년 알노가 평생 할 삽질을 다한 셈이다.

아침 11시만 되면 사우나로 변하는 비닐하우스 작업. 드디어 끝이 보인다.

비닐하우스에 비하면 뒤뜰의 장미정원을 가꾸기는 한가롭기 그지없다.

지붕 밑에 숨겨진 멋진 공용 공간. 톰은 종종 우리를 이곳으로 초대했다.

힘든 일이라서가 아니다. 정원을 가꿀 때나 식당 일을 도울 때나 알노는 늘 열심이다. 반면 비비안은 하는 둥 마는 둥이고, 나중에 합류한 시칠리아 출신 까불이 로렌초는 이리저리 돌아다니며 일하는 사람들에게 장난만 친다. '어휴, 여기서도 열심인 사람만 손해인 건가?'라며 투덜거리던 차, "저녁 먹고 탁구 한판 치자"는 세실의 목소리가 들려온다. 그렇게 예닐곱 명이 모여 한바탕 놀고 나니, 금세 마음이 풀린다. 그렇다. 우리가 속이 좁았다. 노는 사람도 좀 있어야 윤활유가 되는 것을…. 단순히 일하는 것만으로 사람을 평가한 것은 섣부른 판단이었다.

학교에서는 성적으로, 직장에서는 성과로 사람을 평가한다. 우리 사회의 덕목이 '열심'을 강요하다 보니, 그 기준에 벗어난 이들은 아무리 다른 장점이 있더라도 내쳐지기 쉽다. 정작 살아가는 데에 중요한 것은 그것만이 아닌데 말이다.

종종 점심이나 저녁 식사 후 다들 모여 탁구, 배드민턴, 축구를 하고, 때로는 큰 스크린 앞에 둘러 앉아 영화도 본다. 건물을 한 바퀴 돌기만 해도 늘 대화할 사람을 만날 수 있고, 어렵지 않게 도움을 받을 수도 줄 수도 있다. 함께 즐길 누군가가 있고, 모르면 일러주고, 그 즐거움을 증폭시킬 사람들이 늘 곁에 있다는 것. 함께 사는 기쁨이란 바로 이런 것이 아닐까.

아름답게 꾸며진 정원 속에 파묻혀 우아하게 꽃을 가꾸는 게 가드닝인줄 알았다. 잘 가꿔놓은 정원이 실은 얼마나 많은 손길을 필요로 하는지 직접 해보고서야 깨달았다. 장미를 비롯한 다양한 꽃과 나무가 어우러져 멋진 정원이 만들어지는 가운데, 매일 쭈그려 앉아 잡초를 뽑고 있노라면 god의 '길'을 개사해서 부르는 나를 발견한다.

> ♫ 내가 가는 이 길이 어디로 가는지 어디로 날 데려가는지
> 그곳은 어딘지 알 수 없지만~ 알 수 없지만~ 오늘도 난 잡초 뽑고 있네
> 나는 왜 이 길에 서 있나
> 이게 정말 나의 길인가 이 길의 끝에서 내 꿈은 이뤄질까
> 자신 있게 나의 길이라고 말하고 싶고
> 그렇게 믿고 돌아보지 않고
> 후회도 하지 않고 뽑고 싶지만 심고 싶지만 삽질하고 싶지만
> 아직도 나는 자신이 없네…

한국 떠나 온 지도 2개월이 지나다 보니 농장일 하는 것도 더 이상 즐겁고 신기하지만은 않다. 잡초를 뽑고 뽑다 보면 우리의 길을 찾을 수 있을지 궁금하다.

행복한 아기, 가스퍼

이곳 생활 일주일째. 궁금증이 생겼다. 이제 3살에 불과한 아기 가스퍼는 울기는 할까? 우리와 하루를 시작해 점심과 저녁 식사시간에도 늘 함께 하는 가스퍼. 물론, 우리가 정원을 가꿀 때나 작물을 심을 때도 가까이엔 언제나 가스퍼가 있다. 한창 장난감을 가지고 놀 또래들과 달리 가스퍼는 모종삽이나 수레 같은 농기구를 만지며 논다. 흙, 꽃, 식물을 벗으로 삼은 아이에게 나이, 성별, 인종 구분 없이 모든 사람이 친구가 되어 준다.

가스퍼는 늘 싱글벙글 웃으며 이 드넓은 곳을 기고 뛰며 누비고 다닌다. 궁금증은 또 얼마나 많은지 이것저것 가리키며, "What's that? What's that?" 하고 묻는다. 네덜란드어를 쓰지만 우리는 한국어로 '지렁이', '꿈틀꿈틀', '꽃', '풀'이라 알려준다.

"지~렁이 꿈틀꿈틀~?"

듣는 대로 곧잘 따라 하는 가스퍼가 너무나 사랑스러워 아이를 꼭 안아 주었다. 아니 근데 가스퍼, 너 3살 맞니? 온몸이 단단한 근육질이야!!

오전 일을 마치면 12시 30분, 점심시간이다. 점심 준비가 끝났는지 올리버가 테라스에서 종을 울린다. 접시와 포크를 들고 음식을 담을 찰나, 사람들이 둥글게 모이더니 서로의 손을 잡는다. 얼떨결에 우리도 손을 맞잡았다. 밭일로 손은 거칠었지만 함께 마주 서 있는 지금, 모두의 얼굴에 행복이 번지고 따뜻함이 전해진다. 곧 빙글빙글 돌면서 네덜란드어로 된 짧은 노래 한 곡을 불렀다. 따라할 순 없었으나 지구, 땅, 생명의 어머니에 대한 감사의 노래란다.

아침을 제외하고는 모두가 야외 테라스에 모여 식사를 한다. 아기 식탁 의자와 작은 숟가락만 있을 뿐 가스퍼를 위한 별도의 음식은 없다. 가스퍼 부모인 그릿과 에릭 역시 아이에게 특별히 신경 쓰지 않았다. 그런데도 가스퍼가 밥투정하거나 떼쓰는 모습은 한 번도 보지 못했다. 늘 맛있게 한 접시를 뚝딱 비워낸다. 점심을 먹으며 그릿에게 물었다.

"그릿, 가스퍼는 울기도 해?"

"1년 전에 길에서 크게 넘어졌는데 그때는 눈물을 보이더라고. 가끔 고집부릴 때도 있지만 잘 울지 않아."

76

나중에 아이를 낳으면 육아 비법을 배우러 다시 와야겠다. 행복한 아이 가스퍼를 보는 것만으로도 하루하루 힘이 나고 웃음도 난다.

자기 덩치보다 큰 농기구지만
3살 가스퍼에게는 장난감일 뿐.

모두가
함께 키우는 아이 가스퍼.
늘 세상에서
가장 행복한 미소를
보여준다.

너는 오늘 어디서 햇빛을 받을 거니?

따사로운 아침 햇살이 창문에 스며들고 새들의 합창 소리에 눈을 뜬다. 이곳에 온 뒤로 아침에 일어나는 것이 더없이 행복하고 소중하게 느껴진다. 농장에 나갈 채비를 마치고 공동주방에 가보니 모두가 각자의 아침을 준비하느라 부산스럽다. 몇몇은 '포리지Por-ridge'라는 오트밀로 만든 죽을 먹고 있는데, 도무지 무슨 맛인지 모르겠다. 우유 죽Rice milk과 호밀빵 그리고 과일 몇 가지를 챙겨 먹고 나니 8시 30분. 오늘 아침 댄싱타임은 K-POP으로 우리가 진행하기로 되어 있다.

도착 첫날, 알노가 매일 아침 1층 복도에서 댄싱타임이 있다는 걸 알려줬다. "어떤 종류의 춤? 힙합? 재즈? 누가 가르쳐 주는 거야?"라며 근심 가득한 우리 질문에, 춤 종류도, 가르쳐 주는 이도 없고 그저 원하는 사람이 참여해 함께 춤추는 시간이라고 했다. 그 당시 춤에 전혀 관심 없던 우리는 괜한 불편함을 피하고자 댄싱타임에는 참여하지 않겠다고 마음을 굳혔었다. 그러나 다음 날 아침, 1층에서 들리는 노랫소리에 이끌려 어느새 그곳으로 내려가고 있는 우릴 발견했다. 모두 잠에서 막 깬 부스스한 상태로 노래에 몸을 맡기고 각자의 방식대로 춤을 추고 있었다. 그 모습이 이상할 정도로 자연스럽고 평화롭게 느껴졌다. 쭈뼛쭈뼛 그들 사이로 들어가 우리도 함께 몸을 풀었다. 그 와중에도 누가 내 춤을 보고 웃기라도 하면 어떡할까, 연신 옆 사람을 곁눈질하게 된다. 누가 하는지, 잘 하는지 못 하는지, 언제 하는지 등등 그동안 내가 모든 일을 대할 때의 태도는 그랬다. 원하고 좋아하는 것인지에 대한 고민 보다는 환경과 주위 시선을 더 중요시했던 것이다.

우리가 춤에 어느 정도 익숙해지고 즐기게 되었을 때쯤, K-POP으로 댄싱타임을 가져보자는 제안을 받았다. 바로 오늘이 그날! 핸드폰과 노트북에 있는 음악목록을 열심히 찾아봐도 이문세, 지오디, 산울림, 임창정 등 잔잔한 노래밖에 없다. 그 유명한 '강남스타일'조차 없다니…. 그나마 가지고 있던 가장 최신곡이자 신나는 노래인 '봄봄봄', '낭만고양이', '매직카펫라이드' 등을 선곡했다. 오랜만에 듣는 한국 노래여서인지 우리가 더 신이나 몸을 흔들었다. 흥겹게 음악에 맞춰 춤을 추고 나니 다들 얼굴에 생기가 돌고 활력이 넘친다.

30분간의 댄싱타임이 끝나면 모두 모여 오전 조회를 한다. 이번 주의 공식 일정과 개인 일정을 공유하고, 서로에게 부탁할 것과 함께 점검해야 할 문제가 있으면 터놓고 이

야기한다. 이 시간이 유독 특별해지는 순간은 바로 에릭과 톰이 매일매일 하나씩 던지
는 질문이다.

"나는 오늘 어디서 햇살을 받을 것인가?"

"나는 오늘 어떻게 나 자신을 확장할 것인가?"

사실 정해진 답도 없고 듣고 싶은 말이 있는 것도 아닌데, 괜히 당황스럽다. 영어로
의사표현이 서툴다보니 과연 무어라 답해야 할지 막막하다. 우리가 고민하는 와중에도
이곳 식구들은 술술 대답도 잘한다. 오늘 아침은 톰이 "오늘 너의 대답은 무엇이니?"라
고 묻는다.

"Yes."

비비안이 대답하고,

"Maybe…."

맥이 뒤를 이었다. 그리고 우리의 대답은 바로 이것.

"Happy! Love!"

코리안 데이

우프를 할 때마다 한 끼 정도는 호스트에게 한식을 맛보이자고 다짐했었다. 마침 한국을 여행한 적 있는 톰이 한식을 청하길래 점심을 만들어 주겠다고 용감하게 선언했다. 스페인에서는 비빔밥을 해줬는데, 여기서는 무슨 음식을 할까?

"인원이 많으니 김밥을 만들어 보는 것 어때? 사람이 적을 때는 할 수 없는 거니까."
"좋아! 재료만 손질해놓고 각자 싸 먹을 수 있게 해주면 다들 재미있어 할 것 같아."
"김밥만으론 부족하겠지? 된장국도 끓이고, 전도 부쳐보자."

메뉴를 정한 우리는 올리버에게 달려갔다. 단무지, 맛살, 두부, 쪽파, 바지락, 시금치 등 필요한 식재료들을 사전에서 찾아 열심히 설명했다. 일본 음식이 유럽에서 나름 인기를 끌고 있어 두부, 일본식 된장, 김은 다행히 금방 소통이 되었다. 단무지는 그냥 무를 사서 피클을 담가야겠다고 생각했지만, 도대체 게맛살을 설명할 길이 없다. 급기야는 사진을 찾아서 보여줘야만 했다. "오! 수리미!"라며 올리버가 드디어 알아챈다. 사전에도 안 나오는 걸 우리가 알 턱이 있나. 그나마 인터넷이 되어 다행이다.

올리버는 우리가 선택한 재료를 듣더니 해산물 알레르기가 있는 사람, 채식만 하는 사람도 있으니 신경 써야 한다고 조언했다. 20인분 식사 준비도 벅찬데, 바지락을 넣은 된장국과 넣지 않은 된장국, 해물을 넣은 파전과 넣지 않은 파전을 따로 만들어야 했다.

3일이 지나 드디어 D-day 아침이 밝았다. 다행히 대부분의 재료가 준비되었다. 20명의 식사를 차려 본 적은 없었지만 3시간이면 충분할 거로 생각하고 아침 9시 반부터 요리를 시작했다. 양이 많다보니 채소를 썰고 볶는 것조차 엄청난 일이다. 우리를 도와주러 온 맥은 양파 여러 개를 채 썰더니 눈물범벅이 되었다. 그때 들려오는 우정의 다급한 목소리.

"큰일 났어! 밥이…."
한국에서 사용하던 압력솥과 생김새도 다르고 압력이 새는 느낌이 들어 불안했는데, 말 그대로 죽도 밥도 안 되었다. 또 다른 한쪽에서는 해물파전이 타고 찢어지고 난리가 났다. 시간은 점점 다가오고, 식은땀이 나기 시작한다. 멘붕에 빠져 있을 때, 올리버가 우리가 잘하고 있는지 확인차 들렀다.

김밥 쇼의 주인공은 얀이 되어버렸다.

스킨십으로 관계를 판단하면 곤란해.

"오. 마이. 갓!"

밥의 상태를 확인한 올리버는 위아래를 뒤섞고, 쌀을 꺼내 새로 밥을 짓기 시작했다. 다행히 생쌀과 죽이 어우러져 중간중간 쌀알이 박힌, 떡 같은 밥이 완성되었다. 이제 김밥의 모양을 만들 수는 있겠다. 다 찢어져 버린 파전 대신 단호박전을 몇 판 더 준비했다. 원래 식사시간은 12시 반인데, 벌써 시곗바늘은 1시 반을 가리키고 있다. 기다리고 있을 사람들의 소리 없는 아우성이 느껴진다.

한참 후, 드디어 주방에서 나와 김밥 만들기 체험의 세팅을 끝냈다. 식구들에게 따라 해 보라며 시범을 보이는데, 그마저도 생각처럼 되지 않는다. 밥이 떡 같아서인지, 김밥속이 너무 많아서인지 싸는 족족 옆구리가 터진다. 몇몇이 자기도 해보겠다며 시도했지만, 정신만 없을 뿐 진도도 안 나간다. 이러다 20명이 밥을 먹으려면 하루 종일 걸리게 생겼다. 꿋꿋이 김밥을 말고 있는데, 보다 못한 농부 얀이 갑자기 팔을 걷고 나섰다. 그러더니 큼직한 손으로 완벽하게 김밥을 말기 시작한다. 김밥천국 아줌마 뺨치는 실력이다.

"얀! 어쩜 이렇게 김밥을 잘 말아요?"

"여기 오기 전에 원래 요리사였잖아. 그래서 스시를 많이 만들어 봤어."

올리버와 얀의 도움이 엉망이었던 김밥 파티를 살렸다. 모두 맛있고 건강한 음식이라며 고마움을 표시한다. 양을 많이 준비했는데도 바닥나는 음식들을 보고 나서야 전쟁 같던 순간의 긴장이 사그라진다.

"우정, 이 맛에 요리하는 것 아니겠어?"

"그래도 이제 감당 안 되는 일은 벌이지 말자!"

"영글, 안과 아닉은 커플인가 봐. 저것 봐. 지금도 저렇게 서로를 안고 있어."

"맥하고 올리버는 서로 좋아하는 것 같아. 둘이 올리버 방에서 영화 보고 놀고 그래."

"어머, 저 두 사람도 커플인가 봐."

잦은 스킨십과 두 사람의 눈빛에서 느껴지는 뜨거운 무언가 때문에 난 늘 번지수를 잘못 짚는다. 남자와 여자가 손을 잡거나 어깨동무하며 장난치는 모습, 서로를 안아주는 장면이 왜 내 눈에는 모두 커플로 보일까? 연인 관계임을 떠나 인간은 손잡고 서로 따뜻하게 안아주며 살아가야 하는 존재잖아. 갑자기 내 자신이 비정상으로 느껴진다. 유연하지 못한 딱딱한 사고방식. 앞으로 주위 사람들을 더 많이 사랑하고 더 많이 안아줘야지!

나는 누군가를 칭찬해준 적이 있었던가!

"한국 음식을 해줘서 고마워."

"장미 정원이 눈에 띄게 달라졌어. 고마워."

"항상 웃으며 도움을 줘서 고마워. 정말 너희는 열린 마음을 가지고 있어!"

"겐트에서 함께 좋은 시간을 보내줘서 고마워."

"한국의 재미있는 동화를 알려줘서 고마워."

마지막 날 아침, 댄싱타임이 끝나고 작별인사를 나눴다. 한 사람씩 돌아가며 우리에게 감사인사를 해줬다. 이렇게 여러 사람에게 칭찬을 받아본 적이 별로 없기에 낯선 감정이 든다.

난 그동안 누군가를 칭찬해주었던가. 아직 많지 않은 우프를 경험했지만, 그 어떤 곳에서도 이만큼 고맙다는 이야기를 들어 보지 못했다. 우프나 헬프엑스가 노동에 따른 숙식을 제공받는 '교환' 프로그램이므로, 당연한 우리의 일과 노동에 이렇게 칭찬을 듣다니. 늘 부족하다고 자책했는데, 그래도 그들에게 좋은 인상을 남겨주었나 보다.

20명과 함께 생활한 2주의 시간은 새롭고 신선했다. 때로는 변명으로 자신을 합리화시키던 나의 모습들이 새로운 경험과 환경 속에서 성숙해지고 있다. 새롭게, 유연하게, 더 특별하게.

Turning to One Another.

서로에게 기대어보기를

마가렛 휘틀럿(Margaret Wheatley) 지음 / 김은령 · 김호 역

There is no power greater than a community discovering what it cares about.
무엇을 원하는지 찾아 나서는 공동체보다 더 위대한 힘은 없다네.

Ask : "What's possible?" not "What's wrong?" Keep asking.
"무엇이 잘못되었지?"라고 묻기보다는 "무엇이 가능할까?"라고 묻기를. 계속 묻기를.

Notice what you care about.
내가 무엇을 원하는지를 알아차리길.

Assume that many others share your dreams.
다른 많은 사람도 당신과 같은 꿈을 꾼다는 것을 생각하길.

Be brave enough to start a conversation that matters.
정말 중요한 대화를 시작할 용기를 갖기를.

Talk to people you know.
아는 사람들에게 말을 걸어보고

Talk to people you don't know.
모르는 사람에게 말을 걸어보며

Talk to people you never talk to.
한 번도 말한 적 없는 사람에게 말을 걸어보길.

Be intrigued by the differences you hear.
앞으로 발견할 차이점에 관심 두기를.

Expect to be surprised.
놀랄 준비를 하고 있기를.

Treasure curiosity more than certainty.
확실성보다 호기심을 중요하게 여기길.

Invite in everybody who cares to work on what's possible.
가능성을 중시하는 모든 사람을 초대하기를.

Acknowledge that everyone is an expert about something.
모든 사람은 무엇인가에 전문가라는 사실을 잊지 말기를.

Know that creative solutions come from new connections.
창조적인 해결책은 새로운 연결에서 나온다는 점을 깨닫기를.

Remember, you don't fear people whose story you know.
잘 알고 있는 사람은 두렵지 않다는 점을 기억하기를.

Real listening always brings people closer together.
진정한 경청은 사람들이 좀 더 가까이 다가서게 하네.

Trust that meaningful conversations can change your world.
의미 있는 대화로 세상을 바꿀 수 있음을 믿고

Rely on human goodness.
인간의 선량함에 기대어보길.

Stay together
함께 지내기를.

WWOOFer's Diary.

활기찬 운하 도시, 겐트

우프할 때는 여가가 많다. 하루에 길어야 여섯 시간 일하니 오후 4시 정도부터는 쉴 수 있다. 해가 지는 밤 10시까지의 자유 시간, 그리고 일주일에 두 번 있는 휴일을 눈치 보지 않고 즐긴다. 매일 여행을 다니는 것보다 일하면서 맞는 휴식 시간이 훨씬 즐겁고 소중했다. 일과가 끝나면 종종 자전거를 타고 시내에 가거나 주변 호수로 마실을 나갔다. 수도원 뒤쪽에 있는 숲길도 훌륭한 산책 코스였다. 휴일이면 주변 동네로 짧은 여행을 가기도 했다. 벨기에는 면적이 작아서 기차를 타고 두세 시간이면 어디든 갈 수 있다. 첫 휴일에는 리에주^{Liege}에 다녀왔고, 이번에는 1박 2일로 브뤼헤^{Brugge}와 겐트 ^{Ghent}에 다녀올 생각이다. 여기 우퍼 중에서 이렇게 열심히 여행을 다니는 건 우리밖에 없다. 여행 간다는 말에 별 계획이 없던 비비안이 겐트에 같이 가자고 한다. 둘째 날 11시에 겐트역에서 만나기로 약속하고 우리 먼저 브뤼헤로 떠났다. 겐트에 있는 한인 민박집에서 하룻밤을 지낸 후, 비비안을 만나기 위해 역으로 마중 나갔다. 어젯밤 문자를 보냈지만, 확인하지 않았다. 출발했다는 소식도 없고, 오긴 오는 건지. 지난번 알노와 함께 리에주에 가던 날, 비비안 때문에 기차를 놓칠 뻔했던 기억이 되살아난다. 자신도 간다며 5분만 기다려달라고 해놓고 한참이 지나도 소식이 없어 올라가보니 다른 계획이 생겼다는…. 정말 무개념의 끝판왕이었다. 기차가 연착되었기에 망정이지, 계획했던 일정이 한참 늦어질 뻔했었다. 그랬던! 비비안을 역에서 기다렸지만 우려했던 대로 나타나지 않는다. 재차 메시지도 보냈지만, 어제 보낸 문자조차 아직 확인하지 않았고 전화도 안 받는다.

"그래, 그냥 우리 둘이 편하게 다니자!"
겐트는 운하가 흐르는 아름다운 마을이다. 브뤼헤보다는 규모가 좀 더 컸지만, 관광객이 그다지 많진 않았다. 겐트에 사는 우퍼 마가렛이 운하 관광 보트는 꼭 타보라고 권했지만,

그냥 운하를 따라 걷는 것과 다를 바가 없어 보였다. 겐트를 여행했던 맥이 건네준 '유즈잇맵 use.it map'은 정말 요긴하게 쓰였다. 현지인들이 젊은 여행자의 취향에 맞게 만든 지도로, 주요 관광지의 재미있는 이야기는 물론 골목골목 맛집, 멋집에 대한 정보도 들어 있어 일반 안내지도보다 훨씬 유용하다. 단지 지도만 봤을 뿐인데 이 도시의 많은 것을 알 수 있었다. 우리 스타일대로 발길 닿는 대로 곳곳을 누비다 보니 어김없이 배가 고파온다.

벨기에를 대표하는 음식은 홍합요리 '뮬Moules'이다. 10년 전 우연치 않게 먹어보고는 차라리 술집에서 나오는 홍합국이 훨씬 낫다며 실망한 적이 있다. 과연 이번에는 어떨까? 현지인인 마가렛이 알려준 식당이니 믿음을 가지고 수로 두 개가 만나는 지점에 자리한 '데 비테 레우De Witte Leeuw'라는 음식점으로 향했다. 추천해준 대로 버터갈릭 뮬을 주문했는데, 대만족! 기대 이상이다. 가격도 브뤼셀이나 브뤼헤 같은 다른 관광지보다 저렴하고, 무엇보다 신선했다.

배부르게 먹고 나니 오랜만에 따뜻한 날씨와 활기찬 동네 분위기가 어우러진 더할 나위 없이 즐거운 날이다. 연락 없는 비비안은 잊어버리고 기분 좋게 돌아다니자며 홀가분한 마음으로 기념품 가게에 들어가 엽서를 구경하고 있었는데!

"우정!"
헉, 비비안이다! 반가워해야 할지 한 바가지 욕을 퍼부어줘야 할지 참 난감하다. 어찌하리. 안타깝게도 우린 둘 다 영어로 누군가를 쏘아붙일 만큼의 능력이 없는 걸. 더구나 한국에서도 다른 사람들에게 화를 못 내는 성격이다. 비비안은 오는 중에 길을 잃어버려 12시가 돼서야 도착했단다. 어쨌든, 어떻게든, 연락을 했었어야지!

그래도 비비안은 운이 좋았다. 겐트의 하이라이트인 세 개의 성당을 우리가 아직 구경하지 않았기 때문이다. 그중 '성 바프 대성당Sint-Baafskathedraal'이 제일 볼 만한데, 여기는 '어린 양의 경배The Adoration of the Mystic Lamb'라는 그림으로도 유명하다. 믿거나 말거나 도둑맞은 그림 중 세상에서 열 번째로 비싸다는 이야기가 전해진다.

비비안이 가고 싶어 하는 곳은 '그래피티 아트 골목'이었다. 시내 중심가 몇백 년 된 건물들 사이에 전혀 예상치 못한 곳에 자리한 것이 특이했다. 사람이 살고 있지는 않은 것 같은데, 그렇다고 전혀 을씨년스러운 느낌도 아니다.

겐트 구경을 마친 후, 기차역으로 이동하기 전 저녁을 해결해야 하는데 마땅한 곳 찾기가 쉽지 않다. 한참을 헤매다 몇 곳을 발견했지만 비비안은 아무런 의사표시를 하지 않는다. '먹고 싶은 것이 있나' 물어보면 계속 '아무거나' 하다가, 힘들게 찾아가면 여기서는 먹기 싫다는 표정이다. 우리끼리였으면 아무 곳에나 가서 먹었을 텐데, 중2병에 걸린 듯 골난 얼굴을 하고 있는 비비안의 비위를 맞추느라 식당만 뱅뱅 돌았다.

"이제 우리끼리만 다니자. 정말 친한 사람 아니면…."

3.

in SWITZELAND

Courtelary

알프스 풍경 속에서 살아볼까

만능 재주꾼 앤디

눈칫밥

조금은 불편하게

융프라우 대신 뒷동산

사진으로 보는 스위스 렌터카 여행

우핑 기간 : 4월 25일 ~ 5월 3일, 9일간

암스테르담^{Amsterdam}에서 비행기를 타고, 유럽을 여행한 한국인이면 다들 '엄지손가락을 치켜세운다는 그곳, 스위스로 향한다. 알프스의 멋진 풍경을 즐기면서 우프를 한다면 얼마나 좋을까. 땅덩이가 작으니 일하면서 쉬는 날 여행해도 충분하리라 생각하고 호스트를 물색했다. 하지만 인기 관광지인 루체른^{Luzern}과 인터라켄^{Interlaken} 주변은 이미 꽉 차 있거나 노동 강도가 만만치 않아 보였다. 가파른 초지에서 건초를 수확하는 일이 많았는데, 사진만 봐도 겁이 난다. 결국 스위스 북서쪽 '코트라리^{Courtelary}'라는 작은 마을로 이동했다. 유명한 관광지와는 거리가 있지만 진짜 스위스를 만날 수 있을 거란 기대에 가슴이 두근거렸다.

해 질 무렵 기차역에 내리자 멋진 백발의 여인이 인사를 건넨다. 호스트 프리스카이다. 역에서 10분쯤 걸어 우리가 앞으로 열흘간 지낼 집에 도착했다. 키 큰 남자가 나와 '앤디'라며 자신을 소개한다. 지은 지 300년이나 되었다는 이 집에는 호스트 가족과 또 다른 두 가족이 살고 있었다. 현관과 거실, 세탁기를 함께 사용하는 공동주택이다. 3층에는 탁구대와 드럼, 미니 바(운영하진 않지만) 등을 갖춘 넓은 공용거실이 있고, 안쪽 문을 여니 생각지도 못한 멋진 공간이 나왔다. 아름다운 곡선이 인상적인 벽면 책장에 전 세계 동화책이 꽂혀 있고 소파와 책상, 화장대, 난로 등이 작은 방 안에 골고루 갖춰졌다. 계단을 타고 올라가면 아늑한 침실이 나온다. 책장, 침대, 벽 모두를 앤디가 손수 디자인하고 만들었다니 놀라지 않을 수 없다.

"여기가 우리 방이라고?"

숙소는 이번이 최고 중 최고다! 알고 보니 B&B^{Bed and Breakfast}(숙박시설) 손님을 위해 만들어 놓은 방이란다. 마침 비어 있었던 덕분에 우리가 사용하게 된 것이다. 아니면 밖에 있는 이동식 주택에서 잤어야 했는데, 정말 운이 좋았다. 동화책으로 가득 찬 방에서 잠을 자서일까? 다른 어느 곳에서 잘 때보다 많은 꿈을 꾸었다.

공용 거실. 누구나 자유롭게 이 공간을 쓰면 된다.
이곳에서 벽난로에 불을 지피고 영화 '안네의 일기'를 봤다.

초록으로 가득한 앤디네 뒤뜰.
어딜 봐도 텃밭이라기보다는 정원이다.

뒤뜰의 주인은 세 마리 닭과 검둥오리다.

만능재주꾼 앤디

날이 밝자 주변 풍경이 확연하게 보인다. 마을 양쪽으로 산줄기가 길게 이어져 푸르디푸른 모습이다. 산 아래 소들이 한가롭게 풀을 뜯고 있다. 아쉽게 눈 쌓인 높은 산은 보이지 않았다. 4월 말이지만 산간 지역이라 아직 초봄의 쌀쌀한 날씨다. 따뜻했던 벨기에를 뒤로 하고 추운 곳으로 왔더니 농사일은 도돌이표다. 앤디의 텃밭도 이제야 작물 심을 준비에 들어갔다. 텃밭이라 해봤자 잔디밭 중간중간 손바닥만한 게 고작이라서 이 정도는 일도 아니다. 하루에 4시간, 그것도 원하는 시간에 알아서 일하면 되므로 진짜 휴가나 다름없다.

잔디밭에는 반달곰처럼 목에 흰 무늬가 있는 검은 오리와 닭 세 마리가 살고 있다. 그 중 닭 한 마리는 화려한 빛깔을 자랑했는데, 멸종 위기 품종이란다. 군데군데 아담한 나무와 꽃이 심겨 있는 정원 역시 남달랐다. 주어진 작업은 잡초를 제거하고 블랙베리를 심는 것이다. '이 정도는 껌이지' 했던 일인데, 의외로 진행이 더뎠다. 몇 년에 걸쳐 뿌리를 깊게 박은 넝쿨은 좀처럼 뽑히질 않았다. 한나절 내내 애써봤지만, 제자리 걸음이다.

그러다 잔디밭 한쪽에 놓인 커다란 나팔 모양 물건을 발견했다. 무언지 물었더니 확성기를 만드는 것이란다. 한 개를 반대편에 놓으면 멀리서도 소리를 전달할 수 있는데, 알프스 양치기들의 통신 수단이었다고. 마치 초등학생 때 종이컵을 실로 이어 만든 전화기 같다. 우리가 머무는 동안 앤디는 나머지 한 개를 더 만들어 딸 마라마에게 선물했다. 좀처럼 접하기 힘든 신기한 선물에 마라마는 한껏 신났다. 장난감이며 집이며 모든 것을 직접 만들어주는 아버지를 둔 딸은 얼마나 행복할까.

앤디의 재주는 그뿐만이 아니다. 거의 매일 집에만 있는 그를 보며 B&B만으로도 생활 유지가 되나 싶었는데, 직업이 따로 있었다. 여름에 카라반을 몰고 독일, 프랑스 등지를 다니며 연극과 서커스 공연을 한단다. 방에 가득했던 동화책도 극본을 쓰기 위해 수집한 것이었다. 단순히 연기에 그치지 않고 기획, 악기 연주, 마술쇼, 서커스 등 다채로운 프로그램이 준비되어 있었다. 프리스카도 연극을 하면서 만나게 되었다고.

앤디는 늘 관객들로 가득 찬다며 기회가 되면 보러 오기를 청했다. 여름 한철 열심히 공연하면 남은 기간 민박만 운영해도 그럭저럭 먹고 살만하다니, 자신이 좋아하는 일을 하며 여유롭게 사는 모습이 부러울 따름이다. 물론 거기까지 이르기에 피나는 노력이 있었을 테지만.

눈칫밥

도착 다음 날. 식사 인원은 다섯인데, 둥근 식탁 가운데 조그만 팬에는 피자 비슷한 음식만 덩그러니 놓였다. 그런데 다들 한 조각씩 먹고는 식사가 끝난 듯 가만히 앉아 있다. 당연히 한 조각으로 성이 차지 않는 우리. 머뭇거리며 한 조각을 더 집어 드니 멀뚱멀뚱 쳐다본다. 다른 호스트 집에서는 식사를 마친 사람은 먼저 일어나 식기를 치우고 각자 제할 일 하는 게 보통이었는데, 여기 사람들은 우리가 다 먹을 때까지 지켜보고 있다. 왠지 민망한 상황이다. 천천히 남은 걸 다 먹고 싶은 마음이 굴뚝같았지만, 이 불편한 분위기를 극복할 길이 없어 한마디 내뱉었다.

"우리도 다 먹었어요."

프리스카가 빤히 보며 남은 음식은 다 먹어야 한단다. 그런데 누구 하나 숟가락을 들지 않는다. 그 상황도 괜히 어색해 다시 음식을 집으려는 찰나, "먹기 싫으면 안 먹어도 돼~"라며 식탁을 치운다. 도대체 어쩌란 말입니까?

이틀 후, 도시에 살면서 가끔 집에 오는 아들 제리모까지, 앤디네 식구가 모두 모였다. 아들을 위해 특별히 준비한 것인지 간만에 음식이 풍성하다. 오늘의 메뉴는 퀴노아^{Quinoa}(우유에 버금가는 영양 곡물)와 소라 모양의 파스타 그리고 각종 채소를 넣은 토마토 크림이다. 17살인 제리모는 한창 혈기왕성한 학생답게 정말 많이 먹었다. 우린 서로 '우와! 우리도 이참에 쟤처럼 제대로 먹어 보자!'며 은밀히 눈빛을 교환했다. 모처럼 눈치 안 보고 먹을 수 있겠다는 기대감에 이미 퀴노아 한 국자를 먹은 영글이 소라 모양의 파스타에 국자를 가져갔다. 그 순간, 프리스카가 영글을 막고 나섰다.

가끔은 이런 날도 있어야지.
배부르게 먹었던 기억은 세 가족이
함께 모여 식사를 했던 단 한 끼뿐이었다.

"제리모는 퀴노아를 좋아하지 않아. 파스타는 제리모를 주고, 넌 퀴노아를 먹어."

당황한 영글은 짐짓 웃음을 지으며 다시 퀴노아를 먹었지만, 마음은 많이 상한 듯했다. 조금 넉넉히 음식을 차리면 좋잖아요. 안 그래요, 프리스카?

이곳에선 저녁 먹고 2시간이면 배가 꺼지고 만다. 그때부터 12시간 동안 우리는 아침을 기다린다. 부엌에서 각자 챙겨 먹는 아침 식사는 자유롭게 음식을 즐길 유일한 시간이다. 부엌 선반에는 각종 곡물과 시리얼, 말린 열매들이 있지만 어떻게 먹는 건지 모르는 것도 많았다. 그래서 늘 눈에 익숙한 시리얼에 우유를 타 먹고 프리스카가 만든 빵에 버터와 고추장 맛이 나는 잼을 찍어 먹곤 했다. 이, 그리고 사과도 하나.

이곳의 우유는 정말 신선했다. 동네 젖소 농가에서 마을에 있는 치즈 가게에 우유를 배달해주면, 그곳에서 프리스카가 필요할 때마다 큰 통에 우유를 떠 온다. 우리나라에서 생우유는 유통이 불가한데, 이렇게 아무렇지 않게 먹는 곳도 있다니. 한국에 있을 땐 우유를 거들떠 보지 않던 영글도 여기서는 끝도 없이 우유를 찾았다.

"어? 아몬드 잼이 어디 갔지?"

"그러게. 어제는 분명히 맛있게 먹었는데, 어디 간 거람?"

"전에는 꿀이 없어지더니. 혹시 우리가 먹는 게 아까워서 치운 거 아니야?"

하루는 아침에 버터가 조금 남았기에 찍어먹기 좋게 빵을 약간 비스듬히 썰었더니 프리스카가 대뜸 눈을 부릅뜬다.

"빵을 똑바르게 잘라서 먹으면 좋겠어! 제리모가 샌드위치를 만들 때 불편하잖아."

프리스카의 아들 사랑은 정말 대단하다. 아니, 우리가 싫은 걸까? 끼니마다 눈치를 봐서인지, 별거 아닌 일에도 괜스레 서럽다. 결국, 우리는 동네 마트에서 과일과 간식거리를 잔뜩 사와 방에 쟁여두고는 더 이상 스트레스 받지 않기로 했다.

생우유 우리나라에서는 생우유를 먹는 것이 불가능한데, 스위스에서는 법적으로 판매가 허용되어 있다. 이 마을에서는 치즈 가게에 가면 마을의 목장들에서 나온 생우유를 살 수 있고, 어떤 곳은 목장에 우유 자판기가 있기도 하다.

프리스카가 만들어 주는 빵은
왠만한 고급 빵집보다 훨씬 맛있다.

오늘만큼은 퐁뒤를 해주자고 말을 꺼낸 앤디가 요리를 했다.

조금은 불편하게

스위스에서 가장 유명한 음식은 퐁뒤^{Fondue}일 것이다. 영글은 10년 전 스위스 여행 때 퐁뒤의 엄청난 가격과 발 냄새 같은 향에 큰 실망을 한 기억을 갖고 있었다. 결국 사 먹는 것은 반쯤 포기한 채, 혹시나 호스트가 해주기만을 기다렸다. 그러나 우연치 않게 들은 앤디와 프리스카의 대화에 그 기대감마저 조용히 마음속에서 지웠다.

"프리스카, 우리 우퍼들에게 나중에 퐁뒤 한 번 만들어 주는 거 어때?"
"*#@&(!^&(*#"

앤디의 말에 표정이 싸해진 프리스카가 그를 째려보며 알아들을 수 없는 독일어로 말한다. 마치 '치즈값이 얼마나 드는 데 그걸 해준다고!?'라며 타박하는 것처럼 들렸다.

하지만 오늘! 친절한 앤디가 퐁뒤를 만들어준다. 지금까지 앤디가 요리한 적은 없었다. 퐁뒤를 만드는 데 불만 많은 프리스카 대신 그가 직접 팔을 걷어붙인 것 같다. 아무튼, 우린 드디어 퐁뒤를 공짜로 맛보았다. 뭐랄까, 약간 씁쓸한 맛도 났지만 우려했던 발

97

냄새 같은 향은 심하지 않았다. 좀처럼 맛보기 힘든 음식이라 눈치 보지 않고 열심히 먹었다. 3인분을 6명이 나누어 먹으려니 양이 차지 않았으나, 따뜻한 치즈의 기운이 뱃속에 들어가자 기분 좋은 포만감이 밀려왔다. 퐁뒤는 빵을 치즈에 바로 찍어 먹기도 하지만, 와인이나 독한 술에 적신 후 치즈를 찍어 먹기도 한단다. 동네마다 치즈가 다르듯, 퐁뒤 역시 사용하는 치즈와 만드는 방법이 제각각 달랐다.

매번 프리스카에게 툴툴대긴 했지만, 그녀가 만드는 빵과 음식은 정말 환상적이었다. 식당에서 먹으면 인당 2만~3만 원은 할 뢰스티 **Roesti**(감자전 같은 스위스 가정식 요리)와 퐁뒤 등 스위스 전통 음식을 맛볼 수 있었던 것은 큰 행운이었다. 초반에 불편했던 식사자리도 차츰 적응이 된 후엔 눈치 보지 않는 법까지 터득했다(그들보다 두 배의 속도로 빨리 먹으면 된다). 평소의 절반만큼 먹었지만, 유기농 음식으로 인해 내 몸에 남는 좋은 영향은 두 배 이상일 것이다. 음식을 많이 먹기보다 적게 먹더라도 좋은 음식을 먹는 것, 이들이 찾은 건강을 위한 최고의 식사법이 아닐까.

유기농 음식을 골라 먹는 것처럼 스위스 사람들은 원한다면 친환경적인 전기도 선택해서 쓸 수 있다. 전력 시장이 부분적으로 자유화되었기 때문인데, 각자에게 맞는 전력 사업자와 에너지원을 고르는 것이 가능하다. 저렴한 원자력이나 화력발전을 택할 수 있고, 가격은 비싸지만 친환경적인 수력, 풍력, 태양광, 바이오 연료 등으로 생산된 전력을 이용할 수도 있다. 게다가 개인이 직접 전력을 생산해 판매할 수도 있다. 앤디의 집 역시 지붕에 태양광 패널을 설치해 발전하는데, 남는 전력은 친구가 구매한단다. 다시 말해 누구나 에너지사업자가 될 수 있다. 전력을 생산하고, 분배하고, 공급하는 데 관련된 회사는 무려 900여 개나 된다고. 하다못해 마을의 작은 개천에도 소규모 수력발전시설이 설치되어 있었다. 사용자의 의사와는 상관없이 한전에서 제공하는 화석연료, 원자력에너지만 사용할 수 있는 우리 상황에 비하면 정말 민주적이다. '나 하나의 선택'이 환경에 영향을 미친다는 점을 고려해 볼 때, 좀 더 책임 있는 선택의 기회가 될 듯하다.

요 며칠, 장마처럼 비가 오는 바람에 내내 실내에서 페인트칠만 했다. 칠하기 전도 괜찮았는데, 왜 군이 노란색으로 칠하려는 걸까. 몇십 년은 되어 보이는 라디에이터 사이사이까지 꼼꼼히 노란색으로 칠해달라는 앤디의 주문이다. 영 어울릴 것 같지 않은 색이지만, 다행히 앤디는 대만족. 페인트 독성 때문인지 머리가 지끈거린다.

페인트칠을 마치던 날, 집에서 옷을 교환하는 행사가 열렸다. 프리스카는 친구와 함께 1년에 한 번씩 이 행사를 하고 있었다. 새로 페인트칠한 방에 간단한 다과를 차리고 테이블만 놓아두면 준비 끝. 생각보다 많은 사람이 찾아왔다. 옷을 교환하는 것은 구실일 뿐, 그들에게 중요한 건 서로 간의 만남인가보다. 소파에 앉아 차를 마시며 한참 동안 수다를 떨다 돌아갔다. 우리에게도 옷을 고르라고 하는데, 아쉽게도 배낭이 꽉 차서 넣을 수가 없다.

앤디 집에서의 행사는 이뿐만이 아니다. 매주 목요일에는 아카펠라 강습이 있다. 3층 홀에서 동네 주민 몇 명이 모여 노래를 배우는데, 이번엔 우리도 함께했다. 3명씩 파트를 나눠서 부르는 독일어 돌림노래라 따라 하기 쉽지 않다. 다행히 실수하는 건 우리만이 아니었다. 처음 보는 얼굴들이지만 음악으로 함께 뭉치니 금세 화기애애한 분위기가 만들어졌다. 이 장소에서는 어떤 때는 영화 상영을, 또 어떤 때는 음악 공연이 열리기도 한다. 영화관도 공연장도 없고 장터도 열리지 않는 시골 동네지만, 이렇게 자신들의 공간을 제공해 훌륭한 문화공간을 만들어 내는 앤디와 프리스카 부부. 삶을 윤택하게 만드는 방법은 누군가가 해 주기를 바라기보다 내가 먼저 다가가고 나누는 마음가짐에서 비롯된다.

융프라우 대신 뒷동산

스위스에서 우프는 선택의 여지가 없었다. 워낙 물가가 비싼 나라라 경비가 많이 들기 때문이다. 우프를 하면서 쉬는 날마다 이곳저곳 여행해 볼 계획이었는데, 그 역시 여의치 않았다. 가장 큰 문제는 살인적인 교통비다. 20분 거리의 도시 비엘Biel까지 가는 데에도 인당 왕복 11프랑, 우리 돈으로 1만5천 원이 든다. 주요 관광지인 루체른이나 인터라켄이라도 갈라치면 두 시간도 안 되는 거리인데, 인당 교통비만 왕복 10만 원이 훌쩍 넘는다. 그렇다고 KTX 같은 고속열차도 아니면서 말이다.

스위스는 지방별 중심도시를 기준으로 존Zone 요금을 적용한다. 우리가 있는 존에서 목적지인 존까지의 1일권Day-pass을 사면, 24시간 동안 그 경로 안에 속하는 존의 모든 교통수단(철도, 시내버스, 포스트버스)을 무제한으로 이용할 수 있다. 즉, 짧은 거리 이동이 많을 경우에는 나름 저렴하고 효율적으로 움직일 수 있는 셈이다. 이런 이유로 가난한 우리는 쉬는 날 그저 동네 뒷산에 오르거나 같은 존에 속한 동네만 구경했다. 본격적인 여행은 여기서의 우프를 끝내고 이탈리아로 넘어가는 길에 기필코 하리라.

뒷산 위쪽은 온통 수선화 밭이다. 여름에는 시원한 이곳 산 위에서 가축들에게 풀을 먹이고, 겨울에는 마을 주변 목초지에서 풀을 먹인단다. 그래서 산에 있는 집들은 여름에만 사용하는 용도로 쓰였다. 스위스에는 1층에 축사가 같이 있는 전통 가옥이 많다. 우리가 머무는 집도 원래 1층의 절반은 축사였단다. 물론 요즘은 가축과 한 집에서 생활하지 않고 별도로 축사 건물을 둔다.

지금은 이곳을 여행하기에 가장 모호한 시즌인 것 같다. 눈이 많이 녹은 상태라 겨울 스포츠를 즐길 수 없을 뿐더러, 길이 아직 위험해 산 정상까지 차도 운행되지 않는다. 관광안내소에는 트래킹코스와 다양한 액티비티에 대한 정보가 있었는데, 현재로는 전부 무용지물이다. 군이 구경할 여지가 있다면, 치즈 공장과 초콜릿 공장이 아닐까 싶다. 달콤한 냄새가 몇백 미터 거리까지 풍기는 초콜릿 공장은 단체가 아닌 개인적인 투어는 불가능

동네에 있던 무인 상점. 마트가 닫아도 언제든 달걀과
직접 만든 빵, 치즈 등을 살 수 있다.

몽크 치즈는 덩어리로도 판매하지만 칼로 얇게 깎은 후
뭉쳐서 쭈글쭈글한 모양으로도 판매한다. 모양은
웃기나 독특하고 부드러운 식감 때문에 끝없이
먹게 된다는!

했다. 아쉽지만 공장 앞 가게에서 초콜릿 몇 개를 사고, 옆 동네까지 걸어가 '테트 드 무안
Tete De moine'이라는 치즈 공장에 가보았다. 처음 들어본 치즈 이름이지만 스위스에서는 나
름 알아주는 치즈란다. 생김새가 몽크**Monk**(수도사)의 머리를 닮았다고 해서 '몽크 치즈'라
고 불린다는데, 100% 주변 지역 농가에서 받아 온 싱싱한 우유로 만들어진다(우리가 머문
마을에도 목장마다 몽크 치즈 상표가 붙어 있었다). 공장 내부도 훤히 들여다볼 수 있어 치즈
가 만들어지는 과정을 자세하게 확인할 수 있다.

치즈 공장 한편에서는 치즈는 물론 치즈 요리에 사용되는 도구를 팔았다. 신세계를 발
견한 듯, 우정은 그 작은 가게에서 하나하나 꼼꼼히 살펴보느라 정신이 없다. 나름 치즈를
꽤 먹어봤다고 자부하는 우리도 한국에선 스트링 치즈, 모차렐라 치즈 밖에 맛보지 못했
는데, 여기는 치즈의 종류도 먹는 방법도 정말 다양하다.

남들 다 가보는 여행지는 가지 못했지만, 시골 여행의 매력을 충분히 느낀 열흘이었다.

Tete De moine 스위스의 쥐라산지에서 생우유로 만든 세미하드치즈. '테트(Tete)'는 '머리', '무안(moine)'은 '수도사'를 뜻한
다. 전통적으로 여름에 생산된 우유만 사용해 익히지 않고 눌러 붙여 만든다. 특별히 제작된 기구로 곱실하게 꽃 모양으로 깎아
서 커민이나 후추를 뿌려 먹기도 하고 견과류나 과일에 곁들이기도 한다.

사진으로 보는 스위스 렌터카 여행.

아름다운 신록의 도시 베른Bern

베른에서 만난 목욕 나온 참새 가족

몽트뢰Montreux에서 바라본
레만 호수Lake Leman. 면적 580km²에 이르는
알프스에서 가장 큰 호수이다.

그린델발트 Grindelwald 풍경

보석 같은 호수마을 룽게른Lungern

루체른Luzern 호숫가에 누워

4.
in ITALY
Maretto

뚜또 베네~ 이딸리아!

Feeding Time

피자데이

이탈리안 라이프 : 먹고 자고 먹고 자고

정이 넘치는 남자, 알베르토

WWOOFer's Diary. 슬로푸드 여행

느리게, 고집 있게 진짜를 만드는 사람들

슬로피시 : 지속가능한 수산업을 위한 축제

우핑 기간 : 5월 7일 ~ 5월 18일, 12일간

4월의 마지막을 스위스에서 보낸 후, 장엄한 알프스산맥을 넘어 이탈리아로 향했다. 내내 비를 뿌리던 하늘은 구름 한 점 없이 새파랗고, 꽃가루가 함박눈 내리듯 지천으로 휘날린다. 스위스가 초봄 날씨였다면, 여기는 초여름이다. 후끈한 기운에 잠시 머리가 어질하다. 맑아진 하늘만큼이나 사람들의 표정, 걸음걸이가 밝고 경쾌하다. 우리가 2주간 머물게 될 곳은 이탈리아 북서쪽 피에몬테^{Piemonte} 지방의 마레토^{Maretto}라는 곳이다.

"Hello, guys!"

찜질방 같던 열차에서 내리자 호스트 아니에제가 두 팔을 벌려 우리를 환영한다. 작고 단단한 체구에 기분 좋은 에너지를 발하는 그녀의 환한 얼굴에 이번 우핑은 왠지 느낌이 좋다. 아니에제의 차를 타고 15분쯤 달려 마레토에 도착했다. 열 몇 채의 건물이 옹기종기 모여 있는 언덕 위 아주 작은 마을이다. 집 앞에 도착하자 건장한 체격의 사내 한 명이 다가온다. 덩치는 컸지만 해맑고 푸근한 인상이다.

"여기는 알베르토라고 해. 우리 농장의 매니저야."

아니에제의 소개로 반갑게 인사를 나누고 큰 건물 안으로 들어가니 웬 당나귀 두 마리가 우릴 쳐다본다. 묶여 있지도 않은 채 마당 한가운데서 자유롭게 풀을 뜯고 있다. 그중 한 마리는 털이 뽀송뽀송한 게 아주 어려 보인다.

"얘는 어제 태어난 부리또야. 이쪽은 엄마 누차이고. 이제 막 태어난 당나귀를 보다니 너희들은 정말 운이 좋아!"

이름도 참 귀엽다. 우리를 무서워하면 안 되는데. 친하게 지내자! 부리또~.

건물 전체가 아니에제의 집인 줄 알았는데, 여러 세대가 거주하는 아파트먼트였다. 이 집도 분명 몇백 년은 되었겠지? 스위스에서도 그랬고, 유럽의 공동 주거 역사는 꽤나 유례가 깊어 보인다. 안내받은 방은 마당 너머로 푸른 숲이 한눈에 펼쳐지는 전망 좋은 2층에 자리했다.

"이곳에서 창문 밖에 누차와 부리또를 바라보는 것도 너희의 중요한 임무야."

2주 동안 머물게 될 이곳. 여러 가족이 마당을 공유하며 살고 있다.

저녁 식사시간에 맞춰 아니에제의 집으로 올라가니, 세 살쯤 되어 보이는 꼬마가 수줍은 듯 그녀에게 매달려 얼굴을 묻는다. 아들이 있었나 보다. 이름은 그레고리오, 통통하고 해맑은 아이다. 곧이어 알베르토가 방금 샤워를 마친 듯 목욕가운을 걸친 채 방에서 나온다. 헉, 농장 매니저라더니 왜 방에서….

"둘이 결혼한 사이였어요?"
"아니야, 알베르토는 내 남자친구야. 호호."
동거하면서 아이를 낳고 살아도 아무런 걸림돌이 없어 보였다. 결혼이라는 의례는 여기서 그렇게 중요한 게 아닌가 보다. 결혼과 동거의 서로에 대한 감정은 어떻게 다를까?
배고픈 우리를 위해 아니에제가 '리얼 까르보나라'를 해주겠다며 팔을 걷어붙이고 부엌으로 향한다. 나는 아니에제 옆에 딱 붙어 레시피를 물으며 메모까지 했다. 이탈리아 본토에 와서 가정식 스파게티를 맛본다니, 감격스러운 순간이다. 그런데 한국에서 우리가 먹어왔던 크림 가득한 까르보나라와는 전혀 다른 모습이다. 크림은 넣지 않고, 오일과 달

갈, 치즈, '판체타 ^{Pancetta}'라는 베이컨만을 사용해서 맛을 냈다. 알베르토 말에 의하면 이곳 레스토랑 중에는 크림을 넣어 만드는 곳도 있지만, 그건 원조가 아니란다. 물론 믿거나 말거나. 한국에선 느끼해서 선뜻 손이 가지 않았던 까르보나라를 순식간에 깨끗하게 비웠다. 재료 하나하나 식감과 맛이 살아 있어 너무너무 맛있었다.

"알베르토, 내일부터의 하루 일정을 좀 알려줘요."

"아침은 9시 정도에 먹는데, 일은 하고 싶은 만큼 하면 돼. 더운 여름에는 이른 아침이나 저녁 늦게 일을 하고, 그렇지 않을 때는 보통 낮에 일해."

당연히 일하는 시간을 정할 줄 알았는데, 알아서 하란다. 확실히 지금까지 우프를 했던 곳보다는 좀 더 자유롭고 편안한 분위기다. 게다가 훌륭한 이탈리아 음식과 와인을 원 없이 먹을 수 있다니! 스위스에서 굶주렸던 것을 생각하면 여기는 천국이다. 먹을 생각에 기분 좋아질 정도로 원초적으로 변한 우리.

식사 후 방에 돌아와 짐을 푸는데, 짧은 머리의 여자가 들어와 밝게 인사를 건넨다. 저녁 시간에 못 봤는데, 우리 말고도 다른 우퍼가 있었나 보다.

"반가워! 오늘 서커스 수업이 있어서 지금에서야 돌아왔어. 나는 레아야."

"안녕! 그런데 서커스? 서커스 단원인 거야?"

"아니, 서커스 배울 수 있는 곳이 있어서 일 마치고 다니고 있어. 벌써 3주째야."

그녀는 일주일에 세 번, 차로 15분 거리에 있는 서커스단에 간다고 한다. 서커스라고 하면 높은 곳에서 공중제비를 돌고 여러 동물들이 묘기 부리는 걸 상상하게 되는데, 레아가 설명하는 서커스는 조금 다른 듯하다.

"봉, 줄, 후프 등만 사용해 곡예, 묘기를 하는 거지. 아크로바틱 ^{Acrobatic}이라고 하기도 해. 나는 줄타기를 연습하고 있어. 다음 주에 공연이 있는데 원한다면 같이 보러 와."

즐겁게 이야기하는 레아는 참으로 행복한 시간을 누리고 있는 듯 보였다. 그건 그렇고 시골에서 어떻게 이동하냐고? 당연히 알베르토 차를 레아가 몰고 가는 거지!

Feeding time

아침 9시, 아니에제의 집으로 올라갔는데 다들 늦잠을 자는지 인기척이 없다. 거실을 서성이며 집안 구경을 하고 있자 아니에제가 나와 모카포트로 에스프레소를 내리고, 비스킷을 준비해준다. 벌써 이탈리아 생활에 적응한 것일까? 이렇게 하루를 시작하니 활력이 넘치고 에너지가 생긴다.

아니에제가 아침을 먹으며 오늘 새로운 우퍼 커플인 알렉스, 페데리카가 온다고 알려줬다. 이탈리아 남부 시칠리아에서 온다는 그들도 '퍼머컬쳐^{Permaculture}'에 관심이 높아 기대된단다. 그들이 온다면 더 즐거울 거라고 말하는 그녀. 우퍼가 무려 5명이니 신이 날 만도 하다.

어제는 고약한 가시덤불에 뿌리 내린 딸기를 살리기 위해 큰 가시나무들을 제거하는 작업을 하다 마무리를 짓지 못했다. 팔뚝만한 낫을 쥐고 딸기밭으로 가는 길, 생전 처음 보는 체리나무를 발견했다. 나무 아래 서서 체리를 따먹고 있을 즈음, 귀에 익은 알베르토의 목소리가 들려온다.

"너 한국식 스시랑 누들 안 먹어봤지? 내가 직접 스시를 만들었다니깐! 컬러풀하고 정말 환상적인 맛이었어!"

지붕 위에 올라가 인터넷 전선 작업을 하던 그는 친구와 전화 삼매경에 빠져 있다. 내용인즉슨, 어제 저녁에 우리가 선보인 한식에 관한 경험담이었다. 농장에 오기 전 밀라노 한인 마트에 들러 국물용 멸치와 포기김치, 단무지 등을 장 봐왔다. 늘 그랬던 것처럼 한식을 소개해주고 싶은 마음보다 우리가 먹고 싶었던 이유가 좀 더 컸다는 건 비밀.

멸치 육수를 기본으로 한 뜨거운 국물에 말아 먹는 잔치국수를 준비했다. 같이 곁들일 김치를 꺼내자 옆에서 지켜보던 레아가 소리친다. "Oh! No~ Octopus~~!" 기겁하며 달아난다. 이 귀한 김치가 문어로 둔갑한 순간이다.

Permaculture 영속적이라는 뜻의 'Permanent'와 농업을 뜻하는 'Agriculture'의 합성어로 식량, 토양, 수자원, 에너지, 주거지 등 인간에게 필요한 자원을 공급하기 위한 시스템을 자연 생태계와 조화롭게 만드는 방법을 말한다. 다시 말해 환경, 생태, 농업을 하나로 통합하여 지속 가능한 인간의 삶을 지탱해주는 체계를 만드는 것이라 할 수 있다.

우프를 할 때면 빠질 수 없는 코리안 타임!
김밥에 대한 호응은 언제나 좋다.

8가지 속 재료를 준비하고 김밥 마는 시범을 보였다. 피자 도우판 위에 김을 얹고 각자 원하는 재료를 선택해 말아 먹으며 즐거운 식사시간을 보냈다. 한식은 칼로리가 낮고 건강한 음식이라며 칭찬이 자자했던 밤이었다.

그렇게 우리 음식을 맛본 알베르토가 동네친구 여럿에게 전화를 걸어 자랑에 여념이 없었던 거다. 한술 더 떠 조만간 한국으로 가 음식점 사장이 되고 싶단다. 이를 지켜보던 아니에제는 저러다 정말 한국 가면 어떡하냐고 그를 좀 말려달란다.

잡초 덤불 속에서 딸기밭을 일구는 작업을 마무리하고는 여러 동물의 식사를 챙기러 나섰다. 첫날 대문을 열자마자 우리를 맞이해준 새끼 당나귀 부리또와 엄마 누차, 한 때 경주말이었다는 레지나와 포니^{Pony}(작은 말)인 루초, 먹성 좋은 돼지 나스카와 20마리 넘는 닭과 염소들. 게다가 장난꾸러기 견공 닉과 고양이 세 마리도 식구지만 동물농장을 방불케 하는 여기에선 명함을 내밀기 힘들다. 매일 아침저녁으로 동물 친구들의 먹이를 챙기는 일도 이곳 우퍼의 중요한 역할이다. '구구구~' 소리를 내며 닭장 밖에 흩어져 있던 닭들을 불러 모아 안으로 들여보내고 먹이를 쏟아준다.

내 마음을 빼앗아간
사랑스러운 새끼 당나귀
부리또

114

동물에게 먹이를 주는 건 우리의 중요한 임무

어제 음식을 푸짐하게 했더니 음식물이 제법 남았다. 덕분에 나스카는 포식할 수 있었다. 레지나와 루초에게는 손수레에 양껏 실어온 건초를 가져다주고 물통도 빼놓지 않고 채워줬다. 누차와 부리또 역시 원래 건초를 먹지만 출산한 지 얼마 안 된 누차에게는 특별히 영양 사료를 듬뿍 넣어 우리에 넣어주었다.

밖으로 나와 보니 레아가 사료를 먹고 있는 고양이 옆에 꼭 붙어 있다. 고양이 중 한 마리가 병이 들었는지 며칠 내내 제대로 먹지도 움직이지도 않는단다. 아픈 고양이가 사료를 조금이라도 먹을 수 있게 애쓰는 따뜻한 마음의 레아를 보고 감동을 받았다. 먹이를 챙겨주는 역할과 일을 단순히 우퍼의 노동으로만 받아들인 내 모습이 부끄러워진다. 사람과 동물, 자연이 조화롭게 어우러진 곳. 지금 이대로가 참 좋다.

후루룩!
날달걀을 흡입하는 영글.
숨겨놓았던 야성미가 살아나고 있다.

115

피자데이

전날 저녁부터 알베르토는 도우 반죽을 준비하느라 바빴다. 아들 그레고리오를 차에 태우고는 피자에 사용할 밀을 사러 간단다. 동행해줄 수 있는지 부탁하는데, 대답도 안 하고 냉큼 차에 올랐다. 늘 말보다 행동이 앞서는 나다. 사랑스러운 그레고리오와 밖을 나서는 것도 좋지만, 마트 하나 없는 동네에 살면서 어디서 장을 보는지 궁금하기도 했다. 그렇게 차로 구불구불한 길을 20여 분 달려 또 다른 작은 마을에 다다랐다.

"여기야, 우정. 난 항상 이 집에서 밀을 사. 맛이 참 좋아."

알베르토가 마트도 방앗간도 아닌 곳에 차를 세우며 말한다. 이탈리아어를 알아야 이곳이 어떤 곳인지 보다 정확히 알아볼 텐데 답답할 뿐이다. 그는 익숙하게 늘 사던 것을 주문했고, 나는 그레고리오 뒤꽁무니를 쫓아다니느라 정신이 없다. 여러 가지의 통밀을 보고 그중에 선택하면 즉석에서 밀을 갈아 밀가루로 만들어 주었다. 밀도 샀으니 나온 김에 장을 보고 가자는 그를 따라 큰 마트도 둘러보았다.

매주 일요일은 '피자데이Pizza day'라고 한다. 그렇지 않아도 가정집 이탈리안 피자를 맛보길 고대했던 참인데, 내일이 무척이나 기다려진다. 알베르토는 집에 오자마자 도우 반죽을 했다. 반죽에 직접 발효시켰다는 천연효모(이스트)도 넣었다. 그가 이렇게 진지한 면이 있었나 싶을 만큼 만드는 내내 열심이었고 전문가처럼 손도 빨랐다. 옆에서 그를 돕던 아니에제는 마당에서 막 따온 로즈메리를 씻어 잘게 찧고 도우 반죽에 섞어 두었다.

일요일이 되자 이른 아침부터 분주하다. 아랫마을에 살고 있다는 페드리코가 도착해 화덕에 불을 지폈다. 오늘은 특별히 외부 손님이 점심을 예약해서 모두 정신이 없다. 여름에는 아그리투리스모Agriturismo(농촌 민박업)를 운영하기 때문에 이곳에는 넓은 마당과 많은 사람을 수용할 수 있는 주방을 갖추고 있다. 두 사람은 주말 점심 예약을 종종 받는 것 같았다. 영글과 아니에제, 레아는 서빙을 하고, 나와 알렉스, 페드리카는 피자에 들어갈 토핑과 도우를 준비하기로 했다.

"우정, 한국식 피자 토핑도 만들어줘."

아니에제가 새로운 토핑을 주문한다. 레아가 문어 아니냐고 했던 김치를 활용해 보고 싶었지만 잔치국수에 다 써버려 그 대안으로 참치 마요네즈를 만들었다.

"오 이거 맛있는데? 아스파라거스를 넣으면 색도 에쁘고 더 좋을 것 같아."

영글이 삶아 놓은 아스파라거스를 잘게 썰어 참치 마요네즈에 섞으니 훌륭한 피자 토핑이 탄생했다. 아니에제가 방울토마토와 모차렐라^{Mozzarella}, 루콜라^{Rucola}를 넣어 만든 토핑은 초록색, 흰색, 빨간색이 도드라져 이탈리아 국기를 연상케 했다. 한국, 이탈리아식 토핑 외에도 초리조^{Chorizo}(고추 등이 들어간 스페인산 반건조 소시지)와 치즈, 토마토소스도 준비해 두었다.

같은 시각, 밖에서는 테이블 세팅으로 분주하다. 마당 한가운데 자리한 사과나무에는 파티용 볼을 달고 그 아래 테이블을 놓았다. 레아가 마당과 텃밭에서 꺾어온 봄의 꽃 작약과 이름 모를 풀꽃으로 테이블 위를 장식하니 근사한 야외 레스토랑으로 변신했다. 점심시간이 가까워져 오자 예약한 가족들이 속속 도착했다. 주인공은 하얀 드레스를 차려 입은 어린 꼬마 숙녀. 세례 받은 날을 가족들과 함께 축하하기 위한 자리였다.

이탈리아 사람들은 혼자서도 피자 한 판을 거뜬히 먹는다고 해서 쉴 틈 없이 도우를 준비하고 토핑을 얹었다. 손님들에게 나갈 피자 12판을 먼저 굽고, 함께 먹을 피자를 만들었다. 두툼한 도우에 가득 얹은 토핑과 치즈. 이탈리아의 맛을 잔뜩 기대하며 화덕에서 꺼낸 피자를 드디어 맛보았다. 문득, 정신을 차리고 보니 나 혼자 무려 피자 4판을 먹어치웠다. 이곳을 떠나기 전 한 번의 일요일이 더 남았다는 사실이 그렇게 행복할 수가 없다!

정성껏 만들어낸 피자.
어떤 토핑을 올려도 천국의 맛이다.

만능 제주꾼 레아

이탈리안 라이프 : 먹고 자고 먹고 자고

맘／마＼미／아＼!

'우리가 이탈리아에 와 있구나!'라는 사실을 새삼 깨닫게 되는 건 무엇보다도 이탈리아의 리드미컬한 억양과 화려한 제스처이다. 식사시간에 그들의 대화를 듣고 보고 있노라면 못 알아들어도 정말 재미있다. 우리도 조금이나마 따라 해보고 싶어 하루에 한 문장씩 배우겠다고 선언했지만, 붕어 같은 기억력 때문인지 나오는 날까지 할 수 있는 말이라고는 '챠오 Ciao(안녕)'와 '뚜또 베네 Tutto Bene(모든 게 좋아)', '맘마미아 Mamma mia(어머나!)', '그라찌에 Grazie(고마워)' 뿐이었다. 물론 이 정도만 해줘도 이탈리아 사람들은 굉장히 좋아한다.

다음으로 좀처럼 끝나지 않는 식사시간! 이탈리아 우프는 먹는 거로 시작해 먹는 걸로 끝났다고 해도 과언이 아니다. 늦은 아침을 먹고 오전 일을 잠깐 하고 나면, 배가 채 꺼지기도 전에 12시부터 또 식사 준비에 들어간다. 대부분 식재료는 이곳에서 생산하고, 고기류는 사육 과정을 직접 본 농장의 것만 사온다. 닭장에서 어미 닭의 체온이 남아 있는 따뜻한 달걀을 꺼내 오고, 레아의 지휘 아래 텃밭과 숲에서 각종 채소와 야생초, 꽃을 따온다. 흙투성이 채소들이 레아의 손을 거치면 먹기도 미안할 만큼 화려한 샐러드로 변신한다. 일요일에는 미리 만들어 놓은 피자와 빵을 오븐에 구워내고, 파스타, 리소토를 취향에 맞게 요리해 먹는다.

118

우퍼 중에는 채식주의자가 많다. 그래서 육식주의자 알베르토는 그들과의 식사시간이 불편한 모양이다. 이것저것 가리지 않고 잘 먹는 우리를 좋아하는 건 어쩌면 당연한 일. 채식주의자인 레아와 알렉스, 페데리카에게는 알아서 먹으라 하고, 늘 우리와 함께 먹을 고기류를 준비한다. 먹기는 또 얼마나 많이 먹는지, 우리도 잘 먹기로는 만만치 않은데 알베르토를 따라 먹다가 배가 찢어질 뻔했다.

대화 역시 먹는 얘기가 대부분이다. 이탈리아는 22개 지역마다 요리 특색이 제각각이라 각 지방의 요리가 한 나라의 음식처럼 여겨질 정도란다. 알베르토는 침이 마르도록 이탈리아 음식을 자랑했다. 파스타 면이 어디는 사람 귀 모양이고, 어디는 꼬불꼬불하고, 피자는 또 어쩌고저쩌고…. 알베르토에게 미안할 말이지만 우리에게는 그저 피자는 피자고, 파스타는 파스타이다. 그렇게 푸짐하게 식사를 마치고 수제 아이스크림으로 후식까지 비우고 나면 두세 시간이 훌쩍 지나간다. 그리곤 다들 어디론가 사라졌다가 다섯 시쯤 나와서 일하는 척 하고 또 다시 들어간다. 우리는 식사 후 매번 농장으로 직행했는데, 한참 지나서야 모두 시에스타^{Siesta}(낮잠)를 한다는 사실을 알게 되었다. 그렇다. 여기서는 열심히 일하는 우리가 오히려 이상한 사람이다.

시계는 저녁 8시를 가리키는데 부엌은 조용하다. 누구 하나 저녁 먹을 생각을 하지 않는다. 낮잠도 자지 않고 내내 일했던 우리의 배꼽시계는 여지없다. 9시가 넘어서 시작된 저녁 식사. 물론 끝을 알 수 없다. 점심처럼 이것저것 많이 만들지는 않지만, 와인이 있다. 동네 와이너리에서 사온 이 와인은 3리터 대용량 병 하나가 2유로란다! 와인 값이 막걸리보다 싸다보니 밤이면 밤마다 부어라 마셔라 열심히 마시게 된다. 알코올도 멀리하는 채식주의자들은 금세 잠자리에 들었지만, 알베르토와 우리는 살라미와 치즈를 안주 삼아 매일 12시까지 술 파티를 열었다. 일하는 시간보다 먹는 시간이 더 많은 이탈리아 농촌의 하루. 우리가 있는 지금 이곳이 'Real Italy!'

정이 넘치는 남자, 알베르토

알베르토는 도시에서 부동산업에 종사하다 아버지께 물려받은 이 집으로 돌아와 2년 반째 시골 생활 중이다. 그런데 농사라고는 작은 텃밭과 온실 하나가 전부이고, 대신 다양한 동물을 키우고 있다. 여름에 아그리투리스모를 운영해서 번 돈으로 그나마 생활을 꾸려 나간단다.

"정글~살라미~치킨~먹자!"

'영글'이라는 발음이 어려운 알베르토는 늘 '정글'이라고 부른다. 치킨이라면 사족을 못 쓰는 우리의 대답은 언제나 "베네(좋아)~!". 신이 난 알베르토는 바비큐장으로 가서 그릴에 불을 지폈다. 아니에제는 미리 사다 둔 치킨에 파프리카 파우더와 맥주를 활용해 만든 특제소스를 발라 준비한다. 옆에서 이를 지켜보는 영글은 오늘도 무척이나 행복한 표정을 짓고 있다.

레아가 숲에서 따온 '삼부카Sambuca'라는 꽃을 넣고 만든 달콤한 음료와 시칠리아 스타일의 홈 메이드 아이스크림, 홉Hop을 넣어 만든 리소토까지 테이블에 올라왔다. 맛있는 냄새를 맡았는지 누차와 부리또도 어느새 우리 곁에 와있다. 네 명이 먹기에는 너무 많은 양을 준비했다. 남길 수 없는 맛이기도 했지만, 알베르토가 계속 권하는 바람에 닭 한 마리에 스테이크 두 덩어리, 소시지 두 줄이 내 뱃속으로 들어갔다. 오후 내내 목구멍까지 차오른 음식 때문에 숨쉬기조차 힘들었다.

샐러드 made by 레아

삼부카Sambuca를 사용하여 만든 탄산음료

딱딱한 빵을 어쩌나 썰었는지,
우프가 끝나고 한 달 동안 손목이 아파서 고생했다.

오랜 친구 집에 놀러 온 듯한 기분으로 2주간 즐겁게 보냈다. 오후에는 이곳을 떠나 프랑스 남부 최고의 휴양지 까씨스Cassis로 향할 예정이다.

짐을 싸고 떠나기 전 마당에 둘러앉았다. 차를 좋아하는 알베르토를 위해 한국에서 가져온 '청태전'을 끓여주었다. 청태전은 영글이 슬로푸드 한국협회에서 일할 때 알게 된 것이다. 토종 먹거리 프로젝트인 '맛의 방주'에 등재되었던 나름 값비싼 고급 차Tea로, 휴대가 편해 이곳까지 챙겨왔다. 사실 이 귀한 차를 제일 잘 마시는 사람은 알베르토도 아니에 제도 아닌 바로 그레고리오. 고사리 같은 손으로 작은 찻잔을 잡고 우리가 알려준 대로 한 손으로는 잔을 받쳐 공손하게 입으로 가져가더니 연거푸 몇 잔을 들이켰다.

"정글~! 우덩~!"

헤어짐을 앞두고 있지만 우리를 부르는 알베르토 목소리에 꽤히 기분이 좋아진다. 수다스럽고 정 많은 그는 언제나 유쾌한 농담과 장난기로 무거운 분위기를 띄우고, 긴장을 웃음으로 바꾸는 특별한 능력의 소유자다. 불편한 것은 없는지 머무는 내내 신경 써 줬다. 하다못해 우리가 외출할 때면 번거로워도 꼭 역까지 데려다주고, 바쁜 일이 있으면 동네 친구에게 부탁해서까지 우리를 픽업해 주었다.

"우퍼들이 여기 생활을 할리데이^{Holiday}처럼 생각하면 좋겠어."

알베르토는 우퍼를 단순히 일과 숙식을 교환하는 사람이 아닌 경험을 함께 나누는 동반자로 생각했다. 실제도 그 말처럼 진심으로 노력했기에 한 번 다녀간 우퍼는 이곳을 계속 찾아온다고.

"난 모든 우퍼들의 아빠야!"

"그럼 우린 스물 몇 명의 애가 있는 거야? 하하하!!"

푸근한 아빠 같은 알베르토와 그의 연인 아니에제의 환한 미소가 금세 그리워질 것 같다.

푸근한 이탈리아 아빠
알베르토

차를 좀 아는 남자, 그레고리오

즐거운 추억을 만들어준 이탈리아 가족들과 함께

WWOOFer's Diary.

슬로푸드 여행

느리게, 고집 있게 진짜를 만드는 사람들

이탈리아에서 우프를 하게 된 이유 중 하나는 5월 14일에서 17일까지 제노바^{Genova}에서 열리는 슬로피시 ^{Slow Fish} 행사에 참여하기 위해서였다. 때마침 행사 기간에 맞춰 내가 예전에 몸 담았던 '슬로푸드문화원'이 참가를 했다. 그 인연들을 낯선 타국에서 다시 만나니 감회가 새로웠다.

슬로푸드^{Slow food}는 지역의 음식 문화와 전통이 사라지는 것을 막고, 사람들이 음식에 대한 관심을 떨어뜨리는 '패스트라이프 ^{Fast life}'에 반대하는 운동단체이다. 160여 개 국가에서 수백만 명의 회원들이 전통 음식문화를 널리 알려 보존하고, 지역 농업과 생물종 다양성을 보호하기 위한 많은 활동을 하고 있다. 이번에 열리는 슬로피시 행사는 '지속가능한 수산업'을 주제로 2년마다 열리는데, 우프를 하면서 이틀의 쉬는 날을 이용해 탐방 일정에 참여하게 되었다. 첫 코스는 슬로푸드 본부가 위치한 이탈리아 브라^{Bra}에 있는 미식과학대학 ^{University of Gastronomic Sciences}이다. 2004년에 설립된 학교로, 학생들은 이곳에서 요리를 배우기보다는 역사, 인류학, 사회학 등 다양한 학문을 통해 음식 문화를 이해하고 알아간다. 또한 세계 곳곳을 여행하면서 전통적인 장인 제품을 만드는 생산자들을 만나 체험하기도 한다. 이러한 활동을 통해 올바른 철학과 소양을 갖춘 슬로푸드 실천가를 키워낸다.

미식과학대학에는 '와인뱅크^{la Banca del Vino}'라는 곳이 있다. 개인 생산자들의 보관시설 부족이나 연도별 와인의 판매와 관리의 어려움으로 인한 불편을 없애고자 만든 곳인데, 이탈리아 전역 300여 생산자에게서 온 무려 10만 개 정도의 와인 병이 저장되어 있다. 생산자들은 매년 최대 180병의 와인을 보관할 수 있고, 판매는 와인뱅크에서 담당한다. 와인은 소비자에게 판매 직후 바로 전달되는 게 아니라 정해진 기간만큼 보관 후 가져가게 된다. 250유로를 내면 평생회원이 될 수 있는데, 매달 나오는 'Wine of the month'를 살 기회가 생기고, 최상급의 와인을 할인가에 구매할 수 있다.

미식과학대학 견학을 마치고 구불구불한 산길을 따라 1시간 넘게 깊은 산 속으로 들어갔다.
우리가 도착한 곳은 슬로푸드 '프레지디아Presidia'로 지정된 '랑게Langhe 양 농장'이다.
프레지디아는 소멸 위기에 처한 전통 먹거리를 지키기 위한 생산자와 지역공동체의
네트워크를 구축하기 위한 슬로푸드 프로젝트이다.
랑게 양은 1950년대만 해도 4만5천 마리 정도 있었는데, 지금은 2천 마리도 안 남아 있다.
시골 사람들이 도시로 떠나기도 했고, 생산성이 높지 않아 다들 키우기를 포기했다. 현재는
60여 농가에서 양을 키우는데, 프레지디아에 속한 곳은 세 군데밖에 없다. 사료부터 치즈
생산과정까지 모두 친환경적이고 전통 방식에 따라야 한다는 까다로운 기준 때문이다.
치즈 작업실은 스위스의 치즈 공장에서 본 그런 모습은 아니었다. 산업화한 방식을 따르지
않기에, 치즈 겉에 플라스틱을 입히지 않고, 공장처럼 온도와 습도를 일정하게 유지하는
시설도 없다. 덕분에 치즈 겉면에 가득한 곰팡이가 종종 보인다. 하나하나의 맛도 다를 터.
하지만 그 다름을 자연스러운 것으로 인정하고 지키려 하는 것이 슬로푸드의 철학이다.

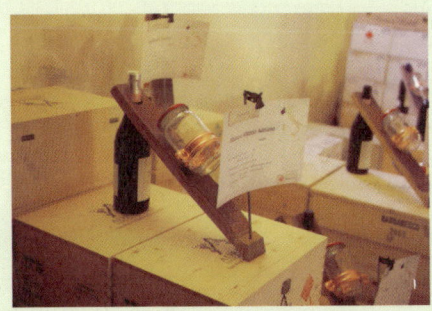

와인뱅크에서는 와인과 함께 그 지역의 떼루아Terroir
(와인의 독특한 맛과 향의 차이를 좌우하는 기후, 토양,
재배법 등을 통틀어 일컫는 말)를 상징하는 흙을 함께
전시한다.

전통을 지키겠다는 일념으로 농장을 운영하는 아리안나.
엄청 바쁘지만 그녀의 모습에는 행복이 넘친다.

127

슬로피시 Slow Fish : 지속가능한 수산업을 위한 축제

둘째 날, 제노바에 있는 슬로피시 행사장으로 이동했다. 유럽에 와서 제대로 된 해산물을
구경도 못한 우리는 신나는 마음으로 행사장에 갔다. 하지만 기대가 크면 실망도 큰 법.
먹을 만한 음식이 별로 없다. 물론 이탈리아어 설명을 알아보지 못했기 때문일지도 모른다.
200~300개나 되는 부스를 둘러봤지만, 까막눈이라 도통 뭐가 뭔지. 제일 만만한 홍합찜과
모듬해물튀김으로 일단 배를 채웠다.
기다리던 중, 슬로푸드 이벤트의 하이라이트인 '맛 워크숍Taste Workshop'에 입장할 기회도
얻었다. 이탈리아의 대표적 슬로푸드인 발사믹 식초와 생선을 이용해 다양한 요리를
선보이는데, 눈앞에서 살아 있는 생선을 손질하여 회와 구이, 스프 등으로 만들어준다.
보다 자세하게 내용을 알아가며 즐기긴 힘들었지만, 숙련된 요리사와 스태프의
일거수일투족을 보는 것만으로도 눈이 즐거워진다.

미식의 제국 이탈리아에서 열린 슬로퍼시 행사. 음식 문화의 발전을 결정짓는 것은 결국
그 나라 사람들이 음식을 대하는 태도에서 비롯된다. 같은 음식이라도 올바른 방법으로
정성껏 만들기 위해 노력하고, 음식의 격을 세련되게 포장하고 높이기 위해 노력한다면
우리도 이탈리아 못지않은 미식의 나라가 될 수 있을 것이다. 물론 이것은 농사를 짓는 사람,
음식을 만드는 사람, 먹는 사람 모두의 노력이 필요하다. 또 하나 슬로푸드 행사를 보며
놀랐던 점은 나이 지긋한 봉사자들이 많다는 것이었다. 알베르토도 한때 이 행사의 봉사자로
참가했었는데, 그때도 봉사자의 절반 이상이 은퇴자들이었다고 했다.
여유와 행복이 담긴 음식 문화의 전통을 지키려는 노력에 앞장서는 그들. 낡고 오래된 것은
버려야 할 것으로 치부하고 늘 새로운 것, 새로운 문화를 쫓는 우리의 모습을 되돌아보게
한다.

슬로푸드 축제의 하이라이트 '맛 워크숍'

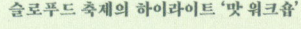

5.
in UNITED KINGDOM
North Aston

작은 것이 아름답다

우핑 기간 : 5월 25일 ~ 6월 17일, 24일간

"여긴 100마리 정도의 양이 있어. 이곳에서 야채꾸러미에 들어갈 채소를 재배하고, 저곳은 사무실로 사용하지. 저쪽에는 젖소들이 있고, 이쪽에선 불소와 소 30마리를 키워."

끝도 없이 펼쳐진 넓디넓은 들판을 달리며 호스트인 제리미와 메리가 이곳저곳을 안내해 준다. 옥스퍼드^{Oxford}에서 차를 타고 20분을 달려 드디어 목적지에 도착했다. 사진 속에서만 보던 영국 시골의 풍경이 수채화처럼 펼쳐진다.

손에 잡힐 듯 낮게 떠다니는 구름 아래 봉긋한 초록의 언덕, 그 사이 굽이굽이 이어지는 길 양쪽으로 한가로이 풀을 뜯는 양 떼, 수백 년은 됨직한 돌집이 잘 꾸며진 정원과 함께 아무렇지 않게 늘어서 있다. 이런 목가적인 풍경 속에서 3주간 지낸다니 꿈만 같다. 들판 한가운데 놓인 제리미의 집 역시 지어진 지 500년도 넘었단다.

그나저나 여기 머무는 동안 옥스퍼드 주변과 몇몇 관광지를 구경하려고 계획했으나, 눈앞에 펼쳐진 상황을 볼 때 이 동네에 버스나 다니는지 모르겠다. 있다손 치더라도 정류장까지 걸어 나갈 수나 있을지. 믿기지 않지만, 차로 오면서 보았던 그 드넓은 땅이 모두 제리미의 목장이란다. 900ac(에이커), 도통 감이 오지 않는 면적이다. 스마트폰 계산기로 환산해 보니 무려 110만 평. 축구장 450개를 합쳐놓은 어마어마한 크기다. 이 큰 농장을 어떻게 유기농으로 운영한다는 것일까?

말을 좋아해 이웃의 말을 자신의 마당에서 공짜로 키워주고 있는 제리미

당초 젊은 부부일 거라 짐작했던 제리미와 메리는 나이 지긋한 어르신이었는데, 심지어 부부도 아니었다. 또래도 아닌 어르신들의 동거라….

저녁 식사를 하면서 이곳 생활에 대한 설명을 듣고, 담소도 나누었다. 제리미는 아틀라스 지도책을 꺼내 대한민국을 찾아보더니, 수십 년은 더 되어 보이는 백과사전을 가져와 우리나라에 대한 조사에 들어갔다. 한참 읽어보던 메리는 자신이 태어나기도 전 이야기라며 콧방귀를 뀌고, 한술 더 떠 제리미는 정말이지, 조선시대 적 이야기를 늘어놓기 시작했다.

집에서 밖을 내다보면 한없이 평화로운 풍경이 펼쳐진다.

"진짜 한국에선 여자가 남자들이랑 밥을 같이 못 먹어?"

말문이 막혀 뭐라 대답해야 할지 난감하던 찰나, 한국전쟁과 북한 관련 질문이 이어진다. 정말 김정일, 김정은만큼 유명한 사람도 없는 것 같다. 오히려 우리보다 북한에 관한 더 다양한 정보를 알고 있는 그들이다. '김정은은 이상하다', '아비랑 똑같이 행동하는 게 웃긴다', '탈북한 사람의 이야기를 들었는데 도저히 이해가 안 된다'며 북한을 두고 한참을 주제로 삼았다.

첫날부터 어려운 이야기가 오고가면서 저녁 식사 분위기는 무거웠지만, 메리가 만들어준 키쉬 Quiche(크림 · 햄 · 달걀 등으로 만든 케이크)는 정말 맛있었다. 영국 음식은 입맛에 잘 안 맞는다는 말을 많이 들었는데, 여기 있는 동안은 살짝 마음을 놓아도 될 듯싶다.

낭만적인 풍경 속에 숨어 있는 것

어마어마한 규모의 농장은 차를 타고 둘러보는 데만 한나절이 꼬박 걸렸다. 지금까지 일했던 곳들은 정말이지 농장 축에 끼지도 못한다. 이 넓은 곳에서 사람이 과연 뭘 할 수 있을지 짐작조차 가지 않는다.

제리미와 메리는 가드닝숍으로 우리를 데려가 두꺼운 장갑과 장화를 사주었다. 감동이다. 영국은 정말 신사의 나라인가보다. 지금까지 우프를 하며 장화를 빌려 신기는 했었지만, 호스트가 직접 장갑과 장화를 사준 건 처음이었다. 그러나, 그 감동은 오래가지 못했다.

우리의 주요 임무는 '씨슬^{Thistle}(엉겅퀴)'이라는 가시 돋친 풀의 제거이다. 순식간에 목표물을 제거해가는 제리미의 시범을 볼 때는 그래도 할 만해 보였다. 포크로 뿌리 부분을 지렛대처럼 들어 올리면서 다른 손으로 씨슬을 움켜쥐고 힘껏 뽑아내면 된다. 우리에게 두꺼운 장갑을 사 준 이유가 바로 이 때문이었다. 땅이 말라 이 각도 저 각도 여러 차례 시도해야 겨우 뽑힌다. 가시에 아랑곳하지 않고 뽑아내는 제레미가 새삼 놀라울 따름이다. 아무 말 없이 풀을 뽑는 우정의 장갑을 벗겨보니 뚫고 들어온 가시들로 손은 만신창이가 된 지 오래다. 씨슬은 기계로 자르거나 약을 쳐도 답이 없는 골칫거리라 적당한 시기에 뽑는 것 말고는 방법이 없단다. 이 정도 크기의 필드가 수십 개인데, 아픔을 참아가며 3주 내내 이것만 하게 생겼다.

이 넓은 땅에서 잡초를 일일이 다 뽑는다는 건 불가능한 일 아닐까?

무시무시한 가시 잡초 씨슬. 문제는 손으로 뽑아야 한다는 것이다.

이렇게 많은 소 앞에 서 보긴
처음이야!

씨슬을 뽑는 일 외에도 암초가 하나 더 있었다. 바로 '소'. 새끼를 지키느라 가뜩이나 예민한 어미 소가 씨슬 제거 임무 수행 중인 우릴 노려보고 있다. '음머엇~!' 가까이 오지 말라고 경고하듯 목청 크게 소리를 내지른다. 울음소리 끝이 갈라지는 게 분명 평상시와는 다르다. 멈칫하다가도 작업을 계속했더니 이내 잦은걸음으로 다가오는 어미 소. 나는 아무래도 분위기가 심상치 않아 뒷걸음질 치는데, 우정은 그저 하던 일 삼매경이다. 하긴, 캐나다 로키산맥에서 30m 정도 앞에 있는 곰을 보고도 귀엽다며 다가가던 그녀 아니던가.

도저히 안 되겠다 싶어 우정의 손을 잡고 걸음아 날 살려라 반대 방향으로 뛰었다. 흥분한 어미 소 두 마리는 한참을 쫓아오다 멈춰 섰다. 다행히 우릴 들이받을 심산은 아니었나 보다. 결국 내내 기도 못 펴고 한쪽 구석에 찌그러져 작업만 해야 했다.

지금은 수난시대

요 며칠 메리가 잔기침을 하더니만 고스란히 영글에게로 감기가 옮겨왔다. 영국 감기는 한국 감기와는 차원이 달랐다. 콧물은 별로 나지 않는데 목감기가 정말 심하다. 목소리도 잘 안 나오는데다가 바이러스가 밤에 더 활동하는지 잠을 이룰 수 없을 만큼 기침이 난다. 아플 거면 낮에도 아프지, 낮에는 멀쩡해져 일을 쉴 수도 없는 정말 도움이 안 되는 감기다.

오늘은 기다란 낫을 휘둘러 전기 울타리 밑의 풀을 정리해야 한다.

여행 동안 영글의 이발은 내가 책임진다. 아름다운 야외 미용실에서라면 머리가 어떻게 되든 신경 쓰지 않는다.

똑같이 감기로 고생하는 제리미와 메리도 제 할 일을 다 하는 참에 혼자 환자 노릇을 할 수도 없는 영글이 안쓰럽다. 한국에서 챙겨온 감기약을 먹여봤지만, 전혀 호전될 기미가 보이지 않는다. 오롯이 몸으로 감내하고 시간이 해결해주기를 기다릴 뿐.

매일 아침 제리미의 둘도 없는 반려견 코니는 우리를 따라 함께 일터로 향한다. 반갑게 코니를 부르던 영글의 내시 같은 목소리에 서로 웃음보가 터져버렸다. 영국의 감기는 달콤한 영글의 목소리마저 바꿔놓고 말았다.

유럽에 오기 전, 환경영화제에서 전통농업에 관한 다큐멘터리 영상을 본 적이 있다. 바로 그 영상에서 보았던 서양 낫 '사이Scythe'가 제레미 집에 있다니! 제레미는 무뎌진 낫의 날을 갈아 하나씩 손에 쥐어 주고는 사용법을 알려줬다. 사람 키만한 큰 낫을 양손으로 잡아들고는 이리저리 움직여본다. 적당히 팔만 움직였을 뿐인데, 몸 전체를 흔드는 반동과 잘려나가는 풀을 보니 적지 않은 쾌감이 든다. 전통방식 낫 사이는 아이부터 부모까지 모든 가족이 총동원되어 밭일할 때도 사용되었단다. 지금의 엔진예초기는 매연에 숨쉬기가 힘들고, 진동 때문에 온 몸이 저리지 않는가. 문명의 발달이 편리함을 가져다주기는 했지만, 손으로 하는 즐거움과 기쁨을 대신하지는 못하는 것 같다.

그날 저녁, 낮에 갑자기 코피를 쏟을 만큼 고단했는지 옆에서 먼저 잠든 영글이 잠꼬대를 한다. '나 가시에 찔렸어. 나 웃기지. 큭. 어이없네!'라며 웅얼거리더니 이내 다시 곯아떨어졌다. 무척이나 힘들어했던 영글에게는 미안하지만, 난 또다시 웃음보가 터졌다. 어제오늘 온종일 가시난 풀을 제거했더니 꿈에서도 그걸 뽑고 있나 보다.

새끼 양, 온화

제리미로부터 새로운 임무를 부여받았다. 오늘부터 돌봐야 할 아기 양 한 마리가 생겼다. 새끼를 낳은 지 얼마 안 된 어미 양의 건강 상태가 좋지 않아 새끼 양이 방치되었던 모양이다. 이를 제리미가 양 무리에서 격리해 집 앞 마구간에서 보살피고 있었다. 얼마 가지 못해 어미 양은 안타깝게도 죽고, 이제 한 달 가량 된 새끼 양 한 마리가 홀로 남겨졌다. 제리미를 따라 우유병에 분유 타는 법을 배우고, 사람 손이 타지 않았던 새끼 양을 붙잡고 직접 우유를 먹이는 일을 터득했다. 작은 녀석이 빠르고 힘은 또 얼마나 센지 우리 안에서 붙잡는 일이 생각만큼 쉽지 않았다. 그래도 단단히 끌어안고 우유를 먹이며 서로에게 전달된 체온이 남아, 잠잘 때에도 밥을 먹는 시간에도 일하는 와중에도 생각나고 보고 싶어졌다.

"오늘부터 우리는 새끼 양을 '온화'라고 부를 거에요."

우리는 새끼 양이 따뜻하고 평화롭게 살아가길 바라는 마음에 '온화'라고 부르기로 했다. 제리미는 마음에 든다며 '오나~ 오나~' 소리 내어 불러보고 한글까지도 적어둔다. 처음에는 무관심했던 영글도 머지않아 온화와 사랑에 빠졌다. 마구간에 혼자 남은 온화가 심심해할 것 같다며 한참을 놀 거리를 찾아 돌아다닐 정도다. 한번은 마당에 굴러다니는 축구공을 우리 안에 넣어 준 적이 있는데, 다음 날 확인해보니 그 공은 1㎜도 움직이지 않았다(온화는 영글의 정성에 관심이 없었다). 이 뿐만이 아니다. 저녁 식사를 준비하다가도 당근을 챙기더니 온화에게 가져다준다며 집을 나선다. 급기야 그 좋아하던 양고기도 더 이상은 먹지 않겠다고 선포하는 영글! 한국을 떠나 자연을 가까이하며 알게 되었다. 그는 동심 가득한 아이 같은 미소와 마음을 가진 따뜻한 사람이라는 사실을 말이다.

"온화야, 엄마의 자리를 대신할 수 없겠지만,
우리가 너의 빈자리를 채워줄게."

처음엔 사람만 보면 도망가던 온화가
이제는 강아지마냥 꼬리를 흔들며 다가온다.

신사의 품격, 제리미

흔히들 영국을 '신사의 나라'라고 칭한다. 런던을 여행하며 '왜 이곳이 신사의 나라지?'라고 의문을 가졌었는데, 이렇게 교외 지역에서 영국인 호스트와 함께 생활하다보니 그 이유를 조금은 알 것 같다. 3주간 그들로부터 매순간 빠지지 않고 들었던 단어는 'Gently'와 'Nice' 이 두 가지다.

메리는 오늘도 나와 태국에서 온 우퍼, 아파에게 저녁 테이블 세팅을 부탁하고는 본인의 방으로 들어갔다. 우리는 부엌 한편에 메리가 적어놓은 식단표를 참고해 그럴듯한 세팅을 해냈다. 초를 켜고 식사용과 디저트용 나이프, 스푼을 구분해 놓았다. 음식이 담길 접시를 미리 오븐에 넣어두어 따뜻하게 유지하는 일도, 이젠 제법 익숙해졌다.

"나는 정신없이 부엌에서 식사를 준비하고, 헐레벌떡 앉아 10여 분만에 식사를 끝내는 상황을 좋아하지 않아. 나에겐 식사 전 잠시라도 휴식이 필요해."

그녀의 말에 동감하고 존중하기에 늘 식사시간이면 옆에 서서 메리를 돕는다. 메리는 준비된 음식을 오븐에 넣어두고는 자신의 방에서 20분가량 시간을 보낸 후 한결 편안해진 얼굴로 부엌에 내려왔다. 저녁을 준비한 그녀도, 함께 저녁을 먹는 우리도, 모두가 행복한 시간이다.

오늘 저녁 시간에도 식탁 한쪽에 책이 가득 쌓였다. 식사를 하면서 오전에 관찰했던 새, 한국의 빠른 성장과 인구, 미국의 아미쉬[Amish] 공동체에 관한 이야기를 나눴다. 그럴 때마다 제리미는 자리를 뜨고는 잠시 후 먼지 가득 쌓인 관련 서적을 들고 나타난다. 스마트폰이나 컴퓨터를 이용하지 않고 책을 통해 정보를 확인하는 것도 신선하지만, 주제에 딱딱 맞아 떨어지는 책이 있다는 것도 참으로 신기하다.

제리미는 정말 대단한 할아버지다. 여든 살에 가까운 나이임에도 부지런하고 정정하며, 운전도 전혀 문제 없다. 차문이든 현관문이든 앞서 열어 주며 그때마다 쓰고 있던 모자를 벗어 신사처럼 인사를 건넨다. 농장에서도 그는 항상 배려심이 깊은 사람이었다. 일을 함께 못할 때는 꼭 정확한 시간에 데리러 와주어 혹여 고된 일이라도 불평할 수가 없었다. 심지어 길을 가다 도로변에 쓰레기가 보이면 이내 차를 멈춰 세우고 줍는다. 본인의 땅은 물론 주변까지도 알뜰히 살피고 가꾸는 모습이 존경스럽다. 그는 반려견인 코니와 늘 함께 다녔다. 정겹고 따뜻한 그 모습이 삶에 고스란히 녹아 있음이 느껴진다. 함께하면 할수록 더 도움이 되고 싶은 마음이 드는 그런 호스트다.

"이곳에는 맥주 양조장을 만들고 싶고, 여기에는 빵집을 운영하면 좋을 것 같아."

제리미는 그 나이에도 늘 자신의 꿈에 관해 이야기했다. 뜻이 좋은 사람만 있으면 얼마든지 땅을 빌려주고, 활용할 수 있게 하고 싶단다. 이미 땅 한편은 꾸러미사업을 위한 텃밭으로 내주었고, 또 다른 땅에는 좋은 음식을 제공하는 펍[Pub] 연합인 'Peach Pub'에 사무실을 임대해주기도 했다. 우리에게 재주만 있다면 이곳에 그냥 눌러앉고 싶다. 땅은 넓지만 정작 뜻을 가진 마땅한 사람을 구할 수 없다는 이야기에 안타까움만 더 커진다.

"영글, 나중에 당신도 제리미처럼 멋지게 나이들 거지?"

행복한 식사시간

주말이면 제리미가 아끼는 말 웨인과 함께 시간을 보낸다.
웨인에 올라탄 제리미가 폴로 경기 장면을 연출한다.

오직 지역 사람들을 위한 텃밭

메리에게 옮았던 감기는 좀처럼 나을 기미가 없다. 저녁 먹을 때부터 기침, 콧물, 가래가 세트로 나와 죽을 맛이다. 옆방의 메리도 좀처럼 감기가 안 떨어지는지 기침 소리가 밤새 끊이질 않았다.

농장에서는 주로 농장 관리를 돕는 일을 했다. 매일 같은 작업을 하면 지루할 수 있으니 일주일에 한 번 다른 소규모 비즈니스를 경험하게 해준다고 한다. 우리 역시 잡초인 씨슬(엉겅퀴)을 제거하는 데 신물이 난 상태였다.

오늘은 메리가 운영하는 'Vegetable box' 배달에 따라가기로 했다. 배송을 도맡고 있는 메리나, 돕겠다고 따라나선 나나 몸 상태가 썩 좋지 않다.

1997년에 시작했으니 벌써 20년째에 접어든 North Aston Organics의 Vegetable box. 매주 직접 농사지은 농산물을 회원들에게 배달해주는 프로그램이다. 우리나라에도 이와 유사한 '로컬푸드 꾸러미'가 곳곳에서 이루어지고 있다.

메리는 배달과 회원관리를 담당하고, 마크라는 친구가 농장 운영을 총괄한다. 마크 부부는 농사지을 곳을 찾다가 운 좋게 유기농에 대한 철학이 깊은 제레미를 만났고, 땅과 집을 빌려 농사를 시작할 수 있었다고 한다. 신기했던 점은 6~7명씩이나 되는 봉사자들이 주기적으로 찾아와 농사일을 돕고 Vegetable box의 운영을 배우고 있었다. 게다가 '교육농장'으로 선정돼서, 1~2명 정도의 인턴까지 받을 수 있단다. 우리나라 농장들도 이처럼 도움을 주는 일손이 많다면 정말 수월할 텐데….

텃밭에서는 각종 샐러드용 채소들과 감자, 딸기가 자란다.

수확한 농산물들을 상자에 나누어 담는다.
요구사항들이 많아 헷갈리기에 심상이다.

한국의 로컬푸드 꾸러미는 거리에 관계없이 집집마다 택배로 배달되는 게 일반적인데, 여기서는 옥스퍼드를 비롯한 가까운 지역으로만 한정해 직접 배달을 해준다. 회원은 300명 정도로, 픽업 포인트를 몇 군데 정해서 배달하면 회원이 찾아가는 방식이다. 특히, 옥스퍼드에는 자전거 배달업체가 있어서 그들이 집집마다 가져다준다. 한 군데에 5~6개씩 배달을 해주어서인지 산처럼 쌓였던 박스들이 금세 사라진다.

메리와 함께 하루를 보내며 그녀가 남편과 3년 전 쯤 사별했다는 사실을 알게 되었다. 그 후로 제리미 집에서 함께 살게 된 것이다. 우리나라 같으면 여러 사람의 입방아에 오를 얘기지만, 나로서는 나이 들어 혼자 된 처지의 사람끼리 함께 의지하며 사는 모습이 자연스럽고 보기 좋았다.

모래에서 바늘 찾기

오늘도 씨슬 제거에 열을 올린다. 작업할 곳이 지금까지 했던 곳 중 가장 넓은 구획이다. 물론 이 넓이만큼의 땅이 몇 군데 더 있다는 것도 잘 알고 있다. 제레미는 늘 드넓은 땅 한가운데에 우리를 내려줬다. 허리춤 높이까지 웃자란 풀밭에서 씨슬을 뽑아내는 일도 이젠 전문가가 되었다. 1분에 2~3개씩, 그 억센 풀을 많은 날은 하루에 몇백 개씩 뽑아낸 것 같다. 험난하기만 한 유기농의 길, 아마 호스트도 우퍼가 없다면 일손이 부족해 절대 관리 못할 일이다.

제리미와 우퍼인 조지, 아파와 함께 다른 밭으로 이동하던 중, 혼자 떠돌아다니는 양한 마리를 발견했다. 양은 모여 있는 습성이 강해 흔치 않은 일인데, 베테랑 제리미도 어리둥절한 눈치다. 길 잃은 양을 다시 양 떼가 있는 옆 목장으로 보내기 위해 다섯 사람이 뛰어다녔다. 하지만 몰고자 하는 방향과는 자꾸 반대로 가는 녀석.

"우정~ 그쪽 문을 닫아줘!"

제리미가 반대편에 있는 문을 닫아달라고 급히 소리친다. 아파와 함께 빠른 걸음으로 문을 향해 달려가는 사이 눈치 빠른 양이 벌써 문 쪽으로 달리기 시작한다. 우정과 아파도 덩달아 양이 뛰는 방향으로 돌진했지만, 결국은 길 잃은 양의 승리! 눈앞에서 펼쳐지는 인간과 양의 달리기 시합은 잘 만들어진 코미디영화 같았다.

다섯 명이 한참을 뛰어다녔지만 양 한 마리 제대로 몰지 못하고 힘을 뺐다. 결국은 제리미가 혼자 해결하기로 하고, 남은 사람은 흩어져 씨슬 제거 작업을 했다.

시간이 지나 제리미와 만나기로 한 장소로 갔는데, 아파가 안 보인다. 이름을 외치며 찾아봤지만 메아리만 돌아올 뿐이었다. 키도 작은 아파를 이 넓디넓은 농장에서 찾아내기란 모래사장에서 바늘 찾기나 마찬가지였다.

차를 타고 제리미와 함께 농장을 두세 바퀴 둘러보았는데도 없다. 갈만한 곳이나 집으로 가는 길목을 두 시간 넘게 살폈지만 흔적조차 없는 아파. 유일한 연락수단인 핸드폰마저 집에 두고 나온 모양이다. 혹여 방목된 성난 소에 치여 어디 쓰러진 것은 아닌지 슬슬 걱정이 들면서, 농장 바닥까지 샅샅이 뒤졌다.

그렇게 한참을 찾고 있는데, 집에서 연락이 왔다. 아파가 길을 잃고 헤매다 집까지 걸어 왔단다. 돌아와 보니 아파는 완전 녹초가 돼 뻗어 있었다. 땡볕에 물도 없이 어마어마한 농장 길을 몇 시간이나 헤맸으니…. 자칫하면 우프하다 국제 미아 신세가 될 뻔했다.

다음 날, 오랜만에 새로운 일거리가 생겼다. 수의사가 검진하러 오기로 되어 있어 모든 소를 축사에 몰아넣어야 한단다. 여기저기 흩어져 있는 소를 이동시키는 대규모 작업이다. '이 많은 소 떼들을 이동시키는 일이 가능해?' 어떻게 할지 짐작조차 되지 않았다.

"컴~ 온~" 제리미 아들 제임스가 휘파람을 부르고는 소들을 향해 외쳤다. 저 멀리 있던 소 떼가 그 소리에 이내 일사불란하게 움직인다. 우리는 소가 제대로 방향을 잡을 수 있도록 끈으로 통로를 만들어 이끌어주기만 하면 된다. 암소들을 모으는 건 비교적 간단했지만, 말 안 듣는 고집 센 불소 세 마리가 문제였다. 문 쪽으로 아무리 몰려고 해도 계속 반대 방향으로만 뻗대니 말이다. 성질이 고약한 놈들이라 가까이 접근할 수도 없어 한참을 애먹었다.

밀집사육과 방목(게다가 유기농)은 정말이지 하늘과 땅 차이다. 공장식 사육이었다면 이 소들은 모조리 축사에서만 생활했을 것이다. 제리미 농장도 처음엔 지나치게 커보였으나, 이 넓은 땅의 풀도 순식간에 다 뜯어먹는 소를 보니 방목해서 키우려면 작은 땅으론 어림도 없겠다.

넓은 들판에서 소를 축사로 이동시키는 작업은 보통 힘든 일이 아니다.

농장 사정을 몰랐을 때는 광활한 들판에 소를 풀어놓기만 하면 끝인 줄 알았다. 그러나 들판은 아주 많은 일손을 필요로 했다. 풀들이 충분히 자란 땅으로 소를 이동시켜야 하고, 원하는 풀이 자랄 수 있도록 계속해서 관리해야 한다. 잡초는 끝없이 올라오고, 땅이 지나치게 건조하거나 습해져도 안 된다. 그래서 제리미는 메마른 땅에 대한 컨설팅을 받기도 했다. 특히 비가 많이 오는 영국에서는 물이 흐르는 길과 하천이 넘치는 곳들의 관리를 잘 해줘야 한다. 더욱이 겨울에 먹을 건초도 따로 수확해 놓아야 한다.

오늘처럼 검진이라도 하게 되면 소들을 이동시키는 데에만 하루가 걸리니, 농부들이 소를 좁은 축사에 몰아넣고 사육하려는 것도 일면 이해가 된다. 제리미처럼 뿌리 깊은 철학과 고집이 있는 사람이 아니고서는 이런 방식으로 농장을 운영하는 것은 불가능에 가깝다. 그의 꿈처럼 이 농장에 뜻을 같이 하는 사람이 많이 모여들어, 몇십 년이 지나면 멋진 유기농 공동체가 되어 있기를 바라본다.

조쉬의 조그마한 목장에서

우리는 언제쯤 목장에 갈 수 있을까? 지난주에는 조지가 메리 아들인 조쉬의 젖소 목장에서 일했고, 오늘은 우리가 그곳 일을 돕기로 했다. 우유를 배달하는 금요일은 일이 많아 우퍼들을 조쉬네로 보낸다. 아침 일찍 서둘러 농장으로 달려갔는데, 우리를 기다리고 있는 건 귀여운 송아지 몇 마리뿐이다. 잠시 후 조쉬가 헐레벌떡 달려왔다. 잠이 덜 깬, 매우 피곤한 모습이다.

"어제 런던에 파티하러 갔다가 새벽 3시에 돌아왔어."

심지어 같이 농장을 운영하는 그레이엄도 함께 놀러 갔는데, 그는 아직 나타나지도 않았다. 이미 준비를 마쳤어야 할 일을 시작도 못했으니, 조쉬는 머리를 쥐어뜯고 있다. 한국에서도 목장에서 일하는 사람들은 초상이 나도 제시간에 젖을 짜러 가야 한다고 들었다. 조쉬가 걱정되긴 했지만, 오히려 인간적인 모습이라 좋다. '조쉬~ 그래서 우리가 왔잖아!'

조쉬의 목장은 특별하다. 소가 열두 마리밖에 되지 않는 초소규모 목장Microdairy이다. 영국 전체를 통틀어도 이런 소규모 목장은 40여 개에 불과했다. 열두 마리의 소에게서 하루 250리터 정도 젖을 짜서 매주 화요일과 금요일 주변 지역으로 직접 배달한다. 약 250명의 정기 소비자가 있고, 주말마다 열리는 농민 장터에도 50여 명 넘게 가져간단다. 소가 수십 마리씩 있는 커다란 축사들만 보아온 터라, 이렇게도 할 수 있다는 사실이 매우 흥미로웠다. 나이가 나보다 어려 보이는데, 조쉬가 일을 시작한 지도 벌써 10년이나 되었다고.

통상 어미 소는 송아지를 낳자마자 이별한다. 그 송아지도 모유 생산을 위해 강제 임신한 것이겠지만, 송아지가 먹어야 할 우유는 인간이 먹고 대신 송아지는 분유를 먹는 게 한국에서는 일반적이다. 그러나 여기는 동물 복지가 중요시되는 영국이다. 유기농 농장에, 직거래를 표방하는 곳답게 조쉬는 파스퇴르(저온살균) 처리 전 옆에서 기다리는 송아지들에게 먼저 짠 젖을 갖다 주라고 부탁한다.

우유를 72℃에서 30초간 파스퇴르 과정을 거친 후 원심분리기를 통해, Whole milk(일반 우유), Semi-skimmed milk(저지방 우유), Cream(크림)으로 분류해 판매한다. 아울러 요거트와 아이스크림도 직접 만들어서 내놓는다. 이 모든 것이 네 평 남짓한 자그마한 공간에

145

너넨 그래도 행복한 송아지들이야!

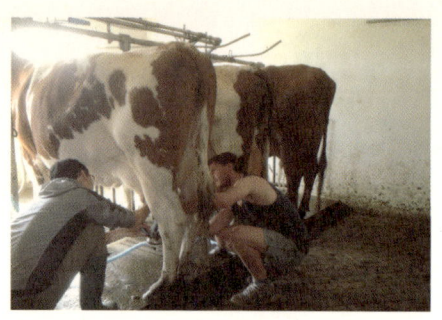

한국에서 안 해본 젖 짜기 체험을 여기서 해 본다.

손바닥만한 공간에서 저온살균,
우유의 분리와 포장이 모두 이루어진다.

끈적끈적한 두유 같은 노란 진짜 생크림이 원심분리기에
서 추출되어 나온다. 정말 고소하다. 우린 아침마다
홍차에 이 크림을 타서 마셨다.

서 이루어진다. 소규모 운영에 최적화된 작은 설비들, 우리나라에도 이렇게 하는 곳이 있
으면 나도 매일 우유를 사먹을 것 같다.

　우리는 조쉬가 빠르게 채워 주는 우유통에 뚜껑을 닫고, 라벨을 붙이는 일을 도왔다.
아침에 늦어 일부러 기계 속도를 높인 건지, 기계에서 우유가 나오는 속도에 맞춰 작업하
는 게 버거워 정신을 차릴 수가 없다.

유기농 방목에 동물복지를 고려해 생산한 우유임에도 가격이 그다지 비싸지 않다. 1 리터에 1.15파운드. 우리나라 일반 우윳값보다도 싸고, 영국의 시중 마트에서 판매하는 일반 우유에 비해서도 크게 비싸지 않다. 값을 낮추는 척도는 단지 규모화뿐이라는 주장을 보기 좋게 반박한다.

조쉬는 우리 덕분에 무사히 우유를 생산해낼 수 있었다며 아이스크림을 여러 개 주었다. 우유도 최고였지만 아이스크림은 꿈에서도 생각날 대박 맛이다. 이탈리아에서 먹은 그 어떤 젤라토Gelato보다도 훨씬 맛있었다. 아이스크림의 맛은 우유에 달려 있나 보다.

"이 정도 규모로 해도 먹고살 만해?"

"응. 많이 벌지는 못하지만, 적당히 살 정도는 돼(웃음)."

여느 농민들처럼 바쁘지만, 어디에 휘둘리지 않고 스스로 일을 조절해나가는 여유가 느껴진다. 처음부터 끝까지 자신이 감당할 수 있는 범위 내에서, 자기가 알 수 있을 정도의 소수의 사람에게만 파는 것. 그렇게 하면 자연스레 정직해지고 본인 역시 행복해지지 않을까? '작은 것이 아름다움'을 다시 한 번 느낀다.

장터에 나와 우유를 판매하고 있는 조쉬와 여자친구

진정한 환경농업이란?

"여기 있는 풀은 겨울에 먹일 건초로 사용할 거야. 근데 노란 꽃에는 독이 있어서 소가 먹으면 안 돼."

오후에 새롭게 시작한 미션은 꽃을 뽑는 작업이다. 오랫동안 방치된 초지에서 노란 꽃을 숨은그림찾기 하듯 선별해야 한다. 독성이 있는 꽃이라 꼼꼼히 뒤져야 한다는데, 정말 씨슬보다 더했지 더했지 절대 간단한 일이 아니다.

꽃을 찾아내는 것도 문제지만, 더 심각한 것은 사정없이 날아들어 우리 피를 빨아먹는 '말파리'였다. 커다란 녀석들이 윙윙대면서 주변을 맴돌다 쏘아대니 고역 중의 고역이다. 다행히도(?) 땀 냄새가 많이 나는 조지한테 녀석들이 몰렸다. 안 그래도 감기로 콧물 범벅인 조지는 초주검 상태다. 안쓰러운 마음에 수시로 조지 주변의 말파리를 쫓아줬지만, 벌써 이곳저곳을 쏘여 곳곳에 피가 묻어 있다.

"여기는 비가 오면 물이 고였다가 말랐다 하는 곳이라 다른 땅과 자라는 식물군이 달라. 야생 새들에겐 좋은 서식지가 되지. 그래서 소에게 풀을 먹이지 않고 자연 상태로 그대로 놓아두는 거야."

"여기 하얀 꽃이 있는데 이것도 뽑을까요?"

"그것도 독이 있기는 한데, 희귀종이라 뽑을 순 없지."

건초를 만들 수풀 사이에 독초가 있는데 뽑지 말라니. 그렇다면 나중에 이 풀만 빼고 베어낸다는 이야기인가? 늘 '효율'을 먼저 생각해 온 우리와는 달라도 너무 달랐다.

제리미 역시 생산성에 관한 고민이 많겠지만, 그전에 환경 보호의 책임을 다하는 모습이 정말 남다르다. 자연을 위해 농사지을 수 있는 땅을 놀리는 것도 모자라, 심지어 커다란 부지에 야생 새들을 위한 곡식도 재배한다. 어느 정도 재산도 있고, 정부의 지원도 있다지만 지금까지 생각해왔던 '환경농업'과는 차원이 달랐다. 왕립조류보호협회^{RSPB}, 내셔널트러스트^{National trust}, 토양협회^{Soil association} 등 여러 환경단체에 대한 후원도 아끼지 않는단다. 인터넷 댓글로만 환경을 걱정하는 우리 세대들과는 너무도 대조적이다. 제리미의 모습을 보며 스스로 행동하는 시민에 대한 정의를 가늠해 본다.

일을 마치고 오니 뒷마당에 노스아스톤 **North Aston** 식구가 다 모여 있다. 내일이면 3주간의 우핑을 마치고 떠나는 우리를 위해 메리가 BBQ 파티를 제안한 것이다.

분홍빛으로 점점 물들고 있는 하늘, 새소리가 어우러져 참으로 아름다운 저녁이다. 어린 양 온화도 내일이면 우리가 갈 것을 아는지, 오늘따라 유난히 목청 높여 울어댄다. 메리는 떠가는 선홍색 구름을 가리키며, 구름도 우리에게 작별인사를 전하는 것 같단다.

"정말 고마웠어요."

힘든 일도 많았지만 3주 동안 정든 사람들과 동물, 멋진 풍경과 헤어지려니 아쉬움이 크다. 아침저녁 들려오는 새들의 지저귐, 푸른 초원과 언덕, 온화의 보드라운 털, 멋쟁이 얼룩말 웨인, 조쉬의 맛있는 아이스크림과 우유, 메리가 만들어준 오렌지 마멀레이드와 티타임까지. 오래도록 잊지 못할 소중한 추억을 만들었다.

매일 저녁 아름다운 석양빛을 만나다 보니,
제리미가 왜 굳이 저기에 말을 풀어놓는지 이해가 됐다.
말을 좋아해서 다른 사람 말을 키워준다고 하는데,
사진에는 잘 안 나오지만 지금 이 광경은 정말 한 폭의 그림이다.
노을이 지는 가운데 예쁜 새들의 지저귐 소리와 함께
이 평화로운 풍경을 보고 있는 건 알프스의 멋진 경관 속에
있는 것보다도 몇 배는 아름다웠다.

아름다운 하늘 아래에서
바비큐 파티를 하며 마지막 밤을 보낸다.

WWOOFer's Diary. 01

특별한 결혼기념일 feat. 첼시 플라워쇼

스무 살. 용기와 패기만 가지고 졸업시즌 꽃 장사를 했다가 본전도 못 찾은 적이 있다.
그래도 꽃은 여전히 나를 기분 좋게 한다. 이후에도 틈만 나면 양재동꽃시장이나
고속버스터미널 꽃시장에 영글을 이끌고 들렀었다. 고맙게도 영글은 그런 나를 위해 구하기
힘들다는 런던 '첼시 플라워쇼Chelsea Flower Show' 표를 몇 달 전에 몰래 구매했다. 그것도
우리의 결혼 1주년을 기념하며 하루를 보낼 생각에 아침부터 설렌다. 한국에서 챙겨온
청치마를 몇 개월 만에 처음으로 꺼내 입고, 입술에 핑크빛 립글로스도 발라줬다.

"우정, 웬일이야? 1주년 기념 화장이야?"
입술에 뭘 바르는 걸 처음 봤다는 듯 눈이 휘둥그레진 영글. 참나, 립글로스 바른 걸 보고
화장이라니. 생각해보니 정말 결혼식 이후 처음 바르긴 했다.

버스에 내려 많은 인파가 화사한 옷을 차려입고 무리
지어가기에 덩달아 따라 걸었다. 역시나 모두들
플라워쇼 장소로 향하는 길이었다. 입구에 발을
내딛자마자 벌어진 입이 다물어지지 않았다. 수없이
영국식 정원의 아름다움에 대해 들어봤고, 영국에
직접 와서 많은 정원을 보면서도 막상 '영국식
정원의 정의'에 대해선 모르고 있었다. 드디어 그
실체를 확인하는 순간, 입에서 '아름답다'는 소리가

Chelsea Flower Show 영국왕립원예학회가 주관하는 정원 및 원예박람회. 새로 개발한 꽃, 여러 스타일의 정원, 가드닝 제
품 등을 한 자리에서 볼 수 있으며, 정원 예술가들의 꿈의 무대로 통한다.

매년 5월 열리는 첼시 플라워쇼는 정원에 관한 최신 트렌드를 엿볼 수 있는 영국 최대의 꽃 박람회다.
런던 사람들 사이에서는 '영국의 봄은 첼시 플라워쇼와 함께 시작된다'는 말이 있을 정도로 그 인기가 대단하다.
표는 진작 온라인에서 완판되므로 현장에서는 살 수조차 없다.

연신 끊이질 않았다. 특히 일본식 정원을 보니 그 차이가 확연히 드러났다. 동양과 서양
정원의 꽃, 색감, 디자인은 모두 달랐다.
다양한 기업과 업체들이 후원에 나섰고, 식물 판매 전시장과 재즈 공연이 열리는 야외무대,
샴페인과 영국식 서머 칵테일 핌스Pimms를 판매하는 곳 등으로 가득했다.
정원 작품 외에도 홍보 부스, 가드닝에 관련된 부스들을 둘러보면서 영국의 정원 시장
규모가 얼마나 어마어마한지 새삼 깨달았다.
돌아오는 길, 결혼 1주년을 기념하여 서로의 마음이 담긴 카드를 교환하고 선물로 일기장
한 권씩을 나눠 가졌다.

WWOOFer's Diary. 02

가장 완벽한 휴식처, 커뮤니티 가든

오늘은 런던의 '커뮤니티 가든^{Community Garden}'에 빠져볼 생각이다. 이탈리아에서 우핑를
함께했던 레아가 런던에 가면 꼭 가보라고 추천한 곳이 있다. 런던에 2년 정도 머무르며
일한 커뮤니티 가든 네 군데를 알려주었다. 평소 유명한 관광지에는 이상하리만큼 욕심
없던 우리는, 런던에 도착한 바로 다음 날 커뮤니티 가든을 구경하러 길을 나섰다. 커뮤니티
가든은 말 그대로 지역공동체에 의해 운영되는 정원이다.

땅이 돈벌이 수단으로 전락해버린 요즘 세상에, 주민들이 자발적으로 자신의 돈과 시간을
투자해 공공성을 가진 공간을 만들어내고 지켜냈다는 것이 대단하게 느껴진다. 커뮤니티
가든 뿐 아니라 영국의 많은 곳이 이렇게 시민들의 힘으로 지켜지고 관리되고 있다.

①

해크니 시티 팜Hackney City Farm

hackneycityfarm.co.uk

'해크니 시티 팜'은 무려 31년의 역사를 자랑한다. 1972년 설립된 런던의 '켄티시 시티 팜 **Kentish City Farm**'의 성공에 영감을 받은 지역 주민들이 힘을 모아 해크니 의회로부터 100년간 임차를 받아 만들어졌다. 어린이들과 지역 사람들에게 농업을 경험할 기회를 주는 것을 목표로, 수많은 스태프와 자원봉사자들에 의해 운영되고 있다.

30주년을 기념해 전시공간을 따로 마련해 두었는데, 해크니 농장과 그 주변을 그린 지도에 지역에 대한 기억을 함께 담았다는 점에서 이곳 사람들의 애정이 엿보인다.

또한, 농장을 만드는 데 참여했던 사람들의 목소리를 녹음해두어 여기가 그들에게 어떤 의미를 가지는지 생생히 들어볼 수 있었다.

극심한 산업화에 시달렸던 런던 한복판에 숨 쉴 수 있는 공간을 만들었다는 것. 여기에서 도시농업은 단순히 먹을거리를 재배하기 위한 농장의 의미는 분명 아닐 것이다. 한발 나아가 나눔의 장소, 만남의 장소, 돌봄의 장소, 회복의 장소가 되었다.

입구에 자리 잡은 카페에는 유모차를 동반한 젊은 엄마들의 발걸음이 끊이질 않는다. 그 가운데 우리는 든든한 여행을 위해, '농부의 아침 식사**Farmers Breakfast**'라는 메뉴를 선택했다. 당연히 이 카페의 모든 음식은 친환경 및 공정무역을 이용하고, 지역산 재료를 우선적으로 쓰고 있다. 이렇게 정원다운 정원을 동네에 가지고 있다는 건 정말 큰 행복이 아닐 수 없다.

②
달스턴 이스턴 커브 가든Dalston Eastern Curve Garden

dalstongarden.org

레아의 말대로 들어가자마자 정원과 한 몸이 된 카페가 우릴 반긴다. 정원 곳곳에 자리 잡은
엄마들의 모임은 신선해 보였다. 삼삼오오 모여 자녀들을 데리고 백화점, 쇼핑몰,
키즈 카페로만 향하는 한국 엄마들과는 분명 다른 분위기이다. 이제 막 걷기 시작한
아이들이 모래밭에서 뒹굴고 정원을 뛰어다니는 건강하고 자연스러운 모습에 덩달아 우리도
행복해진다. 이렇게 여유롭고 아름다운 카페가 또 있을까? 늘 답답한 공기 속의 어두침침한
카페만 접해본 우리에겐 참으로 예쁘고 즐거운 공간이다.
이곳은 '첼시 프린지Chelsea Fringe Festival'라는 행사에 참가 중이었다. 대안 가든 축제라고
하는데, 런던 곳곳에서 실험적인 정원들을 만나볼 수 있다. 영국의 다른 도시는 물론, 일본을
포함한 세계 각지의 도시들도 참여하고 있다.

156

③
컬페퍼 커뮤니티 가든Culpeper Community Garden
www.culpeper.org.uk

컬페퍼 커뮤니티 가든 입구에 'Culpeper Dry Garden'이라 적힌 안내판이 붙어 있다.
드라이가든Dry Garden이라는 용어가 생소했는데, 기후변화에 적응할 수 있고 가뭄에 잘 견딜
수 있는 식물로 정원을 꾸며 놓았다는 의미였다.
안으로 들어서니 쏟아져 내리는 하얀 꽃과 빨간 장미가 멋지게 어우러진다.

"장미가 웨딩드레스를 입었네."
영글은 탄성을 자아낸다. 다른 어느 곳보다 정원이 아름다운 이곳은 멋진 조경과 공동체의
참여로 여러 차례 정원 관련 상을 받기도 했단다.
각자의 방식대로 자연을 즐기는 사람들. 누군가는 독서하며 한가로이 햇볕을 쬐는 가운데
데이트하는 커플, 손잡고 걷는 나이 지긋한 노부부의 모습도 그저 아름답기만 하다.

6.

in UNITED KINGDOM

Lammas Village

Living in the landscape

새로운 시선을 선물 받다

No Impact girl

내 손으로 만드는 기쁨

사이먼, 네가 궁금해

우리 두 사람이 그리는 그림

WWOOFer's Diary. 영국을 알차게 여행하는 세 가지 방법

우핑 기간 : 6월 21일 ~ 6월 28일, 8일간

"일주일 뒤면 우리도 '반지의 제왕'에 나오는 호빗의 집을 지을 수 있겠지?"

집짓기 워크숍에 참여하기 위해 드디어 영국 웨일스의 클런더웬^{Clunderwen}역에 도착했다. 무척이나 손꼽아 기다렸던 순간이다. 우프를 통한 농장 체험도 좋지만, 생태건축이나 목공, 수공예 등 생활에 도움이 될 만한 기술을 하나쯤 배워가야지 생각했었는데 드디어 기회가 온 것이다.

종종 흙과 나무로 만든 집에서 살고 싶다는 바람을 이야기하면 흘려듣던 영글이 이번 일정을 세웠다. 몇 년 전 우연히 인터넷을 검색하다 '호빗하우스'를 짓는 곳을 발견하곤 북마크를 해둔 게 계기가 되었다. 때마침 이번 여정에 선착순 10명 한정의 워크숍 공지가 올라왔고, 주저할 것도 없이 신청 메일을 보냈다. 그런데 호스트인 자스민은 매우 걱정스러운 답장을 보내왔다.

정말 멀리서 오는 것 같은데, 그럴만한 가치가 있다고 생각된다면 물론 환영한다.
단, 캠핑장은 매우 기본적인^{Basic} 수준이고, 음식도 간단하다. 그리고 영국 문화가 한국과는 다르다는 것을 이해해야 한다. 깨끗한 샘물이 있고 기본적인 샤워는 가능하지만, 날씨가 변화무쌍해 해도 났다가 금방 비도 오고, 춥고 덥고 그렇다.

우리가 단지 이 워크숍에 참가하기 위해 멀리 한국에서 오는 거로 생각했던 모양이다. 일주일간의 캠핑 생활이 걱정되긴 하지만, 스페인에서 'Basic'이라는 단어의 의미를 호되게 경험했던지라 나름 만반의 준비를 했다. 이탈리아에서부터 들고 온 단돈 24유로짜리

호기심을 자극한 호빗하우스(www.simondale.net)

우리의 커뮤니티 공간

텐트를 얹어 머리끝까지 꽉 차오른 배낭 양 옆에, 은빛 캠핑 매트까지 말아 끼워놓으니 뒤에서 보면 사람은 안 보이고 마치 로봇이 걷는 것 같았다.

자스민과 사이먼 부부가 사는 곳은 '라마스빌리지 Lammas village'라는 친환경마을이다. 픽업 나온 차를 타고 강원도 산골처럼 좁고 구불구불한 길을 따라 30분 넘게 달려 목적지에 도착했다. 반지의 제왕에 나오는 호빗들의 마을 '샤이어'와 같은 풍경이 펼쳐질 거라 기대했건만, 순간 살짝 당황했다. 마을은커녕 집 한 채도 보이지 않고, 군데군데 캐러밴 Caravan(이동식 주택) 몇 개만이 덩그러니 놓여 있을 뿐이었다. 알고 보니 이 마을에는 고작 9가구만 들어와 있고, 땅이 넓어 그마저도 흩어져 있다고 한다.

우리가 텐트 치고 일주일을 보낼 이곳은 정말로 Basic 중의 Basic이다. 경사진 땅이 많아 텐트를 칠만한 평지도 마땅치 않고, 작은 임시 건물에서 모두가 함께 먹고 씻고 쉬고 해야 할 판이다. 수도꼭지를 보니 한쪽은 지하수 다른 쪽은 모아둔 빗물이 나오는데, 지하수는 요리할 때만 사용하는 것이 규칙이다. 하여간 지하수건 빗물이건 잘 나오지도 않는다는 것이 함정.

샤워는 빗물을 받아서 끓이거나 팩에 넣어 한참을 햇빛에 데워서 써야 한다. 당연히 화장실도 재래식이다. 더 심각한 것은 음식이다. 식사는 봉사자끼리 직접 해먹어야 하지만 간단한 식재료는 제공된다고 들었는데, 식자재 서랍을 열어보니 다 썩어가는 양파와 비트, 감자 한두 개가 끝이다. 그 흔한 달걀도 없다. 지금 상태라면 고작 포리지 Porridge(오트밀 죽)와 쌀, 카레 가루로 연명해야 한다. 아니, 여기서 어떻게 일주일을 지내라고!!

우리를 놀라게 한 것은, 그럼에도 불구하고 이곳에 꽤 많은 봉사자들이 와 있다는 점이다. 각자 텐트 혹은 캐러밴을 가지고 와서 집 짓는 것을 배우며 돕고 있다. 짧게는 몇 주일, 길게는 2~3년도 머문다고 한다. 이 열악한 환경에서 어찌 그리 오래 버틸 수 있는지 정말 이해가 되지 않았다. 도대체 얼마나 대단한 마을이기에 사람들이 모여드는 걸까. 뭣도 모르고 온 우리가 앞으로 풀어야 할 과제다.

첫날밤부터 비가 내리고 춥다. 좁디좁은 텐트 안에 둘이 꼭 붙어 누워 '타닥타닥' 텐트 천장을 두드리는 빗소리를 듣는 것도 제법 낭만적이다. 새벽 즈음에는 한겨울 날씨마냥 으스스한 기운이 살을 파고든다. 잠결에도 배낭 안에서 주섬주섬 겉옷을 꺼내 덮었다. 지독한 영국 감기에 또 걸리면 큰일인데….

집 둘레에 유리온실을 만들어 정원, 빨래건조,
야외목욕탕 등 다양한 용도로 사용한다.

새로 짓는 중인 집의 그림.
아이들이 자신의 방을 직접 디자인하였다.

새로운 시선을 선물 받다

날이 밝자 워크숍에 참여하는 봉사자들이 하나둘씩 도착해 텐트를 치기 시작했다. 휴가를 이곳에서 보내기 위해 런던에서 왔다는 그레이엄, 웨일스에서 산다는 샘과 알렉스 커플, 독일에서 온 피터, 폴란드에서 온 크리스, 벨기에에서 온 셸린, 아일랜드에서 캠퍼밴을 타고 온 에리타네 가족, 그리고 우리를 놀라게 한 또 다른 한국인 정미 언니. 각국에서 직업도 연령대도 다른 사람들이 이렇게 모였다. 워크숍 봉사자가 전원 모이자 자스민이 집과 마을을 안내하며 라마스빌리지에 대한 설명을 이어갔다.

"나와 사이먼은 둘째를 임신했을 때인 2009년 이 마을에 들어왔어요. 2003년에 지은 첫 번째 집도 첫째가 태어나고 지은 집이에요. 지금은 아이들이 커서도 살 수 있는 세 번째 집을 짓고 있어요."

자스민과 사이먼의 나이는 아직 30대 후반에 불과하다. 이런 집을 지을 수 있다는 예술성은 물론이거니와, 일찍부터 남다른 길을 선택한 용기와 의지가 대단하게 느껴진다. 아이가 태어나고 자람에 따라 집을 새로 짓는다니, 재미있는 삶이다. 그런 부모 밑에서 성장하는 아이들은 얼마나 행복할까. 우리도 언젠간 그런 삶을 이룰 수 있기를 희망해본다.

이제 일주일 동안 워크숍에 참여하면서 그들의 세 번째 집을 짓는 일을 돕고자 한다.

비주얼 임팩트를 고려한 자스민의 집.
경사면을 이용한 반지하 공간으로, 정말 멀리서는 집이 있는지 알 수가 없다. 군용 벙커라고 해도 믿겠다.

이 마을이 특별한 것은, 영국에서 최초로 '계획허가Planning permission'를 받아 새롭게 조성된 에코빌리지라는 점이다. 땅을 기반으로 환경에 최대한 영향을 미치지 않고Low-impact 살아가는 대안적 모델로, 이 분야의 시초가 되었다. 집은 주변에서 구할 수 있는 자연재료로 지어지고, 재생 가능한 에너지를 사용한다. 자스민 부부의 집 역시 뒷산에서 벤 나무와 주변의 흙을 활용하고, 창문은 유리공장에서 남은 자투리를 얻어와 만들었다.

마을 중앙에 있는 커뮤니티 허브 말고는 공용 공간은 없다. 공동으로 어떤 사업이나 프로젝트를 하지 않고 각자가 생업을 가지고 있다. 지금까지 공동체라 하면 뭔가를 같이 해야 한다고 여겼었는데, 정말 틀에 박힌 고정관념이었다.

물론 이렇게 되기까지 정말 힘든 과정이 많았다. 표준을 따르지 않는 형태의 건축물을 짓다보니, 마을 운영에 대한 보다 현실적이고 구체적인 계획이 행정적으로 필요했다. 게다가 '시각영향Visual impact'이라는 평가항목이 있어 건축물을 지을 때는 멀리서 안 보이게 지어야 한단다. 나무와 수풀을 울타리로 활용해 집을 잘 가려야만 하는 것이다.

허가를 받았다 해도 끝이 아니다. 계획대로 실행되고 있는지 점검을 나오고, 누구든 민원을 제기했을 때 타당하게 소명하지 못하면 건축물을 허물어야 할 수도 있다. 이 집도 소송을 당해 몇 년 동안 씨름을 했다는데, 비교적 손쉽게 새로운 건물이 들어서고 있는 우리나라와는 전혀 다른 풍경이다.

워크숍은 강의실도, 페이퍼도, 영상자료도 일반적인 것들은 하나도 없다. 모든 걸 듣고 이해하고 말해야 하는데, 역시나 깊은 소통이 쉽지 않다. 게다가 집과 환경, 우리의 비전에 대해 생각해보고 이야기를 발표를 해야 한다니 단단히 과부하에 걸리겠다.

워크숍의 주제는 'Living in the landscape'. 우리말로 번역하자면 '풍경 속에서 살아가기'. 랜드스케이프는 단순히 풍경만을 의미하는 것이 아니라 그 안의 생태계, 구조물, 환경 등의 요소를 모두 포함하는 개념이다. 오전에는 퍼머컬쳐의 원리와 디자인 방법을 배우고, 오후에는 직접 집 짓는 일을 돕는 작업이 반복된다.

첫날은 랜드스케이프를 관찰했다. 자스민은 간단히 네 가지 관찰 방법에 관해 설명하고는 텅 비어 있는 넓은 들판으로 우리를 데려갔다.

마을의 유일한 공용 공간인 커뮤니티 허브

"앞서 알려준 방법으로 40분 동안 여기를 관찰하세요. 먼저 10분은 직관적으로 첫인상이 어떤지, 경계를 걸어보며 어떤 느낌을 받는지 보세요. 그다음은 객관적인 시각에서 사실만을 보세요. 어떤 동식물이 있는지, 토양은 어떤지, 어떤 건물이 있는지를요.

손끝의 바람을 느껴보세요. 그리고는 상상력을 동원하세요. 사람이 살기 전에는 어땠을지, 그 후는 어땠을지, 계절과 시간에 따라서는 어떻게 변할지 생각해보세요.

마지막은 주관적인 관점에서 살펴봅니다. 마음에 드는 장소를 찾으시고, 그곳에서 지속적으로 무언가를 해보세요. 가만히 누워있거나 앉아있거나 굴러 다녀보거나 노래를 부르거나 무엇이든지요. 이 과정은 굉장히 중요해요. 저희도 집을 구상하면서 그곳에 텐트를 치고 몇 달을 지내보았어요. 처음에는 아무 느낌이 없다가도 편안해지는 공간이 있는 반면, 그렇지 않은 곳도 있어요.

아무리 좋은 조건을 가졌더라도 개인적으로 좋은 느낌을 받지 못한다면 그걸 해결하거나 다른 곳을 찾든지 해야겠죠?"

이 황량한 벌판에서 무엇을 찾으라는 걸까.

지금까지 살아오면서 이렇게 어떤 공간을 자세히 관찰해본 적이 있었던가? 더구나 이런 땅에 던져진 경험조차 없는데 여기서 40분 동안 무엇을 해야 할지 난감하다. 나름 천천히 관찰하고 생각하며 시간을 보냈지만, 특별히 보이는 것도 느껴지는 것도 없다. 그저 바람이 많이 불고, 춥고, 이름 모를 풀들이 보인다는 것밖에는. 상상력을 동원해 봐도 얼마 전 보았던 영화 '브레이브하트'의 전쟁 장면만 떠오를 뿐이다.

시간이 지나 흩어져 있던 팀원들이 하나둘씩 모였다. 비가 오면 물이 어떻게 흘러갈지, 사람이 살았던 공간이 있는지, 위치에 따라 식생은 어떻게 다른지 등, 역시나 우리가 생각지 못했던 많은 이야기를 풀어놓는다. 내 머리와 시각의 한계일까? 나름 자연을 가까이하려고 노력하며 살았는데, 분명 어릴 때부터의 자라난 환경과 교육의 차이 때문이라고 위안을 삼아본다.

다시 집으로 돌아와서는 퍼머컬쳐 디자인의 첫 과정을 실습했다. 집을 구상할 때 가장 먼저 무엇을 생각해야 하는지에 대한 내용이다. 랜드스케이프 구성과 집에 기본적으로 필요한 요소들을 마인드 맵Mind map으로 그려보았다. 쉽고 단순한 작업이지만, 생각하느냐 하지 않느냐의 차이는 굉장히 큰 것이다. 지금까지 물과 전기, 가스 등은 당연히 공급되는 것이라 여겼지, 어디에서 비롯되는지 궁금해 해본 적이 없다. 퍼머컬쳐 디자인의 핵심은 '정말 아무것도 주어지지 않은 자연 그대로의 상태에서 어떻게 살아갈지를 생각해 본다'는 것이다.

외부에 의존하지 않고 주변 환경을 이용하여 물과 에너지를 얻는 방법을 찾아보고, 자연스럽게 기반시설이라고 하는 것들이 어떻게 생겨났는지 되짚어보게 된다. 상하수도, 전기, 가스가 끊어져 버린다면 우리 도시는 흡사 아스팔트와 시멘트로 뒤덮인 사막이나 마찬가지일 것이다.

이 마을에서는 지하수를 식수로 삼고 그 외의 용도는 빗물이나 수로를 통해 내려오는 물을 사용한다. 전기는 소형 수력발전기와 태양광 발전으로 얻는다. 그런 마을에 10명의 워크숍 참가자가 더해졌으니, 당연히 물이며 전기가 남아날 리가 없다. 빗물이 동나서 씻을 수도, 설거지도 할 수 없는 상황이 며칠 동안 이어졌다. 엎친 데 덮친 격으로 지하수 펌프가 작동하지 않아 식수도 끊겼다. 결국은 언덕 아래 물가로 내려가서 물을 길어오고, 연못에서 찬물로 몸을 씻어야 했다. 춥고 불편했지만, 자연 속에서 몸을 씻는 상쾌함은 잊을 수 없다.

아날로그 수업은 정말 오랜만이다.
초등학생도 이해할 수 있을 만큼 정말
쉽고 재미있게 강의를 진행하는 자스민.
기초적인 원리만 알려주고 페이지를
채우는 것은 우리의 몫이다.

마을 사람들은 전기 쓸 일이 거의 없으니까 오히려 불편함이 없단다. 드릴이나 집짓기에 필요한 장비를 사용할 때만 전기가 필요할 뿐이고, 집 안에 전자제품이라고는 고작 휴대전화가 전부다. 가장 기본적인 냉장고도 없다는 사실은 충격이다. 아침을 시리얼로 간단히 때우기 위해 우유를 사 왔건만, 무용지물이다. 때마침 봉사자 맥스가 천연냉장고가 있다며 우리를 우거진 나무 아래 구덩이로 안내했다. 놀랍게도 그 안에는 아이스박스가 들어 있었다. 나름 성능이 괜찮다. 덕분에 우유를 묻어놓고는 며칠을 먹었다.

No Impact girl

"안녕하세요!"

저 멀리서 난데없이 한국말이 들린다. 캠핑장에 도착했을 때 우리를 맞이해 준 이는 뜻밖에도 한국 사람이었다. 여기에 온 한국인은 당연히 우리가 처음이리라 생각했는데, 이런 곳을 찾아온 특이한 사람(?)이 또 있을 줄이야. 영글과 동갑인 언니인데, 단단한 체구에 까무잡잡한 피부가 딱 봐도 야무져 보였다. 물론 놀라기는 그 언니도 마찬가지였다.

"작년 10월부터 '돈 없이 살아보기'라는 프로젝트를 하고 있어. 그래서 우프나 이런 생태공동체 같은 곳을 찾아다니면서 지내는 중이야. 여기서는 워크숍 참가비를 안 내는 대신에 한 달 동안 일을 돕기로 했어."

166

프로젝트를 시작하고서는 8개월 동안 우프를 통해 노동력을 제공하고 숙식을 해결해 왔다고. 돈 없이도 어디까지 배움과 지혜를 얻을 수 있을지 스스로 실험 중이고, 그래서 라마스도 갔다 왔단다. 전기 없이 산다는 사람은 들어봤어도 돈 없이 산다는 건 상상해 보지 못했다. 물론 무전여행을 하는 사람도 있지만, 여기는 물가가 비싸기로 차원이 다른 영국이다. 게다가 1년 동안이라니. 호기심이 발동한 우리는 꼬치꼬치 궁금한 것들을 캐묻는다.

"이동은 어떻게 해? 우프를 하지 않을 때는 어떻게 먹고 자고?"

"런던에서는 자전거포에서 일을 하며 거기에 있는 자전거를 조립해서 타고 다녔어. 잠은 카우치서핑이나 자전거 여행자들끼리 서로 재워주는 커뮤니티를 통해 해결하고, 음식은 체인점 같은 곳에서 영업이 끝나면 밖에 버려놓는 것을 먹었지."

"뭐! 버린 음식을? 도둑고양이도 아니고!"

잠은 그렇다 쳐도, 먹는 걸 그렇게 해결한다는 건 충격적이다. 런던에서 빈집점거 운동(스쾃 : Squat)을 하는 사람들을 만나서 함께 지낼 때 배웠다며, 이런 걸 '덤스터다이빙 **Dumpster Diving**', '스킵다이빙 **Skip Diving**'이라고 한단다. 멀쩡한 음식들을 버리는 것에 반대하는 사회운동이기도 하다.

"그런데 한 번 생각해봐. 조명을 받으며 진열대 위에 있던 음식이 영업시간이 다 되면 봉투에 싸여 밖으로 버려져. 단지 음식이 있는 곳이 바뀌는 것뿐이잖아? 못생기고, 흠집이 났다는 이유로 상품 가치가 없다며 버려지는 멀쩡한 식재료들이 얼마나 많은데."

"아니, 그러니까 이 프로젝트를 왜 하는 건데?"

"한국에서 영국 워킹홀리데이 비자를 받아 왔어. 나이 서른에 마지막 열차에 올라 탄 거지. 런던에 살면서 생활비를 벌기 위해 일자리를 알아봤는데, 영어가 잘 안되니까 쉽지가 않았어. 다행히 한국문화원에서 일할 수 있게 돼서 몇 달 동안 다녔지만, 한국인들이랑 일하다 보니 내가 한국에 있는 건지, 런던에 있는 건지 모르겠더라고. 폐쇄적인 분위기 그리고 계속되는 야근에 이건 아니다 싶어서 나오게 됐지. 근데 알다시피 영국 물가가 살인적이잖아? 이대로 한국에 돌아가기는 창피하고 먹고 살려면 돈을 벌어야 하는데,

Dumpster Diving 대형마트나 상점 등에서 상품의 유효기간이 지나 버려졌으나 이용 가능한 식료품을 챙겨와 활용하는 활동

벌어봤자 전부 집세며 생활비로 다 나가버리고. 정말 그렇게 지내려고 온 게 아닌데 말이야. 그래서 과감히 돈을 포기하고 살아보기로 한 거야."

옳다. 또 옳다. 나 역시도 정신을 조금이라도 놓고 살게 되면 주객이 전도되는 일을 수도 없이 겪어 봤으니.

"액션캠 '고프로'로 프로젝트를 녹화하고 있어. 한국에 돌아가면 정리해서 다큐멘터리를 만들려고."

"우와! 이거 다 정리하고 편집하려면 엄청 걸리겠는데?"

매일같이 가슴에 카메라를 달고 다니며 녹화를 하는 언니의 외장 하드에는 엄청난 용량의 영상들이 담겨 있었다. 빈집을 점거해서 지내던 영상, 스킵다이빙을 하는 영상, 런던 운하에 있는 배에서 생활하던 영상, 다른 생태공동체에서 지내던 영상을 우리에게 보여준다. 말로 들었을 때는 그런가 보다 했는데, 유리창이 깨지고 다 부서진 가구가 있는 집에서 생활하는 모습을 보니 정말 보통 사람이 할 수 있는 일이 아니다. 도대체 어디서 그런 용기가 나왔을까.

"돈이 없이 지내다보면 저절로 친환경적으로 살게 돼."

치약이나 샴푸 대신 다른 공동체에서 얻어온 베이킹소다를 쓰고, 태양광 충전기를 가지고 다니면서 핸드폰과 노트북 등 전자기기들을 사용한다. 이전에는 전혀 환경에 관심이 없었는데 이 프로젝트를 하면서 많은 것을 느끼고 있단다.

정미 언니는 돈 없이 공주처럼 산다고 자신을 '거지공주'라고 칭하고 있다. 다른 봉사자들한테도 이름 대신에 '공주님'이라 부르게 했다. 뭔지도 모르고 다들 '공주님~ 공주님~' 부르는데, 들을 때마다 웃음이 난다.

오늘 하루도 타인의 경험을 통해 많은 것을 배운다.

우리에게 많은 영감을 준 거지공주 박정미.
그녀는 지금도 여행 중이다.

내 손으로 만드는 기쁨

매일 오전, 자스민이 진행하는 퍼머컬쳐 워크숍이 끝나면 함께 모여 점심을 먹고 사이먼과 집 짓는 작업에 들어간다. 사이먼이 앞장서 우리를 숲 속으로 이끈다. 빽빽이 우거진 나무들 사이로 따뜻한 햇볕이 기분 좋게 스며든다.

오늘 작업은 며칠 전 벤 나무들을 옮기는 일이다. 두 사람이 맞잡고 안으려 해도 손이 닿지 않는 굵고 키 큰 나무들이 숲 속에 놓여 있다. 이런 걸 어떻게 옮기나 했더니 길쭉한 나무로 레일을 만들어 밀어서 굴리거나, 벨트 같은 끈을 나무 기둥에 둘러 여섯 사람이 힘을 모아서 들어 올렸다. 여기 사람들은 문제가 생길 때마다 어떻게 할지 궁리해서 바로 실행에 옮기는데, 정말 나는 일머리가 안 좋은 모양이다. 우프를 할 때도 간혹 바보가 된 느낌을 받곤 했지만 여기 와서 점점 더 작아지는 내 모습을 발견한다.

사이먼의 집은 일반적인 직선이나 사각형 형태의 아파트나 빌라가 아닌 곡선과 타원형으로 구성된 집이다. 숲에서 커다란 나무를 가져오고 돌을 모양에 맞춰 하나하나 쌓은 걸 보니 보통 작업이 아니었음을 단번에 알 수 있었다. 나무나 돌은 깎고 다듬어진 게 아니라 자연 그대로의 모양을 살려서 맞춰진 것이다.

"저걸로는 의자를 만들어야겠군."
"저건 지붕을 만드는 데 쓸 거야."

오후에는 사이먼과 함께 집 짓는 작업에 돌입한다. 돌로 벽을 쌓는 일이 이렇게 어려울 줄이야.
처음이라 서툴지만 노력한 결과를 바로 볼 수 있다는 점에서 그 어떤 일보다도 즐겁고 보람차다.

나무를 가리키며 사이먼은 용도를 분류했다. 놀랍게도 특이한 모양의 나무를 볼 때마다, 바로바로 어디에 쓸지 떠오른다고 한다.

워크숍 코스를 마치고 돌아가면 훗날 집을 지을 수 있는 흉내라도 낼 수 있지 않을까 싶었는데, 시간이 갈수록 눈앞이 깜깜하다. 늘 남에 의한 서비스 체계를 이용하다 보면, 이처럼 맨땅에 내던져졌을 때 막상 할 수 있는 일이 별로 없다. 못질, 톱질은 물론 치수를 계산하는 것조차 엉터리다. 어려서부터 학교에서 배운 게 공부밖에 없으니 계산만이라도 잘할 줄 알았건만, 헛웃음만 나온다.

저녁을 먹고 텐트로 돌아와 쉬고 있는데, 거지공주 정미 언니는 일이 늦어졌다. 사이먼을 도와 내일 사용할 Cob(진흙)을 만든다고 밤 10시가 다 돼서야 텐트로 돌아왔다. 너무 무리하는 건 아닌지 걱정이다.

다음 날, 미리 준비해놓은 볏짚과 작은 자갈, 흙을 적당히 배합한 Cob로 방과 방 사이에 벽을 만들기 시작했다. 그때 사이먼 아들 데이빗이 왔다.

"모두들 고마워요. 내 방 만드는 걸 도와줘서. 이쪽 벽에 레고를 전시할 거예요. 그 옆에는 책상을 두고. 여기서 밖을 내다보면 너무 멋있겠죠?"

뼈대만 세워져 있는 텅 빈 공간에 서서는 꾸며질 자신의 방에 대해서 신나게 이야기한다. 이런 상황 자체가 무척 낯설다. 어릴 때 이사를 갔던 기억을 더듬어보면 나에게 방에 대한 선택권이란 없었다. 부모님의 결정이었고, 그나마 내 방이라도 있다면 천만다행이었다. 가족의 집이 지어지는 모든 과정을 공유하고 함께 지으면서 성장하는 아이들에게 집은 무슨 의미로 다가올지 궁금하다.

10명이 모여서 일주일 동안 집 외벽을 쌓았다. 외벽에 짚단을 넣기 위한 나무틀을 만든 다음 내부에 흙벽을 쌓아 올렸다. 마지막 날에는 지붕에 덮을 방수포를 얹고 그 위에 잔디를 옮겨 심었다. 길이만 20m가 넘는 지붕에 방수포를 올리는 작업은 힘만으로 해결될 일이 아니다. 어떤 모양으로 접어서 운반하고 올려야 할지 하나하나 꼼꼼한 계산이 필요했다. 물론 사이먼의 머릿속에는 모든 공정순서가 들어 있었다. 장인정신이라 해야 할까. 사이먼은 보기와 달리 굉장히 철두철미한 사람이었다. 그가 만드는 모든 것에는 이유가 있고, 오랜 시간의 고민과 꼼꼼함이 느껴졌다.

내벽에 흙을 쌓고 있는 사이먼.
벽에 나무를 한 치의 오차도 없는 정확한 간격과 크기로
촘촘히 박아 넣길래 당연히 미관을 위해선 줄 안았다.
그런데 흙을 더 단단히 붙어 있게 하기 위함이란다.
보이지 않으니 적당히 되는 대로 나무를 박아도
될 법 싶은데, 겉모습만 좋으면 그만이라는
우리와는 정반대다.

기둥에 촘촘히 박아놓은 못도
흙이 더 잘 붙게 하기 위함이다.

　　하루는 일을 마치고, 같은 마을에 사는 찰리와 멕의 집 구경에 나섰다. 찰리의 그림 같
은 집은 말 그대로 너무나 근사하고 아름다워 놀란 입을 다물 수가 없다. 나무 모양을 그
대로 살린 식탁과 의자, 숲 속에 들어앉은 듯한 화장실 욕조, 집 중앙에서 부부의 다락방
으로 연결되는 나무 계단 등등, 집안 인테리어와 연못이 모두 예술작품이다.

　　멕은 미군 출신으로 이곳에 와서는 아무런 경험도 없이 5년째 집을 짓고 있다. 원하는
대로 되지 않는 게 너무 많고, 오랫동안 집을 짓고 있어 지칠 만도 한데 멕의 설명에는 열
정과 힘이 실려 있다. 처음 해보는 사람도 저렇게 할 수가 있구나 싶어 왠지 자신감을 잃
었던 우리에게 조금이나마 위안이 되었다. 영글은 한국에 돌아가면, 그래도 집은 무리고
개집부터 먼저 지어봐야겠다며 우스갯소리를 한다.

동화 속 같은 찰리의 집. 이게 첫 작품이라니.

집 안에 떡하니 서 있는 나무 한 그루. 집을 짓기 위해 뽑기보다는 이를 활용해서 근사한 다락을 만들었다.

사이먼, 네가 궁금해

"사이먼~ 궁금한 게 있는데, 집을 자기 손으로 직접 짓게 된 이유가 뭐야?"

"스스로 뭔가를 만들고 결과를 볼 수 있는 게 너무 즐거워. 비용도 비용이고, 관행적인 건축에서는 결국 누군가에게 또는 자연에 피해를 주게 마련인데 그렇지 않아서 좋아. 그래서 그저 행복할 뿐이야."

사이먼과 자스민 부부는 몇 달의 노동과 몇천 파운드만 있으면 자연과 조화를 이루는 생태적으로 건강하고 행복한 집을 지을 수 있음을 오래 전 깨달았다. 2003년에 부부는 집을 짓는 프로젝트를 실행에 옮겼다. 대부분 가정이 아이들이 성장하면 보다 큰 집을 필요로 하는 것처럼 이들 역시 새로운 집이 있어야 했다. 웨일스의 차가운 비바람 속에 텐트에서 생활해가며 3개월에 걸쳐 그들의 첫 번째 집을 완성했단다. 더욱 놀라운 것은 아기 둘을 데리고 그런 생활을 했다는 점이다. 부부의 용기 있는 선택은 이후로도 끊이지 않았다. 그 아이들이 커가면서 라마스빌리지로 와 다시 새로운 집을 짓고 있는 것이다.

"첫 번째 집은 원수한테 주고, 두 번째 집은 전 여자친구에게 주고, 세 번째 집을 비로소 자기 집으로 해야 해."

첫 번째 집과 지금 사는 집에서 아쉬운 점들이 있었는지, 사이먼이 농담을 던진다. 흔히들 '집 한 채 지으면 십년은 늙는다'던데 세 채를 지으라니. 그를 보고 있노라면 충분히 그러고도 남을 사람이다. 집을 지을 때마다 오히려 젊어진다고 해야 할까?

사이먼이 아들과 있는 모습을 보면 그냥 친한 친구 사이 같다. 외모나 행동이 만화주인공을 빼닮은 그를 볼 때마다 기분이 좋아진다. 도대체 어떤 환경에서 자랐기에 저렇게 밝을 수 있을까?

늘 미소 가득한 사이먼과 딸,
3년째 봉사 중인 백(왼쪽)과 함께.
그에게 저렇게 큰 딸이 있을 줄 누가 상상했겠는가.

집짓기 코스의 마지막은 잔디 덩어리들을 지붕 위에 얹는 것.
밥솥에서 막 나온 것처럼 따끈따끈한 땅의 온기가 남아 있다.

"그럼 지금 건물을 다 지은 후에는 어쩔 계획이야?"

"일단은 좀 느긋하게, 뒤를 돌아보며 여유를 가져야지. 내가 가진 기술을 나누고 가르치고 싶어. 그리고 이렇게 큰 집 짓는 것 말고, 작은 규모의 프로젝트들을 해볼까 해."

비가 오나 바람이 부나 매일 밤늦게까지 일하는 사이먼의 모습을 보면서 워커홀릭이 아닐까 싶었지만, 쉬고 싶다고 토로하는 걸 보니 꼭 그렇지는 않은가 보다. 수많은 봉사자와 함께 일하다 보면 속 터지는 일도 많을 텐데, 한 번도 얼굴 찡그리는 모습을 볼 수 없었다. 당장 나만 해도 못을 엉뚱한 곳에 박기를 수차례, 힘들게 완성한 스트로베일 틀을 다시 만들게 했다. 그럴 때마다 사이먼은 미안해하는 나를 향해 아무렇지도 않게 'Not bad. It's only one mistake'라며 웃고 만다. 그리고는 뒤돌아보지 않고 다시 즐겁게 수정하고 고친다. 조그만 일 하나만 틀어져도 잘잘못을 따지려 들고 짜증내는 우리에 비하면 부처님이 따로 없다.

고단한 노동을 마치고 지붕 위에서 시원한 바람과 함께

우리 두 사람이 그리는 그림

워크숍 마지막 날의 주제는 '자기 자신에 대해 생각해 보기'이다. 자스민은 별다른 설명 없이, A4용지 한 장과 모아 놓은 잡지를 내주고 원하는 사진을 잘라서 자신의 비전에 대한 그림을 완성하란다. 집을 짓는 것은 삶을 설계하는 것과 마찬가지이므로.

과거 집을 구할 때를 되돌아보니 '몇 평에 방은 몇 개 정도는 되어야 하고, 남향집에 주차는 편한 베란다가 있는' 공식적인 조건 외에는 고려대상이 되질 않았다. 그러나 지금 여기 눈을 감고 생각해본다. 비슷하게 생긴 회색빛 네모난 건물들이 다닥다닥 붙은 그런 곳이 절대 아니다. 내 집, 우리 가족의 집은 분명 다른 집이 그려진다.

참가자 모두가 자유롭게 흩어져 앉아 자신의 비전을 흰 종이 위에 열심히 그려 나간다. 수많은 생각과 고민에도 얼굴에서만은 행복한 표정이 묻어난다. 한참 걸려서 완성한 나와 우정의 그림. 그 속에는 공통적으로 아이들과 정원 그리고 과일이 놓인 테이블이 등장했다. 그만큼 우리가 바라보는 곳이 비슷하다는 의미인가? 내가 그린 그림 중간에는 이제 막 태어난 아기를 가슴에 얹고 풀밭에 누워 있는 남자의 사진을 붙여 넣었다. 이 사진을 본 순간 불현듯 '이제 나도 아빠가 되어도 괜찮겠다'는 생각이 든다. 예전에는 아이를 키우기 위해서는 준비해야 할 게 많다는 걱정이 앞섰는데, 어떻게 된 일일까.

"우정, 나 아빠가 될 준비가 된 것 같아."

사진을 가만히 들여다보다 우정에게 말했다. 잘못 들은 듯, 이해하지 못한 듯 나를 바라보는 그녀. 그 순간 우리 둘을 쳐다보며 말을 알아듣기라도 한 것처럼 까르르 웃는 꼬마 '아이야'. 아바타 주인공 같은 외모에 조용조용해서 남다른 아이라고 늘 생각했었는데, 결정적인 순간에 웃는 모습을 보니 설명할 수 없는 신비한 느낌이 든다.

"원래 애 이름은 '폴란'이었어요. 근데 3살이 될 때까지 다른 사람이 아무리 폴란이라 불러도 대답을 안 하는 거예요. 그러다가 어느 날, 모르는 사람이 와서 이름을 물었더니 갑자기 '아이야'라고 대답을 하더라고요. 그때부터 이름을 아이야라고 했어요. 신기한 건, 그게 이 아이가 배 속에 있을 때 부르던 태명이었어요."

아이야 엄마의 이야기를 듣다보니 갑자기 온몸에 소름이 돋는다. 이러다가 정말 우리에게도 아이가 생기는 거 아냐?

우리 두 사람이 그리는 그림.
이 사진 속의 주인공이 될 수 있을까.

늘 고정관념 속에서 주어진 것들만 해왔고, 새로운 일은 할 수 있다는 용기보다 할 수 없는 이유를 먼저 찾았다. 여기에 와서야 나 스스로 만들어 낼 수 있는 것이 생각보다 많고, 또 이를 통해 멋지고 행복한 삶을 만들어 낼 수 있다는 것을 알게 되었다. 마음의 벽을 무너뜨리는 것이 무엇보다 우선이다. 한때 자신감으로 넘쳤던 내 가슴을 사회생활을 하면서 많이 재단하고 스스로 틀 안에 가두었던 것 같다.

지어진 집을 통해 얻는 아름다움만큼이나 집을 짓는 과정에서 맛볼 수 있는 기쁨을 소중하게 여기며 라마스빌리지 사람들과 함께한 일주일은 행운이었다. 생각을 확장할 수 있었고, 소중한 것들을 볼 수 있는 시선을 선물로 받았다. 아울러 앞으로의 우리 삶을 함께 고민하고 그려볼 수 있었던 의미 있는 시간이었다.

여기 이 텐트에서의 일주일이
삶을 새롭게 하는 동력이 되기를 기대하며.

영국을 알차게 여행하는 세 가지 방법

관광지 입장료가 비싸기로 유명한 영국이지만, 여행 기간이 길다면 영국인들이 사랑하는
자연경관과 유적지, 정원을 저렴하게 즐기는 방법이 있다. 연간 멤버십으로 운영되는
'내셔널트러스트 National Trust', '잉글리시 헤리티지 English Heritage', '왕립원예협회 Royal Horticultural
Society'가 그것이다. 일정 회비를 내고 가입을 하면 각 단체에서 관리하는 자연유산, 유적지,
정원에 무료로 입장할 수 있다. 서너 군데의 입장료 정도인 회비로 1년간 무제한으로
수많은 관광지를 이용할 수 있으니, 이 글을 보시는 분들은 영국에서 입장료가 무서워
여행을 못하는 일이 없기를 바란다.

①

내셔널트러스트 National Trust

www.nationaltrust.org.uk

역사적으로 가치 있는 유적이나 건축물, 아름다운 자연과 정원 등을 보존하고 유지하기
위해 결성된 민간조직이다. 1895년에 여성 사회운동가인 옥타비아 힐, 변호사 로버트 헌터,
목사 하드윅 론슬리가 도시화와 산업화로 자연과 역사적인 유적이 사라지는 것을 막고자
설립한 비영리단체로, 시민들의 자발적인 자산 기증과 기부 및 자원봉사를 통해 운영되고
있다. 내셔널트러스트는 이렇게 모인 기금으로 자산을 매입해 복원·보존시키면서 대중에게
공개한다. 내셔널트러스트가 관리하는 자산은 법에 따라 타인에게 양도될 수 없도록
보장된다. 즉, 개인이나 국가 소유가 아닌 시민의 자산으로 영원히 보존될 수 있다.
정부나 기업 후원 없이 오로지 시민의 기부와 봉사로 운영이 되는데, 숫자만으로도 압도적인
규모를 자랑한다. 무려 450만 명이 넘는 회원과 6만2천여 명의 봉사자들이 활동 중인 세계
최대의 환경 보호 단체다. 영국 국민이 6천3백만 명인 것을 고려하면 100명 중 7명이
이 단체를 후원하는 것이다. 이렇게 많은 시민의 참여를 바탕으로 영국 국토의 1%가 넘는

248,000헥타르의 토지와 775마일의 해안선, 500곳이 넘는 유적지, 공원과 자연보호 구역을
관리하고 있다. 스톤헨지 Stonehenge, 자이언트코즈웨이 Giant's Causeway, 세븐시스터즈 Seven Sisters,
레이크디스트릭트 Lake District 등 유명 관광지도 내셔널트러스트에서 관리한다.
영국인이 아니더라도 63파운드(한화로 10만 원 내외)를 내고 회원으로 가입하면, 1년간 이
모든 곳의 입장료가 무료다. 게다가 부부나 가족 회원은 할인된 금액으로 혜택을 받을 수
있다. 웬만한 관광지 입장료가 10파운드가 넘는 영국에서 이 정도면 실로 엄청난 혜택이다.
회원가입은 온라인에서도 가능하지만, 내셔널트러스트가 관리하는 관광지에서도 할 수
있다. 여기서 알짜배기 팁! '스코틀랜드 내셔널트러스트 www.nts.org.uk'에 가입하면 훨씬 저렴한
회비(48파운드)로 똑같은 혜택을 받을 수 있다!

내셔널트러스트에 지정된 북아일랜드의 자이언트코즈웨이

영국의 멋진 정원들과 자연풍경을 즐겨보겠다는 욕심에 렌터카 여행을 하면서
내셔널트러스트에서 관리하는 여행지를 몇 군데 들러볼 기회가 있었다.
우리의 여행 경로에 있는 모든 곳을 보고 싶었지만, 곳곳마다 워낙 잘 관리되어 있고
볼거리가 많아 하루에 여러 곳을 다 보는 것은 불가능했다.
건축물과 안내판, 팸플릿 하나하나가 정성스럽고 세련되게 만들어져 있고, 기념품 가게에는
안 사고는 못 배길 정도로 특별하고 감각적인 것들이 많다. 어느 것 하나 조잡하지 않고,
관광지의 이미지를 해치는 것도 없다. 120년을 이어온 환경단체의 힘과 전문성은 상상
이상이었다.

"별거 아닌 것을, 어쩜 이렇게 특별한 것으로 만들 수 있지?"
우정의 말처럼, 그들의 스토리텔링은 말 그대로 예술이다. 모래 하나 돌 하나를 보석 같은
존재로 만들어놓는 모습에 감탄하게 되고, 왜 이곳을 아끼고 보존해야 하는지를 자연스럽게
느끼게 된다. 마주치는 봉사자들의 환한 얼굴에서는 열정과 자부심이 고스란히 느껴진다.
단순히 싸게 여행을 하겠다는 생각으로 가입했다면, 내셔널트러스트를 제대로 여행했다고
할 수 없다. 그건 영국인들이 100년 이상의 기간 동안 닦아 놓은 문화자산에 무임승차하는
것이나 마찬가지다. 내셔널트러스트를 여행하면서 나 스스로부터 자연과 우리의 문화유산을
아끼고 보존하는 데에 앞장서는 마음가짐을 가져보는 기회가 되었으면 좋겠다.

②
잉글리시 헤리티지 English Heritage

www.english-heritage.org.uk

유적지를 좋아한다면 잉글리시 헤리티지에 가입해보자. 잉글리시 헤리티지는 1983년
잉글랜드의 역사적 건축물을 보호하기 위해 영국 정부에서 설립한 단체다.
영국 전역에 400여 개의 유적지와 정원들이 포함되어 있는데, 연회비 43.5파운드로
스톤헨지, 도버 성 Dover Castle 등 400곳이 넘는 유명 관광지를 자유롭게 입장할 수 있으며,
에딘버러 성 Edinburgh Castle 등 스코틀랜드와 웨일스의 유적지도 할인된 가격에 이용할 수 있다.

③

왕립원예협회 Royal Horticultural Society

www.rhs.org.uk

영국식 정원을 마음껏 누릴 방법도 있다. 영국 곳곳에는 입장료를 내고 관람할 수 있는 정원이 많이 있는데, 42.75파운드로 왕립원예협회의 연간 회원이 되면 협회에서 운영하는 다섯 군데의 정원과 195개의 파트너 정원에 무료로 입장할 수 있다. 게다가 첼시 가든쇼 등 협회에서 주관하는 12번의 플라워쇼 입장권을 할인받을 수 있고, '멤버스 데이'를 이용해 한가하게 관람할 수 있는 특혜가 주어진다.

왕립원예협회는 1804년 설립되어 200년이 넘는 역사를 자랑하는 권위 있는 단체이다. 플라워쇼를 주관할 뿐만 아니라 도시의 녹지공간을 확장하기 위한 캠페인, 스쿨가드닝 캠페인 등도 진행하고 있다.

7.

in IRELAND

Gortahork

삶을 변화시키는 것의 어려움

고군분투

잊지 못할 암벽등반

음식 쇼크, 육아 쇼크

우핑 기간 : 6월 29일 ~ 7월 16일, 18일간

라마스빌리지에서의 텐트 생활을 마치고 당일 배편으로 아일랜드에 넘어왔다. 원래는 며칠 여행을 계획했지만, 주머니 사정이 여의치 않아 바로 일하러 가기로 했다. 그런데 아일랜드 교통편이 이렇게 안 좋으리라고는 예상치 못했다. 항구의 반대편인 목적지 고르타호크^{Gortahork}까지는 기차와 버스로 10시간이나 소요된다. 어쩔 수 없이 더블린^{Dublin}에서 하루 묵고, 다음 날 바로 코르타호크행 버스에 몸을 실었다. 왠지 일만 하러 아일랜드에 온 것 같다.

우프를 하기에는 아일랜드에 마땅한 농가가 없어서 '워크어웨이^{Workaway}'를 통해 일자리를 물색했다. 워크어웨이는 헬프엑스와 비슷하게 전 세계 호스트들의 정보가 나와 있는데 농사일뿐만 아니라 베이비시터, 집 관리 등 다양한 일거리를 알선해주는 사이트다.

이번에도 우리는 조그마한 정원이 있는 시골집을 찾았다. 호스트 소개에 나온 경관이 너무나 멋져 내심 기대가 컸다. 하루 4~5시간 일하고, 일주일에 두 번 쉬는 좋은 조건이다. 식사도 최대한 같이 먹는다니 끼니 걱정도 덜었다.

가는 길 내내 영국과 비슷한 풍경이더니, 어느 순간부터 온통 바위산과 황량한 벌판이 펼쳐진다. 커다란 산 사이를 통과해 거친 바다에 도달했고, 이내 고르타호크 마을이 나타났다. 마중 나온 호스트 마일로의 인상이 편안하고 좋다. 그의 집에는 세 명의 귀여운 아이들과 아내인 조안이 기다리고 있다. 낯가림 없이 웃고 말하는 모습이 영화 속 아이들처럼 귀엽고 천진난만하다. 주방을 구경하며 감탄하고 있으려니, 저녁을 못 먹은 우리에게 남아 있던 파스타를 내어준다.

"윽~ 이게 도대체 무슨 맛이지?"

배는 고팠지만, 도저히 접시를 다 비울 수가 없다. 쉼 없이 달려 와서 맞이한 첫 저녁 식사가 정말 실망스럽다. 설마 앞으로도 계속 이런 음식이 기다리고 있는 건 아니겠지?

호스트 가족은 전통방식의 돌집을 리모델링한 집에 살고 있다. 역사가 200년이 넘었다며 예전 사진도 몇 장 보여준다. 하긴 지금까지 우프를 하러 간 곳마다 이처럼 오래된 집들이었고, 늘 옛 모습이 남아 있는 사진을 간직하고 있었다.

"옛날에는 1층에 가축을 기르고 2층에 사람들이 살았는데, 가축들의 체온과 배설물의 온기로 난방을 해결했어."

"집의 창문이 손바닥만 한 것은 옛날에는 창문 크기를 부의 척도로 여겼고, 거기에 따라 세금을 매겼기 때문이야."

마일로가 집을 안내하며 여러 가지 이야기를 들려준다. 우리가 당분간 거처할 곳은 호스트의 집에서 열 발자국 떨어진 곳에 있는 작은 돌집이다. 리모델링으로 깨끗해진 호스트의 집과는 천지 차이. 예전에 스페인에서 뛰쳐나왔던 집보다는 사정이 조금 낫지만, 이게 첫 우프의 숙소였다면 분명 도망쳐 나왔을 거다. 이젠 돈도 별로 없고, 선택의 여지도 없다. 좁은 텐트에서 지냈던 일주일을 상기하며 위로 삼을 수밖에.

고군분투

　그나마 일이 적은 건 다행이다. 아이들은 여름 캠프에 가고, 출근한 조안과 마일로는 오후 3~5시쯤 돌아온다. 그전까지는 오롯이 우리 둘만 있는데, 그들은 많은 일을 요구하지도 않았다. 텃밭 농사를 돕고, 애완용 돼지에게 밥 챙겨주는 일이 주된 업무다. 이미 여러 곳에서 잡초를 뽑아온 우리에게 이 정도 텃밭쯤은 금세 정리할 수 있다. 쉬엄쉬엄 일하면서 쉬고 즐길 수 있어 자유롭고 편안하다. 아이들과 어울려 생활하는 것도 이색적이고.

보통은 오전에 일을 마치고, 오후에는 주변을 산책하며 시간을 보냈다.
가끔은 자전거를 타고 멀리까지 나가보기도 했다.
탁 트이고 멋진 풍경이 가슴속을 후련하게 한다.

일주일 내내 집에 라임^{Lime}을 칠하느라 석회가루를 뒤집어썼다.

이 집의 사랑스러운 악동 래논과 페쓰니

조안이 아끼는 텃밭이자 우리의 일터

 여유 부리는 우리와 달리 마일로 부부는 정말 바쁘다. 귀촌한 지 5년 정도 되었다는데, 분주하기로는 도시민들 이상이다. 조안은 집 앞에 자그마한 텃밭을 가꾸면서 이곳저곳에 가드닝 수업을 나간다. 텃밭 가꾸기를 시작한지 2년밖에 안 되었지만, 이 시골에서 벌써 강사로 활동하고 있다니 정말 열심히 공부한 모양이다.

188

"나중에는 이곳저곳 다니지 않고 집에서 수업하는 게 목표야. 비어 있는 건물을 리모델링하고 이쪽에 긴 온실을 새로 만들고 싶어. 다음 주 EU에서 사업계획에 대해 심사를 하러 나오는데, 통과되면 지원금을 받을 수 있지."

아이 셋을 키우면서 이렇게 밖으로 일 하러 다니는 게 우리가 보기에도 너무 벅차 보였다. 얼른 그녀가 희망하는 대로 자리 잡기를 바란다.

마일로는 단체 티셔츠 공급 사업을 하고 있다. 농업과 헌팅**Hunting**(영국에서 새를 풀어놓고 사냥하는 게임), Wildlife(야생동물)에 대해 공부해서 포르투갈과 영국 등지의 농장에서 일했다는데, 지금은 전혀 다른 일을 하고 있는 셈이다.

여름 캠프가 있는 이번 주가 그들에겐 가장 바쁜 일주일이다. 아침마다 아이들 도시락을 싸고 아침, 저녁 식사를 챙겨주고는 밤 10시가 다 돼서야 퇴근하는 모습을 보면 마일로는 마치 바쁜 한국인 아빠 같다. 그래도 늘 밝고 화를 잘 내지 않는다. 불같은 성격의 조안과는 정반대였다.

8살 말괄량이 소녀 린자메이, 5살 순둥이 레논, 4살 말썽꾸러기 베쓰니. 삼남매가 돌아오면 전쟁이 시작된다. 그중에서도 베쓰니가 제일이다. 맨날 울고 소리 지르고, 반항하고, '우리 아이가 달라졌어요'에 보내고 싶을 정도로 대단한 아이였다.

이 집에서 이해가 되지 않았던 것 중 하나는 아이들 건강을 위해 텃밭을 가꾸기 시작했고 가드닝 강의까지 나가는데도, 식탁에는 전혀 채소가 올라오지 않는다는 점이다. 대신 고기는 빠지지 않았고 맛없는 파스타와 스톡(채소육수), 토마토 통조림, 냉동식품이 대부분이었다. 게다가 간도 맞지 않아 굳이 식사시간이 기다려지지 않았다.

"조안, 왜 채소 요리는 안 해?"

"할 줄 몰라. 아이들도 안 먹고. 여기 사람들은 대부분 인스턴트, 반조리 식품을 사서 먹어. 우리 정도면 그래도 잘 해먹는 편이야."

요리를 맛있게 못 해서 안 먹는 건지, 아이들이 안 먹어서 요리를 안 하는지는 모르겠다. 어찌되었든 예전부터 안 챙겨 먹었던 것은 분명해 보인다. 오늘 아침에 내놓은 단호박 수프도 소시지와 스톡으로 맛을 내고 단호박은 그저 색을 내기 위해 얹어 놓은 것 같았다. 도저히 안 되겠다. 앞으로 점심은 우리가 직접 해결한다!

잊지 못할 암벽등반

매주 화요일에는 동네 펍^{Pub}에서 전통음악 공연이 열린다. 아이들 때문에 꼼짝 못하던 조안도 우리를 핑계 삼아 모처럼 함께 외출에 나섰다. '아이리시 펍$^{Irish Pub}$'은 라이브 공연을 즐기면서 맥주를 마실 수 있는 정말 매력적인 공간이다. 더블린에 있는 펍에서는 늘 팝음악 공연이 있었는데, 아이리시 펍을 제대로 느끼려면 시골에 가볼 것을 추천한다.

공연 시간이 되자 아일랜드 전통악기를 가진 뮤지션들이 하나둘 등장했다. 오늘 처음 합을 맞춘다는 세 명의 연주자들은 즉흥적으로 곡에 맞춰 흥겹게 연주를 해낸다. 거의 3시간 동안 끊임없이 계속된 연주와 아일랜드 영화에서나 들을 수 있던 즐거운 음악, 모두가 함께 어우러지는 떠들썩한 분위기. 도시에서는 맛볼 수 없었던 시골 펍만의 묘미이다.

손님들은 테이블을 이곳저곳 옮겨 다니면서 새로운 사람들과 이야기를 나눈다. 남녀노소 가리지 않고 스스럼없이 어울려, 누구와 술을 마셔도 전혀 부담스럽지 않다. 여기에 온 워크어웨이 봉사자는 우리 둘만이 아니었다. 이 동네에 호스팅을 하는 사람들이 꽤 있는지 호스트 세 명에, 봉사자 다섯 명이 펍에서 함께 어울렸다. 프랑스인이 많았는데, 그들은 영어를 배우러 왔단다. 영어가 우리보다도 초보 수준이라 말은 잘 통하지 않았지만, 어울려 놀다보니 어느새 자정을 훌쩍 넘긴 시간이다.

다음 날 아침, 펍에서 만난 '코노'라는 사람을 따라 1인당 20유로씩 내고 암벽등반을 가기로 했다. 워크어웨이 호스트인 줄 알았는데, 알고 보니 클라이밍 수업을 직업으로 삼고 있었다. 그냥 함께 놀러 가는 정도로 생각하고 동의했다가 얼떨결에 수업까지 받게 되었다. 다른 호스트 집에서 일하고 있는 프랑스 봉사자 세바스찬도 함께했다. 전에 북한산에서 클라이밍을 해본 경험이 있어 그리 어렵지는 않았다. 파도가 부서지는 바닷가 절벽 위의 클라이밍이라는 색다른 경험을 즐겼다. 그러나 수업이 끝나고 뜻밖의 문제가 불거졌다.

우리 일행이 암벽을 타기 전 앞서 예약된 팀이 늦는 바람에 일정이 지연된 것이다. 한

Irish Pub 아일랜드뿐 아니라 전 세계 어디를 가나 아이리시 펍을 만날 수 있다. 특히 아일랜드에서는 저녁 무렵 펍에 들러 맥주 한잔을 즐기는 것이 자연스러울 정도로 아이리시 펍은 아일랜드의 아이콘이자 아일랜드 사람들의 일상 가운데 한 부분을 차지한다.

암벽등산 수업. 딱 기념사진 찍을 때까지만 좋았지.

참을 기다리다 결국 우리가 먼저 클라이밍을 하고 나서야 그들이 도착했다. 코노는 늦었지만 어찌되었든 수업은 해줘야 한다며 한 시간 반 정도만 기다려달란다. 차로 한 시간 거리인 숙소에 걸어갈 수도 없는 노릇이고, 꼼짝없이 수업이 끝날 때까지 대기해야만 했다. 그런데 약속된 시간이 한참 지나고도 코노는 돌아올 기미가 없다. 클라이밍 장소에 가봤더니 아직도 수업이 한창이고 40분만 더 기다려 달라는 말뿐이다. 당초 점심 때 돌아가는 일정이라 3시부터 일하기로 조안과 약속한 상태였고, 더구나 주변에 음식점도 없어 쫄쫄 굶고 있었다. 기약 없이 다시 40분이 흘렀는데, 오히려 새로운 팀이 또 클라이밍 장소로 올라가는 것이 아닌가?! 결국 3시 반을 넘기고 그가 돌아왔다. 그리고는 미안하다는 말 한마디 없이 집까지 차를 몰았다. 갑작스런 상황에 조안와의 약속을 지키지도 못하고, 대책 없이 차 안에서 3시간을 기다린 우리는 폭발해 수업료를 다 낼 수 없다고 엄포를 놓았다.

"상황이 그렇게 됐어. 나도 어쩔 수가 없었잖아. 어쨌든 수업은 했으니 돈은 줘야 하는 거야. 어제 이야기할 때 점심에 돌아올 거라 했지만, 보장을 못한다고 말했었어. 경치도 좋고 산책할 곳도 많았는데, 왜 안 돌아다니고 차에만 있었던 거야? 그건 너희 잘못이지!"

"그게 어떻게 우리 잘못이야? 우린 그런 이야기 들은 적도 없고, 주변에 구경할 것도 없었어. 그리고 상황이 그렇더라도 어떻게 사과가 한 마디 없을 수 있어?"

"사장과 함께 일하고 있었고, 계속 사람들이 오는데 어떻게 하란 말이야? 난 잘못한 게 없으니 협상을 하자고. 얼마 내기를 원하는데?"

우리는 한 사람당 10유로씩 내겠다고 했다. 그런데 그 상황을 고스란히 함께 당했던 프랑스인 세바스찬은 한마디가 없다. 영어가 서툴러 못 알아들은 건지, 당황한 건지 도대체 알 수 없다. 하긴 아무 불평 없이 차에서 가만히 기다리고만 있었던 인물이다. 어떻게 그 상황에서 화를 내지 않는지 신기할 따름이다.

실랑이 소리가 집 안까지 들렸는지 조안이 나왔다. 상황 설명을 듣더니 자기가 20유로를 내겠다며 그만 코노와 화해하란다. 상황이 점점 더 꼬여만 갔다. 뜬금없이 조안이 돈을 내게 할 수는 없어 우리가 지불하겠다고 했지만, 조안은 기어코 코노에게 돈을 쥐어 준다. 그때서야 코노가 마지못해 사과한다.

"이렇게 늦어지는 건 아일랜드에서는 흔한 일이야. 이해해 주면 좋겠어."

조안은 아무 일도 아니라는 듯이 코노와 비슷한 이야기를 한다. 우리만 이상한 사람이 된 건가?

"원래 30~40유로로 하는 건데, 코노가 특별히 20유로에 해줬던 거야. 물론 코노가 시간 관리를 잘못한 건 맞으니까 나중에 따로 이야기할게. 내 생각에도 다음부터는 누굴 소개해주면 안 될 것 같아."

"그래도 조안이 돈을 내서 마음이 너무 불편해. 우리가 20유로를 돌려줄게."

"그 사람을 소개해준 게 나였으니 내 잘못도 있고, 동네 사람끼리 서로 기분 상하게 될까 봐 내가 냈던 거야. 너무 신경 쓰지 마."

되짚어 생각해보니, 이 사람들에게 우린 그저 돈이나 깎으려는 진상 손님처럼 비춰졌을 것 같다. 왠지 참을성 없고 속 좁은 한국인으로 전락한 느낌이다. 분명 사과를 받아내는 게 목적이었는데, 왜 수업료를 깎을 생각부터 했던 걸까? 그동안 우리가 그런 부류의 사람이라고는 한 번도 생각해본 적이 없다. 여행하며 이런저런 일로 돈을 잃기도 하고, 자금줄이 말라가다 보니 돈이 가장 중요한 가치가 되어버렸나 보다. 억울하면 본전 생각부터 나는 나쁜 습관이 생겼다.

약속을 어겨 누군가에게 피해를 줬음에도 대수롭지 않게 생각하는 코노. 수가 틀리면 굉장히 초조해하고 그저 보상받기를 원했던 우리. 그런 상황에서도 무표정하게 가만히만 있던 세바스찬. 과연 어떤 사람이 가장 행복할까?

부서지는 파도와 아름다운 해안, 암벽등반 장소, 멋지지 아니한가!

음식 쇼크, 육아 쇼크

현기증에 멀미까지, 오늘 저녁은 몸 상태가 심히 안 좋다. 주말이라 조안과 마일로 그리고 세 명의 아이들과 24시간 붙어 있었다. 이 아이들, 지내고보니 정말 장난 아니다. 영글은 점점 얼굴이 무표정해지고, 밖으로 나가 먼 산을 바라보거나 정원 일에 쏟는 시간이 길어졌다.

나는 큰딸 린자메이의 방 정리를 도왔다. 헉! 끝도 없이 쏟아져 나오는 장난감과 인형에 숨 막혀 죽을 뻔했다. 게다가 청소를 얼마나 안 했는지 먼지 속에 파묻혀 있는 게 대부분이고, 신고 벗어 놓은 애들 양말부터 빨지도 않은 속옷까지…. 답이 안 나온다.

아이들이 진득하게 청소할 턱이 있나, 치우라고 하면 그걸 가지고 놀고 있으니 '역시 아이들답다' 싶다가도 부모들에게 화살이 돌아갔다. 아이들은 하나같이 밥 먹을 때나 놀 때나 뭐든 사용하면 제자리에 갖다 놓을 생각이 없다. 필요 이상으로 장난감과 옷이 넘쳐 나니 통제가 되지 않는 것인데, 정리 안 하기는 조안과 마일로도 매한가지다.

정말로 우리를 힘들게 했던 것은 앞서도 언급했던 '음식'이다. 장 보는 것부터가 상상을 초월한다. 동네 가게에선 정 급할 때만 먹을거리를 사 오고, 보통은 3~4주에 한 번 홈쇼핑 카탈로그를 보고 대량으로 식료품을 주문해 먹는다. 한번은 어쩐 일인지 마일로가 한참이나 떨어진 대형마트에서 여섯 박스나 장을 봐 왔기에, 기대하며 무엇이 나오는지 찬찬히 지켜보았다. 무려 세 박스에 바나나, 블루베리, 자두, 복숭아가 가득 담겨 있었다. 신선한 과일을 맛볼 수 있겠다는 기쁨도 잠시, 과일은 전부 스무디를 만드는 데 쓸 거라며 빠짐없이 냉동실로 직행했다. 채소라고는 오이와 양파 정도가 고작이고 나머지는 모두 참치, 옥수수콘, 토마토소스 통조림이다. 생닭도 냉장실에 두었다가 며칠 안에 요리하면 될 것을 바로 냉동실에 넣어버렸다. 요리를 자청하고 싶은 마음이 굴뚝같았지만, 이 가족은 못 먹는 게 너무 많아 그 입맛을 맞추기도 쉽지 않다.

매번 우프 농가에서 신선하고 건강한 음식만 먹어왔던 우리에겐 정말이지 이해하기 어려운 장면이었다. 이전의 호스트들이 오히려 현실과 동떨어진 사람들이 아닐까 생각이 들 정도다. 음식이 맛없기로 유명한 건 영국이지만, 아일랜드도 사정이 별반 달라 보이지 않았다. 그런데, 상황을 알고 보면 이해도 간다. 워낙 척박한 땅에 살다보니 어디 내세울

만한 전통 음식조차 없었다. 영국도 북서쪽으로 올라갈수록 기상 변화가 심하다는데, 여기는 아일랜드에서도 북서쪽 끝자락에 위치한 지역이다. 하루에도 비가 왔다 해가 나기를 수십 번. 5분도 채 안 돼서 날씨는 변하고, 바람도 엄청나게 불어댄다. 텃밭 일을 해보면 이곳 상황을 보다 확연히 실감할 수 있다. 이탈리아에서는 5월에 나왔던 제철 딸기가 여기서는 이제야 열매를 맺는다. 한참 농작물이 쏟아져 나와야 할 시기인데, 지금 쌈 채소 모종을 심고 있는 만큼 밭에 먹을 만한 게 없다.

조안과 마일로는 도시에서의 바쁜 삶을 뒤로 하고 5년 전에 귀농했으나, 매일 같이 반복되는 일상에서 좀처럼 쉼표를 찾기가 쉽지 않아 보인다. 건강한 삶을 추구한다고는 하지만 장소만 바뀌었을 뿐, 살아왔던 습관과 녹록지 않은 생활 속에서 아이들 뒤치다꺼리만으로도 충분히 버겁게 느껴졌다.

여러 우프 농가들을 거쳐 오면서 전원 속에서의 낭만적인 삶을 꿈꿔온 우리도, 막상 현실에선 갈피를 못 잡을 수도 있겠다는 생각이 밀려온다. 사는 공간을 바꾸기 이전에 우선 생각과 행동을 변화시켜야 한다. 내 앞에 놓인 현실을 주도해 나갈 수 있는 능력과 의지를 갖출 때, 삶의 균형을 이룰 수 있지 않을까.

8.

in GERMANY

Pfarrkirchen

수상한 정원

야반도주

난민, 이브라함

그들이 원하는 것

WWOOFer's Diary. 01 체코 Vimperk : 달콤하고 따뜻한 휴식

WWOOFer's Diary. 02 체코에서 파리까지

슈트르가르트 그리고 가시방석

평가 글만 믿어서는 안돼!

우핑 기간 : 7월 25일 ~ 7월 29일, 5일간

　그리스 신전처럼 입구 양쪽으로 높은 기둥들이 서 있다. 그 기둥 위에서 우리를 반기는 건, 뜻밖에도 동물원에서나 볼 수 있었던 공작새였다. 생각지도 못했던 모습에 온몸에 소름이 돋는다.

　전통방식으로 지어진 400년 된 집 앞으로는 잔디 마당이 펼쳐졌다. 그 중간에는 돌로 만든 알 수 없는 둥그런 형상의 무언가가 놓여 있다. 옆 건물 뒷마당에는 십자 모양으로 길이 나 있는데, 가운데가 뚫린 사각형의 커다란 돌이 마당의 중심을 차지하고 있다. 예술가인 호스트 리타가 어떤 의미를 담고 꾸미고 배치한 듯하다.

　이 집에는 평범한 것이 하나도 없다. 집이 네 채나 되는데 화장실은 단 하나. 그것도 리타가 혼자 사는 집 지하에 있다. 마치 진시황릉을 내려가는 기분이 드는 그곳에는 출입문이 없는 '완전 개방형' 화장실이 있었다. 놀라는 우릴 보며 맑은 날에는 밖에서 '솔라샤워기 Solar Shower'로 온수 샤워를 할 수 있다며 안심시킨다. 주변이 풀로 가려져 잘 보이지 않을 거라는데, 도대체 어디가 어떻게 가려진다는 건지 모르겠다. 이런 극한 상황임에도, 그

Solar Shower 잔디밭에 설치된 샤워 꼭지가 있는데, 바닥에 태양열판이 연결되어 있어 맑은 날에는 물이 따뜻해진다.

나마 지난달 생태건축 워크숍에서 자연 화장실을 이용하고 개울물에서 목욕했던 경험이 있어 그리 당황스럽지만은 않았다.

커다란 나무들과 조그마한 산의 조합으로 아름다운 공간임이 분명하지만, 자신이 주인인 양 돌아다니는 공작들과 여신 스타일의 하얀 옷을 걸치고 우아하게 걸어 다니는 리타의 조합을 보고 있노라면 왠지 을씨년스럽다.

여기는 독일 뮌헨^{Munich} 동쪽에 있는 '파르키르헨^{Pfarrkirchen}'이라는 마을이다. 리타는 건축 프로젝트를 진행하며 도와줄 사람을 찾고 있었고, 우리는 예술가의 일이 뭔가 새롭고 흥미로울 것이라는 기대를 가지고 이곳을 선택하게 되었다.

칠십이 넘은 할머니, 리타. 고집스럽게 생긴 외모와 달리 말투는 고상하다. 우리를 보자마자 남자 두 명이 오는 줄 알았는데, 여자도 왔다며 좋아한다. 분명 메일로 결혼한 커플이라는 설명에 사진까지 첨부했는데, 우정의 얼굴이 여자로 안 보였나 보다.

"원래 타이완에서 남자 4명이 와 있었는데, 자기들끼리 싸웠나봐. 한 명은 하루 만에 떠나고, 나머지 둘은 이틀 있다가 도망가 버렸지. 지금은 한 명밖에 안 남았어."

왜? 도대체 무슨 일이 있었기에 그들은 도망쳐버린 것일까.

400년 된 리타의 집

공작새들이 돌아다니는 이곳은 동물원이 아닌 사람 사는 집이다.

야반도주

간단한 설명 후 리타가 우리를 데려간 곳은 지금까지 봐왔던 집들과 달랐다. 알 수 없는 건축 현장을 지나 숲이 우거진 뒷동산으로 올라가니 나무로 만든 오두막 한 채가 놓여 있다. 원래는 비하우스^Beehouse(양봉장)로 사용하다가 집으로 개조했단다. 그럭저럭 1층은 차 마시기 좋은 공간처럼 보였지만 사다리를 타고 올라간 2층은 쥐가 돌아다닌 흔적에, 지저분한 침구와 매트리스 몇 장뿐이다. 보자마자 이건 아니다 싶었는데, 다행히 다른 선택지도 있는지 여기다 짐을 풀라고는 하지 않았다.

'친환경'임을 강조하는 맛없는 피자로 저녁을 때운 후, 리타는 훨씬 제대로 된 다른 방을 보여줬다. 그런데 타이완에서 온 네 명 중 마지막 생존자(?)인 루카스가 현재 쓰고 있던 방이다. 리타가 루카스에게 미리 양해를 구하지도 않은 모양인데, 쥐가 들랑거리는 곳에 우정을 재울 수 없어 미안한 마음을 머금고 그냥 쓰기로 했다. 졸지에 루카스는 옆에 딸린 작은 방으로 쫓겨나듯 짐을 옮겨야만 했다.

정리를 마치자마자 루카스를 불러 무슨 일이 있었던 건지 자초지종을 물었다. 그는 지난주 토요일에 왔는데, 다음 주 수요일에 나갈 계획이란다. 그리고는 울먹이는 목소리로 이야기를 이어갔다.

"처음에 왔을 때 여기 방이 있는지도 몰랐어. 저기 비하우스로 가라기에, 거기서 하룻밤을 잤지. 그런데 쥐가 기둥을 오르락내리락하고, 벌레와 모기가 엄청나게 많았어. 그렇게 첫날밤에 한 명이 나가고, 이어서 다음 날 두 명도 도저히 안 되겠다며 황급히 떠났어."

마을까지는 족히 10km가 넘는데, 새벽 2시에 캐리어를 끌고 뒤도 돌아보지 않고 나갔다니, 오죽하면 그랬을까. 친구들이 같이 나가자고 했지만 루카스는 주머니 사정상 그냥 남기로 했단다. 다행히 이 방을 쓰던 헬퍼가 나가면서 알려준 덕에 그나마 방이라도 옮길 수 있었다고.

숙소는 그렇다 치고 여기에선 하루에 8시간을 일한다고 한다. 그것도 단 하루의 휴일

201

도 없이. 다른 농가에서 보통 4~6시간 정도만 일해 왔던 우리에겐 이해하기 어려운 조건이다. 그래도 직접 겪은 일은 아니니까 일단은 지낼 만하리라 희망을 품고 밤새 달려온 고단함을 달래본다.

비하우스로 가는 숲길

난민, 이브라함

독일 사람들은 부지런하다더니, 아침 8시부터 일과가 시작된다. 다른 곳 같았으면 아직 한창 자고 있을 시간이다. 리타는 땔감으로 쓸 나무를 실어오라며 우정과 루카스를 다른 농장으로 보내고, 나는 뒷마당에 있는 정체 모를 공사판으로 데려갔다. 메일을 주고받을 때 돌을 쌓아서 뭔가를 만들고 있는 사진을 받은 적이 있는데, 이처럼 거대한 돌이었을 줄이야! 1m도 넘는 큰 돌들이 계단처럼 쌓여 있다.

기다리고 있는 일은 알고 보니 엄청난 공사였다. 이 돌로 로마식 원형극장을 만들겠다는 계획이다. 잡초 뽑기에 신물 나서 새로운 경험을 해보겠다고 벼르고 왔건만 이런 일이 주어질 줄은 상상도 못했다. 도대체 이 무거운 돌들을 어떻게 사람 손으로 옮기고 쌓아 왔는지 미스터리다.

첫날부터 노동 강도가 엄청 세다. 바위를 놓을 자리에서 퍼낸 흙을 뒷산으로 가져가 쏟아 부어야 했다. 밥도 제대로 챙겨 먹지 못하고 나와 무거운 흙을 지고 산을 오르락내리락하다보니 땀은 비 오듯 쏟아지고 현기증까지 났다. 도대체 이 원형극장을 왜 만드는지 이해도 안 가고, 여기서 막노동을 하는 상황도 기가 막힌다.

이전부터 이곳 일을 돕고 있다는 '이브라함'이라는 친구가 어디에선가 나타났다. 나이는 19세. 서아프리카 말리^{Mali}에서 온 난민이란다. 세상에, 말로만 듣던 난민을 이렇게 만나게 될 줄이야.

원형극장 공사판은 곳곳에 철근이 뛰어 나와 있고 나무와 돌이 어지럽게 흩어져 있어 위험하기 짝이 없다.

이 구멍에 콘크리트를 채운 후, 폭이 1m가 넘는 커다란 돌을 올려놓을 예정이다.

지중해에서 난민선이 전복되는 사고가 빈번히 일어나 적잖은 희생자들이 이어지고 있다는 뉴스는 몇 년 전부터 익히 들어왔다. 그런데 시리아 내전이 보다 격화된 2015년 초, 난민들이 대거 유럽 본토로 유입되면서 사태가 더욱 심각해졌다. 상대적으로 복지가 좋은 독일로 난민들이 몰리고 있다고 한다. 시리아 난민은 주로 터키에서 보트를 타고 그리스로 넘어온 후, 발칸루트(그리스-마케도니아-세르비아-헝가리-오스트리아-독일)를 경유해 이곳으로 들어오고, 아프리카 난민은 주로 리비아에서 난민선을 타고 이탈리아를 통해 유입된다. 2015년에 독일로 들어온 난민만 109만 명이라고 하니, 가히 그 규모가 짐작된다.

이브라함은 말리에서 니제르, 다시 리비아를 거쳐 보트를 타고 이탈리아로 넘어와 4개월을 지내다가 독일에 온 지 1년이 되었다. 고국 말리에서는 반군으로 인해 전쟁이 났는데, 이브라함의 삼촌은 그때 목숨을 잃었다.

"왜 같은 사람들끼리 싸우는지 모르겠어. 내 생각에는 석유 문제인 것 같아. 분명 프랑스가 배후에 있고. 우리나라는 프랑스 식민지였었기 때문에 다들 프랑스를 싫어해. 근데 웃기게도 프랑스어를 배우고 있지. 무아마르 카다피^{Muammar Gaddafi}(리비아의 독재자)도 내 생각에는 좋은 사람이었는데, 프랑스에서 맘에 들지 않는다고 축출한 거야."

자세한 사정은 모르겠지만, 아직도 강대국들의 드러나지 않는 약탈이 계속되고 있는 것 같아 마음이 불편했다. 아프리카에서는 비교적 쉽게 국경을 넘을 수 있었지만, 난민선은 정말 지옥 같았단다. 그 과정을 보다 자세히 듣고 싶었으나 더 이상 묻지 않았다. 우리에게는 모험담일지 몰라도 이브라함에게는 가슴 아픈 이야기일 테니까.

이브라함은 비록 나이는 어렸지만, 일머리만큼은 사오십 대를 능가했다. 쉬지 않고 부지런히 일하면서 힘들다고는 말해도 절대 불평을 늘어놓지는 않았다.

"이 일은 정말 쉬운 일이야. 말리에 있을 때는 매일 열두 시간씩 일했어."

몸은 고단해도 이브라함의 사연을 듣고는 괜히 미안한 마음에 더 열심히 일했다. 두어 시간 지났을까. 큰 트랙터가 와서는 창고 옆에 엄청난 나뭇더미를 쏟아놓는다. 산을 울릴 정도의 '쾅' 소리에 공작들이 놀라 아우성을 친다. 세상에! 저 많은 나무를 어떻게 다 쌓지? 우정이 괜찮을지 걱정이다.

오후에는 콘크리트를 만들어서 땅을 파놓은 곳에 채우는 작업을 했다. 리타는 수시로 자기 집 창문에서 현장을 내려다보며 사진을 찍어댔다. 그럴 때마다 감시당하는 노동자가 된 것 같아 기분이 썩 좋지만은 않았다.

"여기선 랭귀지스쿨Language school 학비와 집세, 전기세, 수도세, 기본적인 생활비까지 지원해줘."

"언제까지?"

"잘 모르겠지만, 학교 졸업할 때까지? 아니 3년 후에 시민권을 얻어서 일자리를 구할 때까지였나?"

놀랄 만한 독일의 난민 지원 시스템이다. 난민들 입장에는 더 이상 바랄 게 없겠다. 이브라함은 현재 인접 마을에서 세네갈 친구와 같이 생활하고 있는데, 3개월마다 체류 허가증을 갱신하고 3년이 지나면 시민권을 얻어 유럽 어디서든 살 수 있단다. 재학 중인 학교 선생님이 리타를 소개해 줘서 이곳에서 일하게 되었다는 이브라함은 선생님이 주변에 프랑스어를 할 수 있는 얼마 안 되는 사람이라 많은 도움을 받고 있다고 한다.

그와 이런저런 이야기를 나누다 보니 시간이 금방 흘러갔다. 문제는 해가 넘어가고 배는 고파오는데, 일을 그만하라는 말이 없다. 아침 8시부터 시작한 일을 저녁 6시가 넘도록 꼬박 붙잡고 있는데 말이다. 참다못해 리타에게 물었더니 콘크리트가 굳어버리기 때문에 지금 채우고 있던 구덩이는 마무리를 지으란다. 조금만 하면 될 거라는 작업은 기어이 9시가 되고서야 끝났다. 장장 13시간 동안 강도 높은 노동을 했는데도 리타는 격려의 말 한마디 없다. 루카스가 했던 말이 틀리지 않았다. 오늘은 직접 겪어 보기 위한 시간이었으니, 이후에도 부당한 대우가 계속 이어진다면 꼭 짚고 넘어가야겠다.

고된 노동에도
현재의 삶에 만족하는 이브라함

그들이 원하는 것

　새벽 5시, 푸드덕거리며 울어대는 공작새 소리에 잠을 깊게 잘 수 없었다. 더구나 아직도 어스름이 가시지 않아 컴컴한데 저런 소리가 들리니 정말 공포스럽다. 리타의 괴팍한 취미생활 덕분에 불편한 게 한두 가지가 아니다. 그녀는 첫날부터 깐깐한 규칙을 나열했다. 잔디밭을 밟지 말고 돌로 만든 길로만 다닐 것, 집에 들어올 때는 신발을 벗을 것. 실외나 별반 사정이 다르지 않는 실내에서 신발을 신을 수도 없다니…. 틈날 때마다 바닥에 널브러진 공작 깃털을 줍는 것도 성가신 일이다.

　오늘은 거대한 돌을 옮기는 무시무시한 작업이 기다리고 있다. 어제 콘크리트를 부어놓았던 공간에 길이 1m, 높이와 너비가 50㎝에 이르는 돌을 올려놓는 일이다. 불가능해 보였지만 두 사람이 어찌 할 수밖에 없다. 나무판 밑에 나무토막을 넣어 바퀴를 만든 다음 지렛대를 사용해 돌을 그 위로 올리고는 원하는 방향으로 밀어서 옮겼다. 두 사람만의 힘으로(사실 거의 이브라함이 애썼음) 저 거대한 돌을 옮겼다는 사실이 스스로도 대견했지만, 이런 일을 해본 적도 없는 헬퍼가 하기에는 너무 위험이 따랐다. 작업장 곳곳에는 철근이 뾰족하게 튀어나와 있고, 여기저기 바위들이 흩어져 있어 자칫하면 크게 다칠 수도 있었다. 이브라함 역시 한번은 바위에 발이 깔릴 뻔해서 가슴을 쓸어내렸다고 한다.

　6시쯤 일이 끝났다. 리타에게 일하는 시간에 관해서 이야기했더니, 어제오늘 일을 많이 했으니 내일은 조금 일찍 끝낸단다. 그 말을 곧이곧대로 들은 것이 잘못이다. 다음 날, 5시간만 채우고 방으로 돌아가는데, 마당에서 우정과 언쟁 중인 호스트 켄과 맞닥뜨렸다.

　"독일 사람들은 원래 하루 12시간은 일을 해. 다들 투잡, 쓰리잡이야. 우리가 5시간 일하는 건 일하는 것도 아니지. 물 주고, 유기농 음식 주고, 숙소도 제공하고, 전기도 주고, 와이파이도 주는데. 너희는 우리가 원하는 만큼 일을 해야 해. 그렇게 못하겠으면 나가도 좋아. 이브라함을 봐. 얼마나 불평 없이 열심히 일해? 너네는 일하는 걸 모르는 사람들이야."

　어안이 벙벙하다. 우리를 아무것도 모르는 외국인 노동자 취급을 하다니. 참고로 독일은 OECD 회원국 중 평균 노동시간이 가장 짧은 나라이다. 숙식만 제공해주면 몇 시간이라도 원하는 대로 일 해줘야 한다고 생각하는 저들. 도망간 헬퍼를 포함해 당초 여섯 명이 함께 해야 할 일을 세 명이 하는 셈이니 어쩔 수 없이 할 일이 많다는 건 인정한다. 그렇지만 말이라도 곱게 하고 인격적으로 대우받는 느낌이라도 들면 더 힘을 내서 일할 텐데. 이젠 정말 그만 두고 나갈지에 대한 고민에 다다른 느낌이다.

온종일 일을 하면서도, 일하면 돈을 벌 수 있는 지금의 생활에 만족한다는 이브라함. 얼마를 받는 지까지는 물어보지 않았지만, 엄밀히 말하면 근로계약도 맺지 않은 불법노동자다. 이런 일을 막상 겪고 보니, 독일의 난민정책을 좋게만 볼 게 아니라는 생각이 들었다. 난민의 노동력을 값싸게 이용하는 사람들이 이들뿐이겠는가. 물론 서로가 만족한다지만 과연 이게 옳은 일인지는 의문스럽다.

켄과 답 없는 대화만 오가다 저녁 시간을 훌쩍 넘겼다. 밥 먹기를 기다리고 있는데, 부엌에 내려간 우정이 어이가 없다는 표정으로 올라온다. 리타가 우정이 저녁을 하면 먹고, 안 하면 그냥 빵이나 먹겠단다. 어쩔 수 없이 우정이 파스타를 요리하기 시작했다.

"난 파스타는 건강에 안 좋아서 먹지 않는데, 밥이나 채소로 요리해 달라 그랬잖아!"

한창 요리 중에 리타가 들어와서는 이내 신경질을 내고는 나가 버린다. 그리고 얼마 되지 않아 본인이 찬물을 끼얹은 식사 자리에 태연하게 나타나 파스타를 먹기 시작한다. 호스트가 아니라 까탈스러운 아이의 비위를 맞춰주고 있는 듯한 기분이 드는 건 왜일까.

다음 날 아침, 일찍부터 리타는 일을 하라고 우리를 부른다. 첫날 나무를 잔뜩 실어다 준 농부가 무려 3년 치에 달하는 장작을 가져와 이를 쪼개고 쌓는 작업이 한창인데, 켄이 와서는 불쑥 말을 꺼낸다.

"내일 쉬지 말고 하루 더 일해서 끝내고 쉬는 게 어때? 내일 쉬면 또 돌아와서 일해야 하니까. 아니면 내일까지 일하고 아예 나가도 되고."

휴일에도 숙식을 제공해주어야 하는 게 기본인데, 결국 그러기 싫으니까 일만 하고 나가라는 뜻이다. 켄은 말을 해도 참 기분 나쁘게 하는 재주를 지녔다.

우정의 기분도 매우 나빠 보였다. 리타가 지시해 놓은 온갖 집안 잡일에 치일대로 치인 모양이다. 꿀통에 달라붙은 꿀 떼기, 검게 그을린 냄비 닦기, 냉장고, 쓰레기통, 싱크대, 하수구 청소 등 더럽고 궂은일을 여태껏 모아두었다가 기다렸다는 듯이 시키는 리

속이 시원해진 루카스.
이렇게 밝은 모습은 처음이다.

타. 맨날 겉으로는 우아하게 여신처럼 치장하고 다니면서 헬퍼를 하녀같이 부리던 것이었다. 어떻게든 맞춰가면서 계획된 기간을 버텨보려 했지만 이젠 정말 한계에 도달했다. 조기 귀국하는 한이 있더라도 이건 아니다. 일을 마치고 저녁 식사 자리에서 내일 떠나겠다는 이야기를 꺼냈다.

"여기는 우리가 생각했던 것과 맞지 않는 것 같아. 미안하지만 내일 떠나는 게 좋겠어. 아침에 루카스와 함께 떠날게."

"그래. 원하는 대로 해. 그런데 뭐가 문제야?"

빈정거리는 듯 툭툭 내던지는 켄의 말투에 기분이 상한 나는 더 이상 참지 않기로 했다.

"당신들은 전혀 우리를 존중하지 않아."

"우리가 너희를 왜 존중해야 하는데? 너희도 우릴 존중하지 않잖아?"

"처음부터 우리를 그저 아랫사람처럼 생각하는 기분이 들었어. 우린 동등한 관계를 원하는데 당신들은 마치 고용한 노동자를 대하는 듯한 태도잖아. 다른 호스트는 늘 헬퍼를 존중하고 의견을 나눠."

"존중을 왜 해? 지금 당장 나가. 뭐하러 내일 나가? 너희에게 더는 숙소와 물, 전기, 와이파이를 주고 싶지 않아."

"그래! 나갈게!"

저녁 식사 자리는 엉망이 되었다. 켄과의 대화를 듣고만 있던 리타는 정신 나간 사람처럼 루카스에게 괜한 짜증을 내기 시작했다. 더 이상의 대화가 의미 없는 만큼 자리를 뜨려고 하자 리타가 충격 받은 표정으로 한 마디 건넨다.

"평생 살아오면서 누굴 존중하지 않는다는 말은 처음 들어봐. 난 오히려 너희가 윗사람처럼 행동하는 것처럼 느껴졌다고."

정말 이상한 일이다. 앞서 거쳐 간 헬퍼 중에는 어느 누구도 부당한 일과 처우에 대해 언급하지 않았나 보다. 며칠 전, 리타가 많은 헬퍼들이 하나같이 할머니가 돌아가셨다는 이유로 떠난다며 우스갯소리를 했었는데, 다들 부딪히기보다는 피하는 길을 선택했던 모양이다. 방에 돌아와서도 좀처럼 화를 삭이지 못하고 있는데, 루카스가 올라와서 우리를 진정시킨다.

"참아. 이젠 여길 나가잖아. 그래도 너희가 할 말을 다해줘서 정말 고마워. 속이 다 시원하네!"

짐을 챙겨 늦은 밤이라도 떠나려는데, 리타가 올라와서는 내일 아침에 가란다. 날이 밝기 전까지 잠시라도 눈을 부치려 했지만, 좀처럼 잠에 들지 못했다.

다음 날, 켄과 리타는 아무 일 없었다는 듯 우릴 대했다. 늘 그랬던 것처럼 우아한 척, 고상한 척 작별인사를 건네는 리타를 뒤로 하고 오스트리아와의 접경도시 파사우^{Passau}로 향했다. 파사우에 대해서는 아무것도 모른 채 말이다.

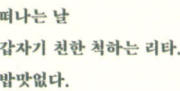

떠나는 날
갑자기 친한 척하는 리타.
밥맛없다.

WWOOFer's Diary. 01

체코 Vimperk : 달콤하고 따뜻한 휴식

휴식이 필요했다. 포르투갈 타비라^Tavira 이후로 정말 휴식다운 휴식을 보낸 적이 없다. 특히 아일랜드를 떠난 후로는 강행군의 연속이었다. 2주간 더 일을 했어야 할 독일에서 한바탕 소동을 치르고 나왔으니 지금은 갈 곳이 없다. 숙소와 끼니 걱정에서도 벗어나고 싶지만, 당장 할 수 있는 우프 또한 없다. 일단은 잔뜩 쌓인 빨래, 편지와 사진 정리 등 그동안 밀렸던 일과 피로를 풀기 위해 저렴한 숙소를 수소문했다. 다행히 멀지 않은 체코 보헤미안 숲 Bohemian Forest에 적당해 보이는 에어비앤비^Airbnb 호스트를 찾았다.

'빔페르크^Vimperk'. 전혀 들어본 적이 없는 동네다. 유명관광지가 있는 지역도 아니라서 인터넷에서 관련 정보를 찾기조차 쉽지 않았다. 8천여 명 정도가 사는 작은 규모의 도시이지만, 일주일 동안 앞으로의 계획을 짜며 시간을 보내기에 문제가 없을 듯했다. 그런데 찾아가는 길이 만만치 않았다. 파사우에서 배낭을 짊어지고 시내버스로 2시간을 달려 체코 국경 주변의 한 마을에 내렸다. 여기서도 도보로 족히 1시간은 걸어야 기차역에 다다를 수 있다. 중간에 시원한 애플 주스로 목을 축이고 힘을 내서 국경을 넘으니 장난감 같은 기차역이 등장했다. 고작 2칸이 전부인 조그마한 열차를 타고, 하늘 높이 솟은 나무숲 사이로 다시 2시간을 천천히 달리는데, 동물원 관광 열차를 탄 기분이다. 이곳이 '보헤미안 숲'이라니. 빔페르크에는 정말 우리가 상상하는 보헤미안들이 살고 있을까?

기차역에 마중 나온 호스트 마그다는 일부러 동네 한 바퀴를 차로 안내해주고는 늦은 시간임에도 차와 간식거리를 대접해주었다. 이곳, 첫인상이 좋다. 다음 날 가뿐한 마음으로 동네 구경에 나섰는데, 우리를 쳐다보는 시선이 왠지 뜨겁다. 이 마을엔 동양인이라고는 베트남 여성 3명이 전부라더니, 가는 곳마다 무표정하게 쳐다본다. 그 표정의 의미를 전혀 읽을 수 없게….

자유의 양면

"영글, 우정 오늘 밤에 영어모임이 있어. 같이 했으면 좋겠어."
마그다가 우리를 모임에 초대했다. 매번 맛있는 음식을 나누어주는 그녀를 위해 장을 봐둔
채소로 월남쌈을 만들어 위층 테라스로 올라갔다. 마그다는 바게트 치즈 구이를, 그녀의
친구 테레사는 애플파이를 가져왔다. 뭐라도 준비해오기를 잘했다. 짙은 보라색 안경테가
인상적인 테레사는 마을에서 안경원을 운영한단다. 인종도 언어도 나이도 각기 다른
사람들이 한 테이블에 마주 앉아 이야기꽃을 피웠다.

**"벨벳혁명(체코의 공산당 정권을 무너뜨린 시민혁명) 이전에는 학교에서 러시아어밖에
배우지 않았어. 그땐 동유럽 나라로는 여행도 할 수 없어 영어를 사용할 일도 없었지."**
이 모임은 시작된 지 무려 6년이나 되었단다. 모두들 영어를 전혀 하지 못했는데, 이 집에
1년 반 정도 머물던 영어 선생님 덕에 많이 배웠고, 이후로도 꾸준히 영상통화도 하면서
실력을 쌓았다고 한다. 정말 대단한 의지가 아닐 수 없다.

**"우정, 난 몇 년 전에 일본을 다녀와서 동양문화를 접해봤어. 한국도 부모를 모시는 게
강제적이야? 부모의 말을 꼭 들어야만 해?"**
"한국에는 부모를 봉양하는 전통이 있었어요, 마그다. 지금은 물론 의무는 아니에요."
**"여러 세대가 같이 살면 매번 다투게 되는 것 같아. 서로 동등하게 의견을 말할 수 있는
것은 좋지만 그게 정말 좋기만 한 일인지 모르겠어. 차라리 엄격한 상하관계가 있는 게
안정적일 것 같아."**
동등한 입장에서 서로의 의견을 말하고 경청하는 것이 당연하다고 생각했었는데, 테레사의
말도 한편으로는 일리가 있다. 매사가 이럴 수도 있고 저럴 수도 있는 일들이 늘어나니
사회가 점점 더 혼란스러워질 수밖에 없다. 무엇이든 시도해볼 수 있는 만큼 욕심과 갈망이
점점 커지고, 원하는 대로 되지 않을 때 받는 상처와 좌절감 역시 깊어만 간다.
개개인이 할 수 있고 할 수 없는 일들이 명확하게 구분된다면, 오히려 현실에 만족하며
행복할 수 있지 않을까.
계급이 있더라도 각 계급의 역할이 공정하게 배분되고 적당한 생활수준만 보장해준다면

211

오히려 자유로운 사회보다 더 행복할 수도 있다는 생각이다. 그래서인지 체코에는 벨벳혁명 이전을 그리워하는 사람들도 종종 있다고 한다. 분명 억압이 심했을 텐데도 말이다.

대학생 자녀를 둔 마그다와 테레사. 50대인 그녀들과 친구들 사이에서는 주로 노후문제와 노부모를 모시는 이야기가 화두란다. 한참 대화를 나누다 마그다가 한국의 결혼식 문화에 대해 물어 왔다.

"한국에서는 결혼할 때 300~400명씩 초대해요. 일반적으로 웨딩홀을 빌려 식을 올리고요."

"400명?? 도대체 누가 오는데? 우린 많아도 70명 정도야. 축하 의미로 혼수리스트를 만들어 선물 명단을 미리 보내지."

"오, 좋은 축하 방법 같네요. 한국에서는 대부분 축의금을 내지요."

웨딩홀이 있다는 사실, 축하의 의미로 돈을 준다는 사실, 수백 명의 사람이 모인다는 사실. 생각도 못해본 이야기를 듣는 듯, 그들의 눈이 동그래진다.

한국에서 애플파이는 입에 대지도 않았는데, 사과를 직접 조리해 파이를 구워왔다는 테레사의 정성을 봐서 한입 물었다. 세상에나! 애플파이가 이렇게 달콤한 줄 그때 처음 알았다. 한 조각씩 나눠 먹었던 애플파이, 당연히 영글 몫은 나에게 양보할 수밖에 없었다. 집어 먹은 손가락까지 쪽쪽 빨아 먹는 모습을 보고는 테레사가 웃으며 말한다.

"우정, 토요일에 또 와, 너를 위해 파이를 구워놓을게!"

따스한 그들의 마음에 오랜 여행의 피로가 풀어진다.

212

잊지 못할 생일파티

"우정, 생일 축하해."

올해 생일은 체코에서 맞이하게 되었다. 뜻밖의 나라에 생소한 도시에서 생일을 맞은 오늘, 왠지 그 사실만으로도 로맨틱하다. 영글은 한국에서 챙겨온 미역으로 국을 끓이고 하얀 쌀밥에 재워놓은 불고기로 근사한 생일상을 차려주었다. 한국에서 오는 축하 메시지와 전화로 오전 내내 폭풍 수다를 떨다 보니 가족과 친구들에 대한 그리움이 짙어진다.

"지난 영어모임에 오지 못한 마르케타가 너희를 만나보고 싶어 해. 오늘 저녁 BBQ 파티에 초대하고 싶다는데, 어때?"

숙소와 걸어서 5분 거리에 있는 마르케타의 집은 큰 마당이 딸린 공동주택이다. 마당에 들어서자 숯불 피우는 냄새가 가득하다. 마르케타가 나와 우리를 반갑게 맞아 준다. 마르케타 말고도 옆집, 앞집에 산다는 이웃들까지 다섯 명이 함께 저녁을 준비 중이다. 아파트에서 이웃끼리 인사를 나누는 상황조차 어색해하는 우리네 사정과 사뭇 대조적이다. 몇십 년 전에는 사실 우리나라에서도 이런 광경이 흔했을 텐데 말이다. 마르케타는 자신의 남자친구 페터를 소개했다. 페터는 독일 사람인데, 그린란드^{Greenland}를 여행하던 중 우연히 만나 함께 살게 되었단다.

"난 파사우에서 난민을 지원해주는 일을 하고 있어."

불과 2주일 전, 독일 리타의 집에서 난민인 이브라함을 만났던 우리로서는 귀가 솔깃했다. 독일에서 생활 중인 난민들의 상담일을 맡고 있다는 마르케타는 난민들이 안쓰럽다고 이야기하면서도 더 이상은 그들을 받아주지 말아야 한다는 의견도 내비쳤다. 그도 그럴 것이 올해 파사우로만 20만 명이 넘는 난민이 유입되었다고 한다. 간혹 세상 반대편의 뉴스로만 접했던 난민 문제가 유럽인들 사이에서는 새로운 갈등의 씨앗으로 커가고 있는 듯 보였다. 대중교통으로는 3시간 넘게 걸리던 파사우는 차를 타면 1시간 거리다. 그래서 마르케타와 페터는 파사우에 있는 직장을 다니지만, 상대적으로 물가가 저렴한 체코에 살고 있다. 세금도 돈을 버는 독일에서만 낸다고. 체코 역시 수도인 프라하의 경우 서울만큼이나 집값이 비싸 20~30년은 일해야 집 장만을 간신히 할 수 있을 정도란다. 주변 나라로 출퇴근할 수 있는 것을 빼고는 우리네와 사정이 비슷하다.

그들의 여행 이야기에 우리의 우프 경험까지 더해지자 시간 가는 줄 모르고 밤이 깊어간다.

옆집에 산다는 게이 커플은 내일 성 소수자 파티에 가야 한다며 먼저 자리를 떴다.

"북한에 관심이 많아서 내년에 중국여행사를 통해 가볼 생각이야."

"뭐? 북한에 갈 수 있다고?"

믿을 수 없다는 표정의 우리에게 페터는 여행사 사이트를 보여준다. 김일성 생일, 마라톤,
자원봉사 등등, 여러 가지 일정을 상품화하여 유럽인 관광객을 모집하고 있었다. 호기심의
대상이 될 수 있겠지만 신중해야 한다고 조언했지만, 그들을 막을 수는 없을 것 같다.

우리에게 북한에 대한 정보를 더 얻었으면 했으나 정작 우리보다

더 많은 정보를 가지고 있는 그들이다.

45도가 넘는 자두주(酒)에 몇 병의 와인과 맥주가 다 비워지고 나서야 숙소로 돌아왔다.

잊지 못할 생일 밤이다. 마그다 덕분에 체코라는 나라가 보이고 이해되기 시작했다. 먹고
사는 걱정에 자식 교육과 부모님 이야기까지, 오랜만에 그야말로 사람 사는 세상에 물들 수
있었다. 이상하게 일주일 동안 사진 한 장 남기지 않았지만 한 곳에 머물면서 진짜 체코를
느꼈다. 그리고 깨달았다. 다른 세상의 이들을 이해하기 위해서 명심해야 할 조건 두 가지.

현지에 살아볼 것

그리고 그들 삶으로 들어가 볼 것

Wwoofer's Diary. 02

체코에서 파리까지

정들었던 빔페르크를 떠나는 날이다. 다음 주로 일정을 잡은 프랑스에서의 우프를 위해 먼 길을 가야만 한다. 다행히 마르케타가 파사우로 출근하는 길에 우리를 태워다 주었다. 아침부터 추적추적 비까지 내리는 상황에서, 덕분에 고생을 면할 수 있었다.
영글은 숙박비와 교통비를 아끼기 위해 며칠 동안 바빴다. 가는 길에 있는 '카우치서핑 **Couch Surfing**' 여러 호스트들에게 이미 메시지를 보내놨고, 특가 할인 중인 대중교통을 귀신같이 찾아냈다. 난 늘 그랬듯이 영글을 믿고 따라나서기만 하면 된다!

슈투트가르트 그리고 가시방석

그동안 카우치서핑 호스트의 초대를 받는 데에 번번이 실패했었는데, 이번엔 어쩐 일인지 두 곳에서나 답장이 왔다. 덕분에 독일 밤베르크 **Bamberg**와 프랑크푸르트 **Frankfurt** 각각의 호스트 집에서 하루씩 머물 수 있게 되었다. 파사우에서 출발하는 밤베르크행 기차에는 오늘도 역시 많은 난민들이 몸을 싣는다. 이 행렬은 언제 끝이 날까. 평화가 오기는 할까.
호스트 카이의 집은 구시가 한복판에 있었다. 마침 방학이라 룸메이트의 방이 비어 있어 편하게 쉴 수 있게 되었다. 그는 정말 웃음 많고 귀여운 친구다. 이곳에서 대학을 다니고 있는데 슈투트가르트 **Stuttgart** 출신이란다.

Couch Surfing 여행자가 잠잘 수 있는 「소파(Couch)」를 「찾아다니는 것(Surfing)」을 뜻하는 말. 현지인은 여행자들을 위해 자신의 카우치를 제공하고 여행자들은 이들이 제공하는 카우치에 머무르는 일종의 인터넷 여행자 커뮤니티다. 미국 보스턴의 한 대학생이 여행을 가기 전 숙박비를 아끼기 위해 그 지역의 대학생 1,500여 명에게 숙소를 요청하는 메일을 보냈다가 약 50명의 학생에게 답장을 받으면서 기획한 프로젝트가 시발점이 되었다. 숙소의 교류와 동시에 문화의 교류가 이루어질 수 있다는 장점이 있다. 인터넷(www.couchsurfing.org)과 페이스북을 통해 운영되고 있으며, 현재 세계 10만여 도시에서 약 600만 명의 회원이 활동하고 있다. 회원들은 카우치 제공 내용을 기록하고, 카우치를 받은 사람들은 이를 평가하고 평점을 매기기도 한다.

저녁이 되어 그를 따라 이곳 대학생들에게 인기 있다는 바에 갔다. 맥주와 소시지를 주문해서 먹는데, 주위를 둘러보니 안주를 먹는 손님은 우리뿐이다. 밤베르크 대학가 술집들은 일주일에 하루 요일을 정해 특가 행사를 하기 때문에 요일별로 술집을 정해놓고 간단다. 진정 맥주의 나라답다. 카이는 밤베르크 사람들이 독일 내에서도 맥주를 가장 많이 먹는다며 자랑하듯 이야기한다. 밤베르크 대학에 입학하면 하루 동안 타운에 있는 9개 양조장을 돌며 맥주 한 잔씩을 마시고 '맥주 졸업장'도 받아야 한다니, 밤베르크 사람들의

유니콘을 좋아한다는
귀여운 카이와 함께

맥주 사랑도 알 만하다. 때마침 내일부터 맥주 축제가 열린다는데, 바로 프랑크푸르트로 떠나야 한다는 사실이 서글프다.

매번 나이 많은 우프 호스트들과 지내다가 이렇게 젊은 대학생과 하루를 지내고보니 또 다른 재미가 있다. 사실은 현지인 친구를 사귀어 보겠다는 이유보다 숙박비를 아껴보겠다고 카우치서핑을 한 것인데, 이렇게 즐거운 하루를 보내고 오히려 미안한 마음이 든다.

밤베르크의 명물인 훈제 비어를 먹으러 다음 날 아침부터 제법 이름이 알려진 술집에 갔다. 11시부터 자리에 앉아 브런치를 먹었던 참에 점심까지 내리 이어졌다. 유명세를 증명하듯 점심시간이 되자마자 넓은 홀의 테이블이 금세 다 채워졌다. 손님 중에는 우리 또래의 한국인 여자 두 명도 있다. 자리가 없어 안절부절못하는 모습에 먼저 합석을 제안했다. 반갑기도 하고 오랜만에 한국말로 수다를 떨어볼 생각이었다. 하지만 이건 정말이지 큰 실수였다. 같은 나라 사람이 봐도, 이런 꼴불견이 없다. 음식을 주문해놓고는 얼마 못가 몇 번씩 직원을 불러 음식을 빨리 달라며 재촉했다. 딱 봐도 밀린 주문을 소화하느라 정신이 없어 보이는데…. 여기서 한 시간 떨어져 있는 뉘른베르크^{Nuremberg}에서 출발한 그들은 이곳과 뷔르츠부르크^{Wurzburg}까지 둘러보고 다시 뉘른베르크로 돌아가는 빡빡한 하루 일정을 소화해야 했다. 계속 스마트폰만 쳐다보고 있으니 대화할 여유조차 없다. 음식이 나오자 그 바쁜 와중에도 일단 사진을 찍고 허겁지겁 먹기 시작한다. 그리고 이내 직원을 불러 계산해 달라고 수차례 요청했다.

"여기 꽉 차 있는 앞선 사람들 안 보여요?"

결국, 화가 난 직원이 한마디 쏘아붙인다. 동석한 우리는 민망해서 얼굴도 못 들겠고 즐거워야 할 식사자리는 가시방석이 되어버린 지 오래다. 그쯤 되면 알아들을 줄 알았는데, 굳이 계산을 하겠다며 다시 자리에서 일어난다. 음식은 맛이 없다고 반도 먹지 않았다. 중간에 짐짓 말려보기도 했지만 누가 쫓아오기라도 하는지 정신없는데 무슨 소용이 있으랴. 당연히, 계산을 치르지 못한 채 씩씩대며 자리로 돌아왔다. 정해진 규칙을 칼같이 지키는 이곳 사람들에게 한국인의 조급증은 통하지 않는다. 몇 분이 지나자 발을 동동 구르고 있는 그녀들에게 드디어 직원이 계산하러 왔다.

"팁 안주려면 동전 다 꺼내야 돼."

그렇게 시간 없다고 하면서도 1센트짜리까지 다 끌어 모아서 정확하게 계산을 하고 자리를 떴다. 직원은 그런 그녀들의 뒷모습을 어이없다는 듯 쳐다보더니 우리들에게 "She's very stressful"이라며 하소연한다.

저렇게 호들갑을 떠는 사람은 이곳에선 한 명도 볼 수 없다. 정 바쁘면 테이크아웃 음식점이나 패스트푸드점에 갈 일이다. 우리나라에서는 워낙 익숙하지만 여기서는 음식 사진을 찍거나 종업원을 재촉이고, 식사 도중 계산해달라는 요구는 모두 예의에 어긋난다. 그 직원은 이들의 행동을 얼마나 이상하게 생각했을까.

거슬러 올라가 10년 전 유럽을 처음 여행할 때, 뭔가 조급했던 내 모습을 떠올려 본다. 턱없이 짧은 휴가 기간을 가진 우리 현실을 감안하면 한편으론 이해도 되지만, 그렇게 바쁜 일정에 먹을 것 다 먹고 볼 것 다 보겠다는 건 욕심이 아닐지. 이곳 생활과 문화에 어느 정도 적응한 지금, 제3자의 시선에서 한국인 여행자의 모습을 지켜보니 안타까운 생각이 앞선다. 사진을 찍기 위해서 여행을 하는 걸까, 숙제하러 여행을 온 걸까. 즐기기에도 모자란 시간을 정신없게만 보내야 하는 상황이 씁쓸하다.

평가 글만 믿어서는 안 돼!

MOVEX accepted : Wed Aug 19 – Thu Aug 20

> You are welcome :)
> During this time I have another girl from korea at my home,
> but I am sure you will like each other.
> Just let me know when you exactly arrive.

프랑크푸르트에 도착해 호스트 멀린에게 연락했는데, 어찌 된 일인지 답이 없다. 집 앞에
찾아가 한참을 기다려도 소식이 없어, 인터넷이 되는 식당을 찾아내 겨우 카우치서핑을 통해
메시지를 보냈다. 다행히 얼마 지나지 않아 연락이 왔다. 밖에 나가 있는데 8시는 되어야
돌아온단다. 5시에 오라고 해 놓고는 갑자기 무슨 말인가. 찜찜한 상황이었지만 목마른
사람이 우물을 팔 수밖에.

8시에 다시 집에 찾아갔더니 메시지대로 정말 한국인이 우릴 맞았다. 호스트의 누나라는
그녀는 어릴 때 입양이 되었단다. 처음에는 원어민 수준으로 영어를 하다 보니 여지없이
그런 사연이 있나보다 했다. 그런데 호스트가 자리를 비운 사이 우리를 헉! 하게 한 한마디.

"제 말 좀 들어보시겠어요?"
그녀가 갑자기 유창한 한국어 실력을 발휘한다. 알고 보니 우리를 놀려주려고 연기를 했던
것이다. 순진무구한 우정은 심지어 이 언니의 부모를 한국에서 어떻게 찾아줄까 궁리하고
있던 차였다. 하하!
그녀의 이름은 박루나. 영국에서 일하는데, 지금은 출장 차 프랑크푸르트에 왔고 며칠
전부터 여기서 지내고 있단다. 얘기를 듣다 보니 멀린의 집에서 우리가 머물 수 있게 된 데는
그녀의 공이 컸다. 카우치서핑을 백 번도 넘게 했다는 루나 씨의 다양한 경험담에 시간 가는
줄 몰랐다. 그런데 막상 멀린은 처음부터 계속 저기압이고 말도 없다. 좋아하는 여자와 잘 안
풀려서 기분이 좋지 못해서란다. 지금 33살인 그는 카우치서핑을 통해 만난 21살 여자에게
빠져 있었다. 당시 남자친구가 있었던 그녀는 멀린에게 회사를 그만두고 함께 여행을
다니자며 제안했고, 결국 잘 다니던 좋은 직장에 사표까지 냈는데 지금에 와서 엄청나게
후회하고 있단다.

당초 멀린에게 메시지를 보낼 때 한식을 해주겠다고 공언한지라 칼국수 재료를 준비해 갔다.
루나 씨는 멀린은 기분이 저래서 안 먹을 테니 알아서 만들어 먹으라 했다. 불편한 마음으로
멸치육수를 내고 있는데, 그 냄새를 맡은 멀린의 반응이 가관이다. 신경질적으로 집 안의
모든 창문을 열더니, 요리 중인 주방문을 쾅 닫아버렸다. 그러던 그에게 맛이라도 보라고
한 입 건네줬는데 혼자서 2인분을 그대로 흡입했다. 국물이 마음에 들었는지 채소전까지
말아 싹싹 그릇을 비운다. 덕분에 우리 둘은 제대로 먹지도 못했다. 정말이지 이상한
호스트다. 아무래도 카우치서핑의 평가 글은 실제와는 거리가 있는 듯하다.

9.

in FRANCE

Vierzon

폐차장에서 숲으로, 사람 손의 위대함

말 없는 한국인
임신 축하 파티
수확의 계절, 가을
세대를 초월한 사랑
유기농, 그 이상의 바이오다이나믹스
WWOOFer's Diary. 태중 일기

우핑 기간 : 8월 22일 ~ 9월 10일, 20일간

우리는 여행자다. 그래서 간혹 '만약 임신하면 배낭은 어떻게 메고 다녀야 하나?'고 민해본 적이 있다. 딱 부러지게 서로 이야기를 나눈 건 아니지만, 암묵적으로 한국에 돌아가면 2세를 계획하자고 생각했었다.

체코에서 다음 우프가 예정된 프랑스 비에르종^{Vierzon}까지 카우치서핑을 통해 이동했다. 아무래도 잠자리가 불안정해서인지 생리가 늦어지던 참이었다. 설마 하는 마음에 임신테스트기를 구매했다. 그런데 지금, 작은 생명이 내 몸속에 있다고 임신테스트기가 말해준다. 십자가 표시(한국 임신테스트기는 임신일 경우 두 줄로 표시되지만 유럽에서 판매되는 임신테스트기는 '+'모양)가 나타난 테스터기를 손에 쥐고 오묘한 감정에 머릿속이 하얘졌다. 떨리는 손으로 영글에게 테스트기를 내밀었다. 그 역시 믿기지 않는 표정이다. 우리는 아무 말 없이 마주 앉아 지금의 감정을 가늠해보았다. 왠지 얼마 전부터 라마스빌리지에서 영글이 했던 말이 계속 떠올랐다.

'나 아빠가 될 준비가 된 것 같아!'

프랑스에서 예정된 우프를 위해 파리^{Paris}에서 기차를 탔다. 임신 사실을 확인한 후부터 새 생명에 대한 생각이 끊이질 않았다. 이젠 둘이 아닌 셋이기에, 앞으로의 계획과 다양한 상황을 머릿속에 그려보았다. 이 상황을 호스트에게 알려야 할까? 아니, 그보다는 앞으로 우프를 계속할 수 있을까? 한국에는 언제 돌아가야 할까? 15kg에 육박하는 배낭을 이렇게 메고 다녀도 될까? 등등. 함께 이야기를 나누다 보니 파리에서 2시간 거리에 위치한 비에르종에 도착했다. 늘 그랬듯이 호스트가 마중을 나왔다. 자신을 '실비'라고 소개한 그녀는 멋진 회색 머릿결을 지녔다. 첫인상이 엄마처럼 포근하고 따뜻한 느낌이다.

차를 타고 다다른 그녀의 집은 큰 정원과 나무가 어우러져 잘 가꿔진 공원 같았다. 손님이 온 걸 알고 제일 먼저 달려 나온 반려견 진이 우리를 반겼다. 이어 작업실 같은 곳에서 아저씨 한 분이 나와 흙 묻은 손을 탁탁 털고는 '봉쥬르~' 하며 인사를 건넨다. 한국에서 한 번도 본 적 없는 콧수염이 인상적이다. 그 옆으로 수줍음 많은 고양이 삐루도 얼굴을 살짝 내민다.

그렇게 이곳 식구들 모두와 첫인사를 나눴다. 실비는 우리가 3주 동안 지낼 방으로 안내했다. 하늘을 마주한 커다란 창문이 나 있는 방이다. 이곳은 미술치료를 직업으로 삼고 있는 실비의 작업실로, 곳곳에 놓인 미술 작품들과 깨끗하게 준비된 침구류, 명화집이 꽂혀 있는 책꽂이가 마음에 들었다. 어깨를 누르던 짐을 풀고 포근한 매트리스에 누우니 여기가 천국이다. 이번 달은 이곳이 우리 집이 되어 주겠지. 여행을 통틀어 가장 마음에 드는 잠자리다. 그동안 배낭 속에 꾹꾹 눌러 담고 다닌 빨래거리를 챙겨 1층으로 내려갔다. 이렇게 여행 중에 세탁기를 쓸 수 있다는 것도 큰 기쁨 중 하나였다.

벌써 정원에는 테이블과 의자가 놓였다. 실비와 미카엘이 저녁 준비로 분주한 가운데, 우리도 돕겠다고 나섰다. 토마토 샐러드와 당근, 브로콜리를 익힌 음식이 저녁 메뉴이다. 밥도 국도 없는, 한국 밥상으로 치면 반찬 한 가지에 들어갈 채소가 전부였다. 단출하다는 생각도 잠시, 맛을 보고는 이내 황홀한 식사로 바뀌었다. 재료 본연의 맛이 충실하게 살아 있는 식감에 텃밭에서 방금 솎아내 요리한 당근 브로콜리 찜은 특히나 달고 향긋했다. 영글은 최고의 토마토 샐러드를 맛보았다며 엄지를 척하니 추어올린다.

"이 맛에 우프를 하지!"

아름다운 숲과 정원 그리고 집. 우리가 꿈꾸는 삶의 공간도 이런 모습이었다.

유럽 8개국에서 9번의 우프를 경험한 우리 이야기를 두 사람은 무척 흥미롭게 들어준다. 라마스빌리지에서 생태건축 워크숍에 참여했다는 말에 미카엘은 의자를 바짝 당겨 옆으로 붙더니 더 많은 사진과 이야기를 듣고 싶어 했다.

이어 미카엘이 자신의 이야기를 들려준다. 이곳은 미카엘의 고향이다. 바로 옆 저택에서 미카엘의 부모님이 생명역동농법^{Biodynamics} 교육을 운영했는데, 프랑스에서는 제일 먼저 시작한 것이라고 한다. 미카엘과 실비는 영국에서 조각을 공부하다가 만났고, 함께 고향으로 돌아와 25년 동안 이곳을 가꿔왔다. 원래 폐차장이었던 곳을 이렇게 멋진 숲과 정원으로 탈바꿈시킨 그 땀과 노력이 대단하게 느껴진다.

그들은 나와 동갑인 딸 엘루이제와 현재 배를 타고 세계여행 중인 아들 일루이를 두고 있다. 일루이는 어려서부터의 일관된 꿈을 이루기 위해 스무 살 때 사촌들과 본격적인 준비에 나섰고, 1억 원에 가까운 돈을 벌어 항해에 사용할 배를 구매하고 운항법도 배웠다. 그렇게 한 달 전 출항한 그는, 무려 2년에 걸쳐 지구 한 바퀴를 여행할 계획이란다. 정갈하게 정돈된 일루이의 방 벽에 걸린 바다 위 배가 놓인 큰 그림을 보면서 점점 더 그가 어떤 친구일지 궁금해진다. 한편, 엘루이제는 여기서 한 시간 거리에 살고 있단다. 주말에 종종 사위와 함께 온다고 하니 곧 만날 수 있을 듯하다. 동갑이라 왠지 더 기대된다.

첫날부터 두런두런 이야기꽃을 피우다 보니, 어느새 서쪽 하늘이 노랗게 노을로 물들어 갔다. 숲에서 들려오는 새소리와 진과 뻬루의 장난치는 모습이 어우러진, 풍요로움 가득한 저녁이다.

인생에서 가장 아름다웠던 20일 동안의 식사시간

말 없는 한국인

긴장해서인지 늘 우프를 시작한 다음 날은 일찍 잠에서 깼다. 8시 식사시간에 맞춰 부엌으로 내려갔더니, 미카엘이 웃음 띤 얼굴로 먼저 인사한다.

"사바?"

꼭 아빠가 '잘 잤니?'라고 묻는 느낌이다. 영글이 "위~!" 해맑게 대답한다. 짧은 영어 실력에 불어를 제대로 할 리 만무하지만 이곳에서 살아남기 위해 몇 가지 단어를 습득했다. 프랑스에서 지내려면 최소한 네 가지 인사말은 꼭 기억해야 한다.

봉주르bonjour **안녕하세요!**

메르시merci **고맙습니다.**

실부플레s'il vous plait **해주세요.**

오르부아aurevoir **안녕히 가세요.**

'봉주르'라는 말이 중요하다는 것을 프랑스에 오기 전에는 미처 몰랐다. 2월 한국에서 출발해 처음 밟은 유럽 땅이 '파리'였다. 당시 기분에 취해 파리에 한 번쯤 와 본 여자가 되겠다며 시내를 활보했는데, 이상하게 식당, 가게, 상점에서 일하는 사람들의 시선이 모두 차가웠다. 처음에는 적은 팁 때문일까 아니면 아시아인이라고 무시하나 싶어 괜히 혼자 화가 났다. 나중에 알고 보니 '봉주르'를 제대로 하지 않은 것이 결정적인 원인이었다. 유심칩을 사러 들어간 매장 직원이 인사말을 왜 안 하냐고 눈을 크게 부릅뜨며 우리를 다그칠 때 깨달은 결론이다. 프랑스에서는 아이를 키울 때 인사 예절 교육을 굉장히 중요시 한단다. 그런데 다 큰 어른이 인사도 제대로 못하니, 예의범절 없는 사람 취급을 당한 것이다. 사실 아무리 혓바닥을 굴려도 우리 입에서는 '봉.주.르' 3음절로만 발음돼서 프랑스인이 잘 알아듣지 못할 뿐더러 그 발음이 스스로 어색해 대충 얼버무리거나 눈웃음으로 인사를 대신했다.

실비와 미카엘의 대화를 듣고 있노라면 아름다운 음악을 듣는 것 같다. 아침과 가장 잘 어울리는 언어를 꼽으라면 단연코 '프랑스어'가 아닐까.

아뿌(조금만), 뿌띠뿌(좀 더 적게), 뜨뿌띠뿌(정말 조금)

조금만 달라는 단어 하나도 이렇게 귀엽다. 향기가 코를 찌르는 치즈를 건넬 때마다 우린 늘 미카엘에게, '뜨뿌띠뿌'라는 말을 달고 지냈다.

집과 정원을 모두 직접 만들고 가꿔온 미카엘은 냉장고를 대신해 음식과 와인을 저장할 셀러Cellar를 만들 계획이라 이를 도와줄 우퍼를 기다리고 있었다. 우리가 생태건축 워크숍에도 참여했다고 했을 때 무척 좋아하던 표정도 그 때문이었던 것이다.

'미카엘, 미안해요. 사실 우리는 진흙을 만들어 본 것도 나무 자르는 공구를 만진 것도 그때가 처음이었어요.'

인근에 살고 있다는 미카엘의 친구 얀도 거의 매일 아침 함께 작업했다. 얀이 영어를 전혀 하지 못해 의사소통에 어려움이 예상됐지만, 서툴고 실수 많은 우리 옆에서 친절하게 직접 시범을 보여준다. 그럴 때마다 언어가 통하지 않아도 서로 교감할 수 있는 눈과 마음이면 충분하다는 생각이 든다.

셀러는 햇빛이 들지 않는 북향 벽면에 8평 규모로 지어질 예정이다. 작업에 앞서 미

이 공간은 잼, 와인, 발효음료 등 각종 식료품들을 위한
저장고가 될 것이다.

벽 속에 이렇게 나무를 박으면 안과 밖의 습도 조절이
원활하게 이루어진단다.

228

카엘은 흙, 모래, 자갈, 물을 각각 비율을 다르게 해서 진흙 샘플을 만들어 두었다. 우리가 만난 호스트들 대부분 '남들이 하는 대로'라는 식의 방법은 통하지 않았다. 미카엘 역시 현지에 맞는 진흙을 찾기 위해 주위에 물어보고 틈틈이 책도 보며 준비해왔다고 한다. 그렇게 얻은 조언은 어디까지나 참고로 받아들일 뿐, 경험을 통해 확신을 얻은 후 결정을 내렸다.

모래를 옮길 때나 진흙을 만들 때, 점심 중에도 대화가 끊이지 않는 미카엘과 얀. 그 내용이 궁금하다 못한 영글이 미카엘에게 물어본다.

"도대체 무슨 대화를 그렇게 하시는 거예요?"

"작업에 대한 생각을 나눴지. 나는 이렇게 생각하는데 더 좋은 방법이 있는지. 우리는 늘 대화를 많이 해. 농부와는 농사에 대해, 음악가와는 음악에 대해, 집 짓는 사람과는 건축에 관해 이야기하지."

우리에게도 이렇게 다른 분야 사람들과 소통할 수 있을 때가 올까? 언제부터인가 서로 공감대가 있거나 내가 원하는 정보를 가진 사람이 아니면 대화를 편하게 나누지 못한다. 분명 토론이나 대화가 일상화되지 않은 한국 문화의 탓도 있을 것이다. 사람에 대한, 세상사에 대한 관심과 호기심은 점점 사그라지고 내 삶의 울타리만 생각하게 된 건 아닌지 걱정이 든다.

"그런데 너희는 왜 말을 안 해? 식사시간에도 그렇고. 궁금한 게 별로 없어?"

"어, 음~ 동양에서는 음식을 먹으며 말하지 않는 게 예의에요."

갑작스러운 질문에 순간 당황해 튀어나온 대답이지만, 다행히 그럴싸한 변명이 되었다. 하긴 프랑스 식문화Gastronomie francaise는 유네스코 세계 무형 문화유산으로 지정되었을 만큼 중요하다. 그런데 우리는 '애피타이저-메인-디저트' 순서로 이어지는 2시간 가까운 식사시간 동안 별 말이 없으니 미카엘이 참다 물어온 듯하다. 30분, 길어야 1시간이면 끝나는 한국과는 많은 차이가 있다. 삼시 세끼 식사를 준비하는 시간까지 합치면 프랑스인들은 하루의 반은 식사와 관련된 활동을 하는 셈이다. 이 긴 시간을 위해 앞으로는 이야기 소재를 준비해야 하겠다.

임신 축하 파티

셀러를 만드는 작업은 팔뚝 힘을 기르기에 좋았다. 미카엘이 진흙을 배합해주면 영글이 수레에 옮겨와 부었다. 그러면 나는 납작한 쇳덩어리가 달린 작대기를 들고 쉴 새 없이 흙을 다졌다. 이렇게 하면 하루 동안 폭이 100㎝인 한쪽 벽면에 50㎝ 높이의 흙벽을 만들 수 있다.

힘을 쓰는 일도 그렇고, 앞으로 여행 계획을 위해서도 임신 여부를 정확히 알아야 했다. 난 여전히 힘이 넘치고 임신 초기증상과 맞아 떨어지는 게 하나도 없다. 사실 임신에 대한 호스트 부부의 반응도 걱정이다. 산부인과에도 가보고 싶었지만 어딜 찾아가야 하는지, 찾아간들 대화가 될 지 고민만 늘어갔다. 결국 들어온 지 3일이 지나 실비에게 조심스럽게 이야기를 꺼냈다. 실비는 화들짝 놀라면서도, 테스트기 결과대로라면 굳이 병원에 갈 필요가 없단다. 하지만 '네, 임신입니다'라는 의사의 확실한 소견이 듣고 싶다.

우려했던 것처럼 한국과 확연히 다른 프랑스 의료시스템 때문에 정말 모든 게 어려웠다. 진료를 받으려면 주치의가 있어야 하는데, 실비는 자식 모두를 집에서 출산했을 정도로 병원에 잘 안 가는 자연주의자였다. 다행히 실비의 친구가 주치의를 연결해 주었고, 병원 초보 실비와 한참을 헤맨 후에야 어렵게 진료를 받을 수 있었다. 결과는 일주일 뒤 다시 와서 확인해야 했다. 실비가 아니었으면 병원 문턱도 넘을 수 없었는데, 또 한 번 신세를 졌다.

그렇게 며칠이 지나고 실비의 친구 3명이 휴가를 온 날, 결과를 확인하러 병원으로 향했다. 의사는 봉투 하나를 건네주며 검사 수치가 기준보다 높으면 임신이라고 알려준다. 떨리는 마음으로 봉투를 여는데, 실비와 영글은 내 입만 쳐다보고 있다.

"위wi."

설명되지 않는 감정을 붙잡고 집으로 향했다. 미카엘과 실비의 친구들이 임신 소식을 듣고는 모두가 나를 끌어안고 축하해준다. 임신 소식에 한층 밝아진 분위기는 저녁 식사까지 이어졌다. 미카엘은 나뭇가지를 모아 불을 지피고 다른 사람들은 상차림을 도왔다. 비가 내릴 수도 있다는 예보에 식탁 위로 커다란 비 가림 천막도 설치했다.

"우정, 오늘 저녁은 크랩이래! 꽃게!"

"설마. 꽃게를 저기에서 어떻게 먹어."

"모챙이에 꽂아서 구워 먹으려나 보지. 우리를 위해 준비했나 봐!"

정원 한쪽에 지핀 장작불이 붉게 피어올랐다. 멋진 식탁 주변으로 실비 친구인 크리스 탈린과 그녀의 딸 쥬이, 파리에서 온 베아뜨라스, 로잔^{Lausanne}에 산다는 브랏이 둘러앉았다. 그런데 기다리던 꽃게는 8시가 넘도록 소식이 없다. 그 순간 숯불 위에 구워지는 밀가루 반죽을 발견하고 망연자실했다. 잘 피어오른 숯불 불판 위에 떡하니 밀가루 반죽이 놓일 줄이야. '크레페^{Crepe}'를 '크랩^{Crab}'으로 알아듣고 입맛을 다셔가며 꽃게만 기다린 우리. 어찌되었든 이들에게는 일상적인 저녁식사가 우리에게는 임신 축하 파티의 의미로 다가와 특별함을 가져다주었다. 물론 살면서 맛본 크레페 중에 으뜸이었다.

식사를 하면서 10년 동안 직접 항해하며 태평양을 여행했다는 크리스탈린이 자신의 이야기를 들려준다. 보트 꼭대기에 올라가 배의 방향을 잡고 틀 줄도 안다는 그녀는, 안타깝게도 여행 후 남편과는 헤어졌단다. 현재 15살인 쥬이는 여행 중에 가진 아이고, 배에서 컸다고 해도 과언이 아니다. 항해하면서 아기를 낳고 키우는, 영화에나 나올 법한 스토리이다.

영국에서 만난 '거지공주' 정미씨도 그랬지만, 여기 크리스탈린은 물론 엘루이도 여행의 스케일이 우리와는 비교 불가이다. 한국에서는 1년 동안의 여행도 '용기가 대단하다', '부럽다', '책 한 권 써라'는 말을 들을 정도라 괜히 어깨가 으쓱했는데, 여기선 명함도 내밀지 못한다.

웃고 떠드는 사이, 배가 불러오자 생태화장실이 불현듯 생각난 영글의 얼굴이 어둡다. 미카엘이 직접 만든 생태화장실은 용변을 보고 발효 톱밥을 뿌려 사용해야 한다. 둘이서만 사용해도 이틀이면 바구니가 가득 차고, 이를 버리는 일도 만만치 않다. 2층에서부터 삐걱거리는 계단을 타고 텃밭까지 가야 하는데, 무거운 데다가 혹여 엎기라도 하면 대형 참사가 날 일이다. 우리는 이 때문에 최대한 용변을 밖에서 해결했다. 그런데 여기 와 있는 손님들이 그 사정을 알 턱이 없다. 여섯 사람이 사용하면 하루에 두 번은 비워야 할 참이다.

수확의 계절, 가을

한국의 부모님들에게 임신 사실을 알려야 할까. 안 그래도 노심초사하시는데, 괜히 걱정만 더해드리는 건 아닌지 고민스러웠다. 하지만 정말 좋은 일이니 설레는 마음으로 전화를 걸었다. 갑작스런 임신 소식은 양쪽 부모님 모두에게 놀라움과 기쁨을 동시에 안겨드렸고, 첫째도 둘째도 몸조심하라는 당부를 들었다.

지금은 9월, 기다리고 기다리던 수확의 계절이다. 집 정원에는 살구, 복숭아, 사과와 배나무 등 유실수가 가득하다. 2월 스페인을 시작으로, 씨 뿌리고 밭 갈고 잡초 뽑기만 해온 터라 가을이 오기만을 은근히 고대했다. 아침이면 우리는 장화를 신은 채 수레를 끌고 과일나무 아래로 갔다. 밤사이 떨어진 과일만 주워 담아도 금세 한가득 채워졌다. 아침을 먹지 않고 정원으로 나가 사과와 복숭아, 살구로 배를 채우기도 했지만, 이제 우정은 그 나무 아래에서 구토하기도 바쁘다.

실비는 1년 동안 먹을 콤포트 **Compote** (과일과 설탕을 냄비에 넣고 한참 졸여 만드는 프랑스식 디저트)를 만드느라 정신이 없다. 나무에 약을 치지도 않고 자연스럽게 익어 바람에 떨어진 과일만 수확했다. 벌레도 먹고 모양도 제각각이지만 그 향과 과즙만큼은 최고다.

배 속에 새 생명은 자신의 존재를 분명하게 알렸다. 우정은 솜씨 좋은 실비의 요리를 입에 대지도 못하고 2층 방에서 꼼짝도 하지 못했다. 조리한 음식을 입에 댈 수조차 없음은 물론 냄새만 맡아도 헛구역질을 할 만큼 입덧이 심해졌다.

덕분에 나는 24시간을 48시간처럼 지냈다. 아침 식사를 마치면 두유와 시리얼, 바나나를 가져가 누워 있는 우정부터 챙겼다. 그리고 이내 작업복을 갈아입고는 셀러 만드는 작업에 몰입했다. 아무래도 일을 못하는 우정의 몫까지 해야 한다는 생각에 미카엘이 낮잠 자는 시간에도 쉬지 않았다. 실비, 미카엘과 함께 점심, 저녁 식사를 마치고는 다시 우정의 식사를 준비했다. 주로 삶은 감자, 감자전, 계란 프라이, 쌀밥에 조미김이 다였다. 그마저도 먹으면 다행인데, 통 먹지를 못하다니 우정은 2주 만에 5kg이나 몸무게가 빠졌다.

어느 날, 안색이 창백하고 힘이 하나도 없는 우정에게 실비가 은단처럼 생긴 작은 알갱이 몇 알을 건넨다.

드디어 맞이한 수확 철이지만 폭염과 말벌들 때문에 멀쩡한 사과가 별로 없다.

입덧에는 아무 향이 없는 흰쌀밥이 최고다.

"동종요법이라고 들어봤어? 아픔의 원인과 같은 물질을 소량 사용하면 그 증상을 낫게 할 수 있어. 예를 들어 벌에 쏘였을 때 벌침으로 치료하는 식이지. 이건 오징어 먹물로 만든 건데 속을 진정시키는 데 효과가 있을 거야."

입덧과 오징어 먹물이 무슨 상관관계가 있을까 싶지만, 책까지 펼쳐 증상을 찾아가며 약을 건네준 실비의 정성에 우정은 두 말하지 않고 받아먹었다. 그러나 이삼일이 지나도 차도가 없자 이번에는 숯가루를 탄 까만 물이 등장했다. 컵을 받아든 우정의 눈빛이 마구 흔들렸지만 고마운 마음을 거절할 수 없어 이번에도 원 샷을 했다. 다 마신 직후 그 길로 마당으로 뛰쳐나가 까만 물을 토해내야만 했지만.

실비의 처방이 듣지를 않자, 이젠 미카엘이 나섰다. 중국에서 동양의학을 공부했다는 지인을 우정을 위해 특별 초빙했으나, '집에 돌아가면 낫는 향수병'이란 허탈한 진단만 받고 역시나 뾰족한 해법을 찾진 못했다. 실비의 약도, 미카엘의 도움도 결국 우정에게는 통하지 않았다. 당장 한국행 비행기에 몸을 싣고 싶었지만 이제 막 임신 8주라 10시간이 넘는 장시간 비행을 할 수도 없는 상황이다. 적어도 태아가 안정기에 들어서는 시기 이후에나 가능한 일이다. 지금이 아니면 한국에 돌아갈 때까지 병원에 가볼 기회가 없을 것 같아 실비에게 한 번 더 병원에 가 줄 것을 부탁했다.

"왜 자꾸 병원에 가려고 해? 이곳에선 3개월이 지나서야 초음파를 볼 수 있어. 너무 잦은 진료는 태아에게 좋지 않아."

프랑스에서는 특별한 증상이 없다면 초음파는 임신 초 · 중 · 말기에 각각 한 번씩, 총 세 번이 전부란다. 임신 중 초음파 진료 횟수가 평균 12회에 이른다는 우리나라와는 확연히 달랐다. 실비 말에 과연 초음파가 누구를 위한 검사일까 생각해보게 된다. 한국에서는 너무나 많은 인터넷 정보와 주변 사람들의 이야기가 불안함만을 가중시킨다. 챙겨 먹어야 하는 비타민, 엽산제, 철분제부터 한 달에 한 번은 받아야 한다는 정기검진과 산전검사가 그러할 진데, 여기선 그렇게 챙겨먹을 일도 병원에 가는 것도 쉽지 않다. 지금, 아무것도 할 수 없는 우리에게 필요한 건 평온한 마음과 믿음뿐이었다.

세대를 초월한 사랑

이번 주에 실비의 딸 엘루이제 부부가 온단다. 음식을 좋아해 요리를 배우고 있고, 한식에도 관심이 무척 많다고 한다. 처음 이 집에 왔을 때 고추장과 김, 미역이 있는 걸 보고 놀랐는데, 모두 엘루이제가 공연하러 한국에 왔다가 사 온 것들이었다. 덕분에 고맙게도 우정이 조금이나마 식사를 할 수 있었다.

실비가 엘루이제와 통화할 때 어떤 한식을 먹고 싶은지 물어봐 달라고 했는데, 돌아온 답변은 '김치'. 예상치 못한 메뉴이다. 김치가 뚝딱 만들 수 있는 음식은 아니므로, 결국 김밥을 해주기로 했다.

주말은 빨리 다가왔다. 차에서 내린 두 사람은 부모님과 '비쥬Bisous'로 반가움을 나눈다. 우리 부부도 '봉주르~' 하며 인사를 했는데, 딸 일루이제는 알겠고, 함께 서 있는 중년 아저씨는 누구?

그랬다. 딸 엘루이제는 88년생으로 나와 동갑이지만, 남편 루익은 장모보다 2살 많고 장인보다 2살 어린 사위였다. 더구나 주중에 20대 초반인 딸의 이사를 돕느라 정신이 없어 늦게 왔다는 루익의 말을 듣고 우린 혼란에 빠졌다. 반면, 미카엘과 실비는 정말 아무

Bisous 프랑스식 인사. 여자와 여자, 여자와 남자 사이에 뺨에 입을 맞추거나 뺨을 맞대며 입으로 쪽~ 소리를 내는 인사

렇지도 않게 그를 대한다. 두 사람은 주말에 왔다가 화요일이 되고서야 돌아갔다. 오랜만에 거실에 앉아 휴식을 취하고 있는 실비에게 조심스럽게 물었다.

"실비, 처음 둘이 만난다고 할 때 기분이 어땠어요?"
실비는 둘의 엄청난 러브스토리를 들려주었다.

"엘루이제와 일루이 모두 발도로프 교육을 했어. 그중에서도 엘루이제는 음악을 좋아했고, 그래서 12살에 음악 레슨을 받았지. 그 레슨 선생님이 루익이야. 루익은 엘루이제에게 한눈에 반했지. 엘루이제는 처음 느끼는 자신의 감정이 무엇인지 몰라 혼란스러워했지만, 둘은 계속 편지를 하며 연락을 이어 갔어. 엘루이제가 15살이 되던 어느 날, 우리에게 그를 사랑한다고 고백했어. 마치 루익과 자신은 전생에서부터 인연이 이어져 오고 있는 것 같다고. 그렇게 말하는 딸의 이야기를 듣고 나니 이거 정말 장난이 아니구나 싶었지. 생각해 봐, 15살 된 엘루이제가 그런 말을 하다니!"

"그래서요?"

"미카엘은 매일 눈물을 흘렸고, 마음 아파했지. 거의 1년 동안 말도 하지 않을 정도였어."

왜 아니 그랬을까. 아무렇지 않아 보였던 미카엘과 실비도 처음에 충격을 받기는 우리 부모들과 매한가지였을 것이다. 그럼에도 불구하고 딸의 선택을 진심으로 존중하고 그 행복을 지켜봐 주는 미카엘, 실비 부부. 실로 이해심이 깊은 사람들이다.

늘 환한 표정의 엘루이제.
한국 음식이면 사족을 못 쓰는 한식 팬이다.

실비 그리고 딸과 아빠 같은 엘루이제와 루익

236

유기농, 그 이상의 바이오다이나믹스

미카엘은 '바이오다이나믹스Biodynamics' 방식으로 농장을 가꾸고 있다. 바이오다이나믹스는 1920년대 독일의 루돌프 슈타이너가 시작한 농사법으로, 지구 밖에서 오는 여러 요인이 식물에 영향을 미친다는 사실에 초점을 둔다. 태양, 달, 천체의 움직임을 고려해 농사를 짓는다는 점에서 24절기에 바탕을 둔 우리나라 전통 농법과 유사한 점이 많다. 앞서 언급했듯이 미카엘의 아버지는 바이오다이나믹스를 프랑스에 처음으로 들여온 분이다. 어려서부터 모든 것을 지켜봤던 미카엘은 그 철학을 이어받아 지금도 일상생활에서 몸소 실천하고 있었다. 하루는 텃밭의 잡초를 뽑던 중 미카엘에게 바이오다이나믹스가 유기농과 다른 점이 무엇인지 물었다.

"유기농은 농사짓는 방법을 말하는 것인데, 바이오다이나믹스는 그뿐만 아니라 우주 전체를 아우르는 개념이야. 정신적인 것, 생각, 에코시스템, 조화 등 모든 걸 고려하지."

여기선 똥을 음식물찌꺼기나 잡초가 들어 있는 콤포스트Compost(퇴비) 통에 넣어 오랜 시간 묵혔다가 사용한다. 물론 그렇게 하는 것이 보다 효과적인 퇴비가 된다. 그런데 예를 들어, 똥을 바로 채소밭에 뿌리면 인간은 더 높은 단계로 나아가지 못하고 노예처럼 종속되고 만다는 개념도 포함된 것이다.

먹는 것에 있어서도 굉장히 세심하게 주의를 기울인다. 텃밭에서 생산하지 않은 식재료는 친환경전문점에서 사거나, 주말마다 열리는 파머스 마켓Farmers Market에서 생산자와 직거래한다. 고기와 유제품 역시 농장에 가서 어떻게 사육하는지 직접 확인한 것만을 구매하는데, 소고기의 경우 뿔을 자르지 않은 소의 고기만을 먹는다고 한다. 그렇지 않은 소고기와 유제품은 소화가 덜 된다고 생각하기 때문이다.

숲과 정원 역시 이 공간 안에서 모든 것들이 순환되고 정화될 수 있도록 조성했다. 특히 미카엘이 만들어서 판매까지 하는 폭포형 분수대도 이러한 철학에 바탕을 둔 때문인지 평범하지 않았다. 일단, 물의 흐름이 끊이지 않도록 특이하게 구성되었는데, 소용돌이치며 서로 부딪히지 않고 내려가는 물을 보고 있노라면 정말 신기하다. 에너지의 흐름을 생각하고 만든 폭포란다. 이런 걸 누가 살까 싶었지만 우리가 있는 동안에도 꾸준히 주문이 들어왔다. 심지어 두 사람은 집에서 먹는 물도 에너지를 높인다며 병 두 개를 연결하여 빙글빙글 회전시켜서 먹을 정도다.

오랫동안 머물면서 많은 것을 경험하고 배워가고 싶었지만, 날로 체중이 줄어드는 우정을 보면 더 이상 지체할 수 없다. 원래 이곳에 오게 된 중요한 목적 중 하나는 미카엘이 진행하는 3일간의 목공 워크숍에 참여하는 것이었다. 그러나 오랜 고민 끝에 포기하기로 했다. 일만 할 때라면 중간에 우정의 음식을 챙겨줄 수 있지만, 워크숍이 진행되면 다른 참가자들과 함께 프로그램에 따라 움직여야 하기 때문에 우정을 돌볼 수가 없다. 방에서 나오지도 못할 정도인데, 직접 음식을 해 먹는 것도 말이 안 되는 상황이다.

유럽에서의 우프 여행은 이렇게 끝이 났다. 1년 동안 우프를 할 계획이었으나, 이제 막 6개월을 넘어서는 시기였다. 우정은 빨리 한국으로 돌아가고 싶어 했지만, 임신 초기에 장거리 비행을 우려한 부모님들의 만류에 11월까지는 꼼짝없이 유럽에서 버텨야 했다. 일하는 것도 여의치 않고 무리해서 여행할 수도 없기에, 우선 한 곳을 정해 자리 잡고 다음 계획을 세워야 할 것 같다. 일단 다음 주에 이탈리아로 가는 비행기 표를 끊어놓았다. 따뜻하고 물가가 싼 남쪽 지방에서 시간을 보내기로 했다.

프랑스에서 기꺼이 엄마 아빠의 역할을 대신해 준 실비와 미카엘에게 진심어린 감사 인사를 전하며 뜨거운 포옹을 나눴다. 이 가족에게 오래오래 평화와 사랑이 가득하기를 빌어본다.

미카엘이 만든 폭포형 분수대

몸과 마음은 불편하지만 초록이 가득한 이곳은
더할 나위 없는 태교명당. 싱그러운 숲의 향기와
따사로운 햇살을 잊을 수 없다.

늘 행복이 넘치는 그들과 함께

태중 일기

우정의 태중 일기

하루하루가 지날수록 배 속에 있는 생명에 대한 의지와 믿음도 함께 커나가는 것 같다.
병원도, 이렇다 할 정보도 없이 단지 기도만 한다. 잘 있어 주기를, 쑥쑥 크기를.
이 시간을 건강하게 보내도록 최선을 다할 테니 힘겨워하지 않기를….
정말 영글 없이는 내가 살 수가 없다. 그래서 영글에게 너무도 미안하다. 밥을 제대로
먹을 수 있나, 일을 제대로 할 수 있나. 영글이 혼자서 두 사람 몫을 하느라 정신이 없다.
매순간 그 고마움을 잊지 않으려 한다.
임신 8주에 가까워져 가고 있다. 내 몸이 좋지 않다 보니 아이도 은근히 걱정된다.
지금 당장 병원을 가도 딱히 방법이 없어 좋은 생각만 떠올리고 싶은데 자꾸 걱정이 앞선다.
보통 8~9주 사이가 유산할 위험이 많은 시기라니, 다음 주가 고비일 듯싶다. 이곳에서
우프를 하며 본의 아니게 민폐녀로 전락했지만 잘 견뎌내려 한다.
그래도 이해심 많고 마음 따뜻한 호스트 부부와 영글 덕분에 참을 만하다.

영글의 태중 일기

우정이 본격적인 입덧을 시작한 뒤로는 실비가 하는 음식은 죄다 못 먹겠다고 한다. 우정의
말로는 '축축하다'고 표현하는데, 냄새만 맡아도 상상만 해도 토할 것만 같단다. 프랑스에서
즐겨 먹는 전통적인 채소 스튜인 라따뚜이 Ratatouille 도 그녀에게는 이제 구토유발음식에
불과하다.
며칠 새, 우정은 기운이 하나도 없어 보인다. 변변한 재료가 없다보니 해줄 만한 한식도
없다. 그나마 쌀과 김이 있어서 다행이었다.
몸이 안 좋다는데 병원에 가봐야 하는 것 아닌지 걱정이다. 입덧 전, 임신 사실을 알고도

몸이 멀쩡하다며 힘든 일을 했던 게 화근일까? 쉬라고 말려도 괜찮다며 더 돕겠다고
고집부리더니…. 여러 사람에게 신세만 지고 아무 역할을 못해 마음이 불편하단다. 그래서
간단한 텃밭 일이라도 할라치면 이내 속을 몇 번이고 게워내곤 했다. 이젠 밖으로 나오는
것조차 겁을 내는 우정을 위해 방으로 음식을 챙겨 가져다주곤 했는데, 식사 자리를
중요시하는 호스트들에게 그 행동이 어떻게 비춰졌을지 걱정이다.

결정해야 할 것은 점점 많고 머릿속은 복잡해진다. 일을 그만두고 파리로 넘어가야 할지,
아니면 장거리 비행이라도 무리해서 한국으로 돌아가야 할지 고민이다. 그나마 우정이 먹을
만한 것을 구하기만 해도 훨씬 사정이 나을 텐데 말이다. 더구나 미카엘과 실비에게 계속
폐만 끼치는 것 같아 결국 떠나기로 결정하고 식사 도중 조심스럽게 이야기를 꺼냈다.

**"우정이 일도 하지 못하고, 밥도 따로 챙겨줘야 해서 괜히 신경만 쓰이게 하는 것 같아
죄송합니다. 아무래도 그만….**

**"괜찮아. 우정은 몸조리하는 게 가장 중요하니까 편하게 쉬다가 가야지. 일을 조금 덜
하는 건 상관없으니까 영글도 부담 갖지 말고 잘 보살펴 줘."**

"정말 고맙습니다."

떠나겠다는 이야기를 하려고 입을 뗐는데, 괜찮다며 오히려 위로해주는 미카엘과 실비의
따뜻한 마음에 차마 말을 잇지 못했다. 한식점이 많은 파리로 이동해 우정에게 뭐든 먹게
하려던 계획은 당분간 미뤄야겠다. 다행히 부르쥬**Bourges**에서 아시아식품점을 어렵게 찾아
당분간 그녀의 끼니 걱정은 덜었다.

Traveling Day

04

끝나지 않은

여행

1.
in ITALY

노 베네 이탈리아

"파리에 가면 탕수육도 먹고, 순두부찌개도 먹고, 냉면도 먹어야지!"

우정에게 파리에 간다는 것은 한국에 가는 것과 같은 의미였다. 파리에는 한인 식당이 많아 웬만한 한식은 다 맛볼 수 있다. 게다가 한인 마트까지 있으니 재료를 구하기도 쉽다. 아무것도 못 먹고 간식거리조차 사기 힘들었던 생활에서 이젠 해방이다.

숙소에 도착하자마자 오던 길에 산 감자칩과 과일주스를 꺼냈다. 그런데 우정은 그 좋아하던 것도 이젠 쓴맛이 난다며 얼마 먹지를 못한다. 그래도 뭐라도 먹어야 하기에 한국인이 운영하는 중국음식점에 데려갔다. 짬뽕, 탕수육, 군만두! 이 얼마 만에 보는 메뉴인가. 혹시 이마저도 못 먹을까 걱정했던 마음은 우정이 젓가락을 들자마자 구름 걷히듯 사라졌다. 짬뽕은 너무 매워서 많이 먹지 못했지만, 탕수육과 군만두는 접시를 깨끗이 비웠다. 프랑스 실비네 집에 있는 내내 먹고 싶은 게 없다더니 이제 좀 식욕이 돌아온 모양이다.

"녹차라테 먹고 싶어."

"이 동네에 일본 라멘 먹으러 또 오자."

먹고 싶은 메뉴도 늘어나기 시작했다. 오페라역 근처에 있는 한인 정육점 겸 반찬가게에서 한가득 쇼핑까지 했다. 입맛 당기라며 닭가슴살 볶음과 김치까지 덤으로 챙겨준 가게 주인 덕분에 그리웠던 한국의 정(情)을 느꼈다. 그나저나 숙소에 있는 3일 동안 이 모든 걸 다 먹을 수나 있을지. 김치만 무려 네 종류, 전라도 한정식 밥상도 차릴 기세다.

기력을 회복한 우정은 숙소에 와서도 먹을 것만 신나게 검색하고 있다. 배고프다는 반가운 소리에 한밤중에 군만두와 무말랭이로 밤참까지 차려주었다.

유럽 여행을 온 우정의 직장 동료가 합류했다. 그녀 역시 파리 구경은 젖혀두고 우리와 한식점과 술집, 일본 음식점을 탐방하기에 바빴다. 심지어 숙소에서 생선까지 구워 먹으며 지난 여행에서의 굶주린 배를 채웠다. 우정은 오랜만에 만난 한국 친구와 폭풍 수다를 나누며 하루가 다르게 회복되어 갔다. 이제 팔라펠Falafel(병아리콩 또는 누에콩을 갈아 둥글게 빚어 튀긴 요리), 크루아상Croissant, 쌀국수도 요리해줄 생각이다.

"앞으로의 두 달, 잘 견디낼 수 있을 거야."

피렌체 벨배데레 Belvedere 요새에서 바라본 두오모

파스타 너마저

파리에서 5일을 보내고 2시간 비행 끝에 이탈리아 피사^{Pisa}에 도착했다. 따뜻한 지방에서 가을을 보내기 위해 4개월 만에 이탈리아로 돌아온 것이다. 임신 9주차라 비행기를 타는 것이 걱정되었지만, 대중교통으로 몇 날을 고생해 오는 것보다는 이편이 나았다.

절기로는 이슬이 내리기 시작한다는 백로(白露)가 지났다. 프랑스에서는 긴 옷을 입고 다녔는데, 이탈리아에 오니 따뜻한 햇볕에 사람들 옷차림도 가볍다. 공항을 나오자마자 반소매 티셔츠와 반바지로 갈아입고 피렌체^{Firenze}로 향했다. 한 달 뒤 터키로 넘어가기 전까지 이탈리아에 머물 계획이다.

원래 스케줄은 피렌체 주변의 농가에서 우프를 할 예정이었다. 도자기를 만드는 호스트라 내심 기대했는데, 어쩔 수 없이 취소해 상심이 컸다. 프랑스 목공 워크숍에서 나무 숟가락을 만들고, 여기서 예쁜 접시까지 만들었다면 한국에 돌아가서도 멋진 기념품으로 남았을 것이다. 아쉽지만 다시 함께 올 먼 훗날을 기약해본다.

피렌체에서 일주일을 머문 뒤, 남쪽으로 내려가 볼 생각이다. 영화 '냉정과 열정 사이'의 배경이 된 도시 피렌체. 두오모^{Duomo}로 유명한 이곳에서는 한인 민박에 머물기로 했다. 그래도 일단 이탈리아에 왔으니, 한식은 이후를 기약하고 민박집 앞 파스타 가게로 향했다. 어디를 가든 관광객으로 발 디딜 틈 없는 피렌체이지만, 이곳은 현지 맛집이란 확신이 든다. 관광객을 위한 영어 메뉴판도 없고 라면처럼 꼬불꼬불하고 납작하거나 굵은 면발, 귀 모양으로 생긴 파스타 등, 그야말로 책에서만 봤던 파스타가 주메뉴다. 이탈리아어를 모르니, 가장 무난해 보이는 토마토소스 파스타를 주문했다. 맛을 기대하며 파스타를 한입 먹는 순간, 우정은 바로 손으로 입을 막고는 화장실로 달려갔다. 놀란 직원이 다가와 묻는다.

"무슨 문제 있어요?"

"아니에요. 음식 맛이 이상해서가 아니라 임신 중이라 속이 좋지 않아요."

"임신 몇 개월이에요? 다른 음식으로 준비해줄게요."

제스처 많은 이탈리아 사람답게 끝도 없이 손과 입을 움직이며 소스와 향신료까지 일일이 묻고는 곧 토마토소스 리소토를 다시 내왔다. 다행히 이번엔 한 그릇을 남김없이 비웠고, 우정도 식당 직원의 얼굴도 편안해졌다. 음식에 대한 자부심이 강하다는 이탈리아를 실감한 순간이다.

음식을 먹어보면 건축을 알 수 있다!

점심을 해결하고 예약해둔 한인 민박집에 들어섰다. 옆에 한식당도 함께 운영 중이라 여기에 머무르면 아침은 숙소에서 한식으로 먹고, 점심이나 저녁은 식당에서 메뉴를 선택해 먹을 수 있어 편리하다. 음식 맛도 기대 이상, 당분간 끼니 걱정은 해결된 셈이다.

짐 정리를 하고 공동 거실로 나오니 여행자들 몇몇이 앉아 있는데 적막한 분위기다. 민박집에서 만난 한국인들은 말이 없다. 각자 자리에 앉아 컴퓨터와 스마트폰으로 자신만의 여행을 계획하기에 바쁘다. 요즘은 손쉽게 인터넷으로 원하는 정보를 찾을 수 있어 한국에서부터 비행기, 도시 간 대중교통, 숙소까지 웬만큼 예약을 완료하고 온다. 관광지 정보는 물론 맛집 정보까지 꿰차고 있으니 굳이 누군가의 도움을 받을 일도, 줄 일도 없는 듯싶다. 여행자들이 모여 앉아 있는 거실 테이블이 마치 독서실 같이 느껴져 적잖이 어색하다. 10년 전 유럽 여행할 때와 많이 달라진 풍경이다.

답답한 우리가 나서 사람들에게 이것저것 물으며 말을 건넨다. 그때, 딸과 여행 온 어머니 한 분이 일정이 바뀌어 못 쓰게 되었다며 두오모 티켓을 우리에게 선물해주었다. 먼저 열린 마음으로 다가서니 생각지도 못한 공짜표가 생겼다.

유럽여행을 길게 하다 보면 어느 순간 그 성당이 그 성당 같고, 그 궁전이 그 궁전 같은 지루함을 느낄 때가 있다. 여행 초반에는 화려함과 규모에 입이 다물어지지 않지만 계속 보다 보면 다 비슷비슷해 보이기 때문이다. 그래서인지 막상 두오모 앞에 한참 줄을 서서 기다리다 보니 급격하게 피곤해진다. 그러나 여기는 그 유명한 '산타 마리아 델 피오레 대성당Santa Maria del Fiore(꽃의 성모 교회)'이 아닌가.

게으른 유전자를 가진 우리가 이렇게 전망을 보기 위해 꼭대기까지 올라오는 일은 극히 드문 일이지.

248

463개의 좁고 어두운 계단을 천천히 올라 드디어 꼭대기에 도착했다. 밝은 빛과 함께 피렌체의 전경이 한눈에 펼쳐졌다. 불쑥 솟은 현대식 건물은 하나도 보이지 않고 오밀조밀하게 어울려 있는 빨간 지붕의 건물이 도시를 가득 채웠다. 피렌체의 역사지구 전체가 유네스코 세계문화유산으로 등재되었다더니, 확실히 지금껏 다녀본 도시와는 다른 풍경이다. 수백 년 지난 비슷한 높이의 건물들이 깔끔한 상태로 유지되어 있고, 도시 전체가 하나의 톤으로 조화를 이뤄 그 어느 곳보다 단정하고 아름답다.

피렌체를 떠나기 전날, 지난 5월 슬로푸드 기행 때 통역을 맡아줬던 소영 씨 집을 찾았다. 현재 주 4일은 건축사무소에서 근무하고, 쉬는 날에는 피렌체의 특산품인 가죽제품 가게 일을 돕고 있는 그녀는, 건축의 발상지에서 공부를 더 하고 싶은 마음에 이탈리아에 왔단다. 한국에서는 주로 현대건축만을 가르치다 보니 그 원조 격인 이탈리아, 그리스에 대해서는 배울 수 없었던 것이다. 그런데 이곳에서 지낸 몇 년 동안 자연스럽게 그 답답함이 풀렸다.

"이탈리아 음식을 먹어보니 건축을 알 수 있게 되었어요."

별다른 노력 없이도 먹을 게 넘치는 이 나라에서 건축이나 예술이 발전할 수 있었던 건 어쩌면 자연스러운 일이지 않겠냐는 말이다. 풍요로운 이 땅, 이 문화에서나 가능했던 건축들이 세계로 전파되며 지금은 자기네 지역적 특성에 맞지도 않는 옷을 걸친 도시들이 너무 많다는 건 문제란다. 아이러니하게도 엄청난 건축물로 가득한 이탈리아지만 실상 건축을 공부한 사람들이 할 일은 많지 않다고. 몇백 년 된 도심은 보존구역으로 묶여 개발 자체가 안 된다. 그렇다고 우리나라처럼 우후죽순 신도시가 생겨나는 것도 아니라서 오래된 집에서 예나 지금이나 한결같이 살고들 있다. 사정이 이렇다 보니 이탈리아의 유명 건축가들 대부분은 해외에서 건물을 설계해 그 명성을 얻게 된 경우가 많다.

대개 이탈리아 사람들은 자신을 그 나라 사람이라고 생각하지 않고 시칠리아, 로마, 나폴리 사람 등 도시나 지역별 출신으로 인식한단다. 그만큼 지역색을 달리 하지만, 그들 의식 저변에는 '음식'이라는 공통분모가 밑바탕에 자리 잡고 있어 언제든 그들을 하나로 뭉쳐지게 만든다.

이곳에 계속 머물면서 훗날 시골에 별장 하나 짓는 게 소망이라는 그녀. 이탈리아에서의 삶에 무척 만족하며 큰 행복을 느끼고 있었다.

아말피 해안의 두메산골

유럽 여행 관련 카페를 통해 여행 일정이 바뀐 신혼부부가 로마행 기차표 2장을 메일로 보내 주었다. 한 푼이라도 아껴야 할 참에 부담 없이 로마를 거쳐 이탈리아 남부 '아말피 해안The Amalfi Coast'으로 향할 수 있었다.

'죽기 전에 꼭 가봐야 할 곳', '세계에서 가장 아름다운 해변' 리스트에 빠지지 않는 아말피. 그 명성 때문에 시간 없는 여행자들도 당일치기라도 남부 투어를 하는 경우가 많다. 그런 곳에서 일주일을 머물 예정이라 기분이 들뜬다. 배낭에 고이 간직한 수영복을 입고 해수욕과 일광욕을 마음껏 즐기리라. 기회가 된다면 버킷리스트에 올려놨던 '보트 빌려서 하루 보내기'도 시도해 봤으면 하는 바람이다.

바다와 맞닿아 있는 관광지는 아니지만, 아말피 해안의 절벽 위 작은 마을 아제롤라Agelora에 자리한 숙소를 에어비앤비를 통해 예약했다. 관광지의 소란함과 비싼 물가를 피할 수 있고 시내버스를 이용하면 주요 관광지에 쉽게 가볼 수 있는 최적의 장소다. 하지만 지도상에서 가까운 거리로 보였던 아제롤라는 생각처럼 만만한 곳이 아니었다. 나폴리Naples에서 버스를 타고는 꼬불꼬불하고 좁은 산길을 2시간이나 달려서야 도착했다.

"응? 왜 이렇게 쌀렁하지?"

따뜻한 날씨를 기대하고 남쪽으로 내려왔건만, 초겨울 기온에 찬바람이 우리를 맞이한다. 알고 보니 여긴 무려 해발 650m의 고산지대. 남들은 무더위를 피하겠다고 오는 곳에 무더위를 즐기겠다고 찾아온 것이다.

그보다 더 큰 문제는 얼마 전에 난 산불 때문에 아말피를 오고가는 버스길이 끊겼다. 호스트 페르디난도는 내일이나 모레면 다시 버스가 다닐 거라지만 왠지 믿음이 가질 않는다. 이런 상황을 미리 알려주지도 않다니…. 다행히 나폴리에서 버스를 타고 왔기에 망

The Amalfi Coast 이탈리아 남부에 있으며, 전형적인 지중해 풍경으로 아름다운 해안이 절경을 이룬다. 서쪽 포지타노(Positano)부터 동쪽 비에트리 술 마레(Vietri sul Mare)까지 뻗어 있다. 아말피 해안에는 비에트리 술 마레, 체타라, 마이오리, 미노리, 라벨로, 스칼라, 아트라니, 아말피, 콩카 데이 마리니, 프라이아노, 포지타노 등의 마을이 위치한다. 1997년 유네스코에서 세계문화유산으로 지정하였다.

정이지 반대편 아말피 방면에서 오려고 했다면 오도 가도 못 하는 신세가 되었을 게 분명하다.

이곳은 레스토랑 2개, 바 2개, 구멍가게 2개에 이발소, 세탁소, 문구점, 정육점, 치즈 가게가 각각 하나씩 있는 아주 작은 마을이다. 레스토랑 음식은 생각보다 괜찮았지만, 가게에는 신선한 채소도, 해산물도 없다. 숙소에는 주방기구조차 잘 안 갖춰져 있어 앞으로 일주일이 걱정이다. 아말피 해안을 즐기겠다는 희망은 점점 물거품이 되어간다.

마음의 상처

숙소에만 있기도 답답해서 아말피에 내려가 보기로 했다. 버스가 다니진 않지만, 2시간 정도 걸어가면 닿을 거리다. 어제 다소 힘들어했던 우정도 오늘은 괜찮은 것 같다며 나를 안심시킨다. 그래도 고생할 거 같아 망설이는데, 가고 싶어 하는 내 표정을 읽은 우정이 앞장서 나선다. 말이 2시간이지, 2시간 중 1시간 이상은 계단으로만 내려가는 길이다. 절벽 사이사이로 쪽빛 바다가 보이는 수려한 경관을 감상하며 쉬엄쉬엄 걸었다.

아말피는 분명 멋진 마을이지만, 끊임없이 밀려오는 관광객들 때문에 여유를 가질 수가 없다. 게다가 곳곳에 차량 정체가 생겨 아수라장이 따로 없다. 해안절벽 도로를 달려보겠다며 드라이브하는 사람들도 바다 구경은커녕 진땀만 흘리고 가게 생겼다.

산꼭대기에서 내려왔을 뿐인데, 물가 또한 두 배로 뛰었다. 관광객으로 가득한 레스토랑에서 겨우 점심을 해결하고, 길가에 있는 아이스크림 가게에 발걸음을 멈췄다.

"오렌지 주스 하나 주세요."

피렌체에서 바로 짜서 판매하는 오렌지 주스를 맛본 우정은 그 이후로 오렌지 주스만 찾는다. 점원은 주스 말고 소르베Sorbet를 먹어보라며, 대답도 떨어지기 전에 컵에 퍼서는 건넨다. 게다가 오렌지 주스에는 말도 안 하고 레몬 그라니타Granita(과일에 설탕과 와인, 얼음 등을 넣고 얼린 이탈리아식 디저트)를 넣었다. 그러고는 무려 13유로를 내놓으란다. 기가 막힐 노릇이다. 다른 곳에서는 5유로면 충분히 먹고 남을 것을 두 배가 넘는 금액을 요구하는 것이다. 어쩔 건가, 가격을 확인하지 않은 게 실수다.

아제롤라의 절벽 위에서 내려다본 아말피 해안

지도상으로는 1㎞밖에 되지 않는 거리인데,
발밑을 보니 까마득하기 그지없다.

젤라토 가게 앞을 가득 채운 관광객들

아말피에서 마음의 상처만 입은 채, 포지타노 ^{Positano}로 가는 페리에 올라탔다. 역시 마음이 편해야 구경할 맛도 난다. 시원한 바닷바람을 맞으며 편안하게 지켜보는 풍경이, 매캐한 냄새를 맡으며 도로에서 바라보는 풍경보다 훨씬 아름답다. 포지타노에 내려서는 해변에 자리를 펴고 잠시 쉬었다가 바로 올라와야만 했다. 다시 숙소로 돌아가려면 갈 길이 멀다.

버스와 기차를 갈아타며 집으로 돌아오니 이미 밤 9시가 훌쩍 넘었다. 막차를 겨우 잡아탔기에 망정이지 엉뚱한 곳에서 오도 가도 못할 뻔했다. 늦은 저녁은 치킨 한 조각으로 때웠다. 막상 고생을 하고 나니 다시는 아말피로 내려가고 싶다는 생각이 들지 않았다. 해수욕에 일광욕, 나아가 버킷리스트였던 전세 보트 투어까지, 희망사항을 모두 내려놓았다. 앞으로 우정의 몸을 편안하게 하는 데에만 신경써야 하겠다.

포지타노 풍경. 커플룩으로 온 사람들은 한국인밖에 없었다.

사랑하느냐 사랑하지 않느냐

요 며칠 무리도 했고, 오늘부터는 그저 동네에서 푹 쉬기로 했다. 우리가 매일 밥을 먹
듯, 이곳 사람들은 파스타와 피자를 주식으로 한다. 아무리 맛있고 좋아하더라도 한국 사
람이 연일 파스타, 피자를 먹는 건 정말 힘든 일이다. 우정에게 먹을 만한 음식을 좀 만들
어 주고 싶어도, 마땅한 재료를 팔지 않는 것이 문제다. 여기 사람들은 도대체 어디서 장
을 보는 걸까. 하긴 다들 직접 농사지어 자급자족하니 뭘 사 먹을 일도 없겠다. 소고기 미
역국이나 불고기를 해볼 심산으로 동네 정육점을 찾았다.

"양지머리랑 우둔살 한 근이요. 우둔살은 얇게 썰어주세요."
라고 말하면 될 줄 알았다. 그런데 무식하면 용감하다고, 도대체 이 사람들에게 고기
부위를 어떻게 설명하겠다고 무작정 들어왔는지 모르겠다. 내 모습에 오히려 당황한 쪽
은 정육점 직원들이다. 서로가 '저 사람 좀 상대하라'고 눈빛으로 미루는 표정이 잊히질
않는다. 얼른 스마트폰 단어사전으로 소고기 부위에 대한 이탈리어를 검색해봤지만 무용
지물이다. 겨우 손짓 발짓을 동원해 소고기를 샀으나, 여기서는 구이용밖에 살 수 없었다.
천신만고 끝에 사온 고기를 얇게 썰어보겠다고 칼을 들었는데, 잘리기는커녕 이상한 모
양으로 찢기기만 하니 도통 제대로 되는 게 없다. 그러던 중 번뜩 호스트가 아그리투리스
모 Agriturismo(농촌숙박관광업)를 운영한다는 말이 생각났다.

"아, 농산물도 살 수 있다고 했었지!"
우여곡절 끝에 미역국 한 사발을 끓여 놓고는, 신선한 식재료를 구해보겠다는 일념으
로 민박집을 찾아 나섰다. 집이 몇 채 없는 시골이라 찾는 건 어렵지 않았다. 세상에! 조
그만 시골 민박집으로 생각했는데, 차원이 다른 큰 규모다. 커다란 건물 몇 채에 200석은
족히 넘어 보이는 레스토랑과 농산물 판매장이 갖춰져 있었다. 처마마다 토마토가 곶감
마냥 매달려서 건조되는 모습이 친근하다.

우리 호스트는 숙박 운영만을 책임지고, 농장을 운영하는 사람은 따로 있었다. 그는
우리를 앉혀놓고는 이 지역을 대표하는 레몬주 '리몬첼로 Limoncello'와 와인을 시음해보라
며 건넨다. 한 모금이 아닌 한 잔을 가득 채워서 주니 정말 제대로 된 시음이다. 안주도 없

이 술만 주나 싶었는데, 이런 마음을 눈치 챘는지 이내 살라미도 내어놓는다. 임신 중이라도 괜찮다는 농장주의 말에 우정은 살짝 맛을 보았다. 와인을 음료처럼 마시는 나라다보니, 임산부도 적당량은 문제없다고 생각하는 모양이다.

"뭐가 필요해? 말만 해! 다 가지고 있으니까!"

여느 이탈리아 상남자답게 허풍이 가득하다. 얼굴이 발개진 것이 취기가 올라 보였다. 잠시 후 독일인 4명이 들어왔는데, 우리는 제쳐놓고 그 사람들에게 물건을 파느라 정신이 없다. 영어를 잘하더니 독일어도 수준급이다. 정말 대단하다. 연배가 아버지뻘은 되어 보이는데, 언제 그렇게 언어를 연마한 걸까. 사실 이탈리아 대부분의 시골 사람들과는 영어로 소통하기 쉽지 않다.

"독일어를 어떻게 그렇게 잘해요?"
"정부에서 아그리투리스모를 운영하는 사람들에게 기본적인 언어 교육을 해줘."

5월에 이탈리아에서 우프를 할 때 들은 얘기지만, 이탈리아의 농촌관광은 우리나라처럼 자국민만을 대상으로 하지 않는다. 휴가철이면 좋은 날씨를 찾아 유럽 전역에서 관광객들이 몰려들어 여러 언어를 구사하는 것은 필수이다. 이탈리아 정부가 농업과 음식을 미래의 중요 산업으로 지정하고 이를 육성하고 있는 만큼 아그리투리스모에 대한 투자와 관리도 매우 철저한 것 같다.

호텔 저리 가라 할 수준의 시설을 갖추고, 깨끗한 침실은 물론 멋진 수영장까지 둔 곳도 많다. 아침부터 저녁까지 모든 식사를 농가에서 해결하고 말타기와 하이킹, 농사체험 등 다양한 활동과 여가를 즐길 수도 있다. 우리 역시 피렌체와 아말피 주변의 숙소를 알아보면서 아그리투리스모 몇 군데에 연락했는데, 숙박비가 너무 높거나 예약이 꽉 차 있어 이용하지를 못했다.

풍요로운 이곳 농촌과 자부심이 넘치는 농민을 보고 있노라면, 늘 힘든 현실에 대한 뉴스만 들려오는 한국 농촌의 모습이 생각난다. 이탈리아 음식문화가 세계 곳곳으로 퍼져나가고 유럽이라는 커다란 농산물 수출시장을 두고 있는 점도 한몫 했겠지만, 진정 농촌을 가꾸고 발전시키는 것은 자신의 일에 애정을 가진 농부와 그 음식을 사랑하는 국민이다. 대도시에서조차 다른 나라 음식점을 찾아보기 힘든 이 나라에서 농업이 쇠퇴하지 않는 것은 당연한 결과이다. 국적불명의 음식점들로 뒤덮인 우리나라의 번화가를 떠올려 보면 우리 농촌의 쇠퇴 역시 당연할 일이 아닐까. 사랑하느냐, 사랑하지 않느냐 그것이 우리 농촌의 모습을 결정짓는다.

농장주와 이런저런 이야기를 나누며 홀짝홀짝 술을 마셨더니 술기운이 제법 올라온다. 리몬첼로 한 병과 여기 농장에만 있다는 꼭지가 뾰족한 방울토마토, 양파 등을 푸짐하게 샀는데도 고작 10유로만 내면 된단다. 동네 목장에서 산 신선한 치즈와 함께 토마토 샐러드를 해서 먹으니 여느 레스토랑에서 먹는 것보다 훌륭하다.

산책 다녀오는 길에 숙소 주변 창고에서 와인을 만들고 있는 노부부를 봤다. 그냥 지나치려는데 우정은 눈이 동그래져서 한참을 쳐다보고 있다. 이를 알아챈 할머니가 들어오라며 손짓한다. 와인은 양조장에서나 만드는 줄 알았는데, 집에서도 소규모로 만들 수 있는 장치들이 갖춰져 있다. 포도 컨테이너를 옮기는 것이 버거워 보여 힘을 조금 보태주었더니, 포도와 와인을 선물로 내준다. 말 한마디 통하지 않지만, 국경을 초월한 시골 인심이다.

콩짜로 얻은 와인

우리 이제 파산이야

우정은 몸이 고되니 여행다운 여행이 되지 않는다고 한다. 새로움에 대한 호기심과 갈증은 싹 사라지고 익숙한 것, 알고 있는 것, 편안함을 찾고 있다.

"우정, 요즘 표정이 안 좋아 보여. 뭐 고민이라도 있어?"

"아니, 하는 것도 없이 돈만 쓰고 있는 거 같아서…. 봐봐. 두 사람이 하루에 숙박비랑 세 끼니를 해결하는 데 10만 원이 들어. 일주일이면 70만 원이야."

얼마 전까지만 해도 한국에 돌아가면 전국 맛집 탐방을 하자며 들떠 있던 우정이었는데, 그 표정은 온데간데없다. 우정의 임신 이후로 일은 못하고 먹고 자는 데 계속 돈을 쓰다 보니 그동안 아껴놓았던 돈까지 거의 바닥을 보이고 있다. 우프를 하면서는 여행비용을 한 달에 100만 원 정도로 계획하고 유지했는데, 지금은 일주일에 거의 비슷한 돈이 소요되고 있다. 상황이 이렇다 보니 한국에 돌아가면 생활비로 쓰겠다고 비축해 두었던 1,000만 원 남짓의 돈도 야금야금 찾아 쓰고 이제 500만 원밖에 남지 않았다.

"남은 기간 쓰고 나면 한국 가서 파산이야. 어떡해, 우리 이제…."

이렇게 심각한 표정의 우정을 본 적이 없다. 임신한 우정은 한국에 가도 다니던 직장에 바로 복직할 수 없다. 나 역시 졸업을 한 학기 남겨둔 대학원생이라 취업을 하기도 애매한 상황이다. 가장 큰 걱정거리는 우리가 돌아가서 생활할 집이 없다는 점이다. 여행을 떠나오기 전 살던 집을 친구에게 2월까지 세를 내주었는데, 앞서 귀국한다고 나가라 할 수도 없는 노릇이다. 정말이지 답이 안 나온다. 지난 7개월간 자유로웠던 생활이 이제는 우리의 앞날을 옥죄고 있다.

이러한 분위기에 나는 한국 가면 이런 사업을 하자는 둥, 나중에 어떤 곳에 가서 살자는 둥, 뜬구름 잡는 말만 늘어놓았으니, 우정은 얼마나 답답했을까. 무슨 얘기만 할라치면 '뭐 어떻게든 되겠지'라며 두루 뭉실 넘어가던 나였다. 그 와중에 우정은 틈만 나면 가족들과 지인들에게 전화를 걸어 한국에 돌아가 2월까지 지낼 수 있을 곳을 수소문하고 있었던 것이다. 미안해….

지구 반대편에서 먹는 찰옥수수

제대로 된 마트 하나 없는 곳에서 더 이상 견딜 수가 없어, 저렴한 숙소를 찾아 이탈리아 반도의 반대편 해안에 있는 '바리Bari'를 다음 목적지로 정했다. 숙소를 예약하고는 독일에 있는 한인 마트에 한국 식재료도 주문했다. 놀랍게도 유럽 전역으로 한국 식품을 택배로 배송해주는 곳이 있었다. 우정의 동공이 확장되고 입가에 미소가 번진다.

"영글, 왜 이거 진작 말 안 해줬어?!"

주문한 것을 아직 받아본 것도 아닌데 벌써 배가 부른 듯하다. 이곳에 오기 전에도 이처럼 주문을 했으면 좋았겠지만, 그때는 이런 상황을 상상도 못했다. 당연히 현지에서 신선한 해산물과 채소를 손쉽게 구할 수 있으리라 믿었으니 말이다. 배달 기간과 다음 여행지로의 이동을 생각하면 무턱대고 주문할 수도 없다. 물론 한식을 주문하더라도 신선한 채소나 고기, 해산물 등의 재료가 없으면 아무것도 아니다. 이번에 갈 바리의 숙소 주변에는 커다란 상설시장이 있다니 한시름 놓았다.

바리에 도착하고 다음 날, 커다란 택배 상자가 도착했다. 김치만 세 종류에 젓갈, 삼계탕 재료, 참치, 한국 과자 등등, 없는 게 없다. 식비를 줄여가며 알차게 식사할 마음에 우정은 덩실덩실 춤을 춘다. 껍데기 채로 도착한 찰옥수수를 쪄 먹었는데, 한국에서 먹는 맛 그 이상이다. 냉동도 되지 않은 신선한 농산물이 어떻게 여기까지 와 있나 싶다.

대도시의 주택가 골목에 숙소를 잡아 밤낮으로 소란한 데다 매연이 방 안까지 밀려온다. 대신 시골에만 지내서 한동안 구경하지 못했던 상점가를 마음껏 둘러볼 수 있다. 전에는 보이지 않던 아기용품이나 육아용품이 자꾸만 눈에 밟혔는데, 결국 아무것도 사지 못한다. 지금까지는 배낭이 무거워질까봐 안 샀지만, 이제는 지갑이 너무 가벼워진 이유에서다. 하루하루 먹고살기 급급한 처지에 쇼핑은 무슨…. 돈을 쓰는 데 면죄부가 주어지는 것은 우정과 태중의 아기를 위한 음식, 그리고 편안한 숙소뿐이다.

매일 아침, 잠자는 우정을 두고 시장 구경을 나선다. 무엇보다 매력적인 곳은 해산물 시장이다. 유럽을 통틀어 이렇게 신선하고 다양한 해산물을 파는 곳을 본 적이 없다. 물가 또한 한국의 절반 정도에 불과했다. 매일같이 시장을 몇 바퀴씩 돌며 양손 가득 장을 봐온다. 홍합탕, 새우 소금구이, 오징어무국, 생선구이 등 한국에서는 잘 먹지도 않던 요리들을 매일매일 해 먹으니 우정도 나도 조금씩 살이 오른다. 아직 입덧 기운이 남은 우정은 힘들었겠지만, 그 속에서도 나는 여유로운 일상을 즐기며 이탈리아의 맛을 100% 즐기고 있다. 안 그래도 불편한 우정의 속이 잘 먹고 잘 지내는 나 때문에 더 아프게 생겼다.

"우정, 당신이랑 배 속 아기 몫까지 내가 다 먹어줄게! 하하하."

밤사이 모리빼 통증으로 힘들었는데,
아침에 일어나 받은 영글의 사랑 고백으로
오늘도 행복한 하루다.

2.

Mediterranean Cruise

배낭 메고 올라탄 지중해 크루즈

240만 원짜리 의사소견서

Room 6000

시카고에서 온 닭살 부부

불편한 진실 마주하기

마음먹기 나름

Traveler's Diary. 기항지 풍경

240만 원짜리 의사소견서

짐을 꾸리다 말고 버킷리스트Bucket List를 작성하자며 머리를 맞대고 앉았다. 서로에 대한 바람과 죽기 전에 꼭 해보고 싶은 것들과 여행하며 함께 하고 싶은 일에 대한 리스트. 모름지기 버킷리스트는 채워가는 재미가 있다.

우리의 버킷리스트 항목에는 '크루즈Cruise 여행'이 있다. 배낭여행자 형편에 크루즈가 웬 말인가 싶지만, 가끔 초특가 티켓을 구할 수 있다는 말에 일말의 희망을 품었던 것이다. 그러나 시간이 흐르고 주머니 사정이 가벼워질수록, 기대는 점점 희미해져 갔다.

그러던 중, 임신을 하면서 사정이 바뀌었다. 더는 우핑을 이어갈 수도 여행다운 여행을 할 수도 없다. 15kg에 육박하는 배낭을 짊어진 채 대중교통으로 장거리를 이동하고, 매일같이 잠자리가 바뀌는 불안정한 생활이 이젠 즐거움으로 다가오지 않았다. 지금은 한국에 돌아갈 수도 없고, 한 곳에 머물면서 쉬자니 매번 끼니를 해결하는 것도 일이다. 어떻게 할까, 고민 끝에 크루즈 여행이 떠올랐다. 아침부터 늦은 밤까지 먹을 것이 끊이지 않고, 호텔 버금가는 방에서 편안하게 머물 수 있는 여행. 게다가 눈을 뜨면 새로운 기항지에 내려주기도 하니 걱정할 일이 없다. 이쯤 되면 선택이 아니라 필수이다. 물론, 예산이 허락하는 한도에서….

"우정, 이것 봐! 이스탄불Istanbul에서 출발하는 지중해 크루즈인데, 이 정도면 정말 엄청 싼 거 아냐?"

"우와! 대~박~, 이런 걸 어떻게 찾았어? 얼른 예약하자!"

매일같이 크루즈 예약 사이트인 'Vacations To Gowww.vacationstogo.com'에 드나들던 영글이 드디어 뭔가를 찾은 모양이다. 터키, 그리스, 크로아티아 등 7개 도시를 경유하는 11박 12일 일정인데, 비용이 인당 120만 원이다. 50% 이상 할인된 가격에, 육로로 여행할 때 드는 교통비, 숙박비, 식비, 이동시간을 따져 봐도 오히려 훨씬 저렴하다.

"10월 초에 이탈리아에서 출발하는 게 있었다면 더 좋았을 텐데."

"어차피 터키도 여행하고 싶어 했었잖아~. 그런데, 설마 이거 이상한 거 아니겠지?"

아무리 할인된 가격이라지만, 그래도 한 번에 240만 원을 결제하려니 손이 떨린다. 담당자와 전화, 메일을 주고받고 확인에 확인을 거듭한 뒤에야 안심하고 예약을 마쳤다. 이어서 로마에서 이스탄불로 건너가는 항공편도 결제했다.

그. 러. 나! 초호화 크루즈를 타게 되었다는 흥분은 오래가지 못했다. 며칠 후 도착한 메일을 읽고는 머릿속이 하얘졌다. 티켓 결제 후 유의사항에 아래와 같이 'Pregnancy(임신)'에 대한 주의 내용이 적혀 있었다.

Pregnancy

Celebrity Cruises cannot accept guests who will have entered their 24th week of pregnancy by the beginning of, or at any time during the cruise or Cruise tour. A physician's 'Fit to Travel' note is required prior to sailing, stating how far along (in weeks) your pregnancy will be at the beginning of the cruise and confirming that you are in good health and not experiencing a high-risk pregnancy.

☞ **Celebrity Cruises는 운항 기간 동안 임신 24주차에 접어들거나, 그 이상이 되는 승객의 탑승을 허용하지 않습니다. 출항 시점에 임신 몇 주인지, 건강하고 고위험 산모가 아니라는 내용을 담은 전문의의 '여행 적합' 노트가 필요합니다.**

이해가 되지 않는 부분이 있어 예약 담당자에게 재차 메일을 보냈더니, 답변이 왔다.

임신 23주 이하의 여성은 크루즈에 탑승할 수 있습니다. 단, 임산부들은 의사의 소견서를 출항 전에 팩스로 보내야 합니다.

크루즈 여행이 시작되는 10월 중순은 우정이 임신 13주에 접어드는 시기다. 크루즈측의 답변만 놓고 보면 육안으로 구별되지도 않고, 그냥 배에 올랐어도 모를 일인데 혹시나 하는 마음에 메일로 문의한 것이 화근이었다. 이미 크루즈측은 우리 상황을 알게 되었고, 소견서가 없으면 배에 탈 수도 없게 생겼다.

말도 제대로 통하지 않는 이곳에서 어떻게 소견서를 받아낸다는 말인가. 게다가 책임 소재를 우려해 의사들이 소견서를 써 주기도 쉽지 않아 보였다. 소견서를 못 받으면 터키까지 갈 필요도 없다. 혹시나 하는 마음에 담당자에게 직접 전화를 걸어 우리의 사정을 설명해보았다. 그러나 예약 담당자는 규정은 규정이고, 환불 역시 불가하다는 말만 되풀이 했다.

Room 6000

"올레~!"

며칠 안 돼 예약 담당자에게 새로운 메일이 도착했다. 선사의 정책이 변경되어 24주가 되지 않은 임산부는 소견서 없이도 탑승이 가능하다는 내용이다. 정말 정책이 바뀐 건지, 원래 그랬는데 이제 와서 물러선 것인지 모르겠지만, 어쨌든 모든 걱정이 사라졌다. 이제 이스탄불로 날아가서 남은 여행을 즐기기만 하면 된다.

이탈리아에서 터키로 건너온 이유는 단 하나, 크루즈에 승선하기 위함이었다. 카파도키아^{Cappadocia}, 파묵칼레^{Pamukkale} 같은 유명 관광지도 둘러보고 싶었지만, 이미 날씨도 추워지고 상황도 상황인지라 꾹 참았다.

크루즈 승선에 앞서 배에서 먹을 비상식량을 챙겼다. 물론 크루즈 비용에는 아침, 점심, 저녁이 모두 포함되었으나, 처음이다 보니 일단 만약에 대비해야 할 듯싶었다. 이스탄불에서 묵은 한인 민박집 주인도 걱정 많은 우리가 안쓰러워 보였는지 고맙게도 이것저것 챙겨주신다. 컵라면, 즉석밥 10개, 한국 과자, 시장에서 사 온 맛있는 피스타치오^{Pistachio}, 꿀로 직접 담근 생강차까지, 이만하면 안심이다.

저녁 9시까지 크루즈에 체크인을 해야 한다. 민박집에서 특별히 차려준 한식으로 든든히 배를 채우고, 일용할 식량이 가득 든 배낭과 캐리어를 지고 배가 정박한 항구로 향했다. 그런데 안내된 주소지로 왔건만 어두운 데다 돌아다니는 사람조차 없다. 도로에 달리는 차 소리 외에는 고요하기까지 했다.

"도대체 어디야? 여기 맞아?"

"우정, 저기 좀 봐. 큰 빌딩이 있어."

주위를 두리번거리던 영글이 칸칸이 불빛을 내는 빌딩처럼 큰 건물을 발견했다. 항구에 이렇게 큰 빌딩이 있다니 신기했다.

"Celebrity Cruises 승객이세요?"

번쩍이는 안전 조끼를 입은 남자가 우리를 매표소 같은 공간으로 안내했다. 여권과 예약증을 확인하고 방 번호와 이름이 적힌 카드를 한 장씩 건네준다. 밖으로 나와 다시 건물과 마주했다. 고개를 뒤로 젖히고 한참을 보고나서야 불빛으로 화려한 이 건물이 빌딩이 아니라 배였음을 알 수 있었다. 거대한 크루즈를 확인한 영글의 입이 귀에 걸렸다. 아이처럼 눈에는 호기심이 반짝거리고 발걸음은 신이 났다. 그러니 덩달아 나도 좋다. 임신 이후로 영글의 고생이 더 많아졌는데, 왠지 보상해 주는 기분이 들었다.

안내원 지시에 따라 배에 올랐다. 정장을 갖춰 입은 스태프가 칵테일, 주스와 함께 환영인사를 건넨다. 그런데 분위기가 좀 이상하다. 수영복 위에 타월을 걸치고 돌아다니는 사람들과 저녁 식사를 이미 마치고 나오는지 배를 쓰다듬으며 지나가는 사람들, 멋지게 옷을 걸친 사람들 사이에 반바지 차림에 배낭을 메고 들어선 사람은 우리 둘뿐이다. 알고 보니 배가 출항하는 날에는 오전부터 탑승이 가능했다. 점심과 저녁을 제공하는 것은 물론 모든 서비스를 이용할 수 있단다. 이미 다른 관광객들은 수속을 마치고 이스탄불 시내가 보이는 야경을 감상하며 낭만적인 저녁 시간을 보낼 때, 우리는 그것도 모르고 마지막으로 탑승한 것이다.

Room 6000. 엘리베이터에서 내려 우리 방을 찾아가는 데도 한참이 걸렸다. 방문을 열자 깨끗하고 넓은 침대와 샤워실이 갖춰진 욕실, TV, 작은 테이블 그리고 바다가 보이는 동그란 창까지 기대 이상이다. 영글은 빨리 구경하러 나가자고 재촉이면서 크루즈에 처음 타본 티를 냈지만, 사실 나는 이번이 두 번째 크루즈 여행이다. 2년 전, 천여 명을 태운 '피스&그린보트Peace&Green Bort'에 승선한 경험이 있다. 그 크루즈도 큰 규모였지만, 지금 3천여 명이 탑승한 12층 높이와 위용을 자랑하는 거대하고 호화스러운 이 배에 비할 바는 아니었다.

Peace&Green Bort(www.greenboat.org) 피스&그린보트는 아시아의 화합을 가로막는 역사 문제를 비롯해 동북아시아의 사회·문화·환경 등의 문제를 열린 시각으로 바라보며 대안을 찾아가기 위해 만들어졌다. 일본의 대표적 NGO인 Peace Boat와 함께하는 피스&그린보트는 한일 양국의 시민 천여 명이 한배를 타고 여행하며 국적을 넘어 서로를 이해하고 생각을 공유하는 아주 특별한 프로그램들이 진행된다. 2005년 첫 닻을 올렸고, 지금까지 9번의 여정을 마쳤다.

창밖 바다를 감상하고 있으니 안내 방송과 함께 출항을 알리는 뱃고동 소리가 들린다. 출항은 놓칠 수 없어 사진기를 들고 야외 갑판에 나가기로 했다. 잰걸음으로도 12층까지는 한참이 걸린다. 길게 뻗은 복도를 지나 엘리베이터를 타고 뷔페식당을 거치자 야외 수영장이 나왔다. 출항을 보러 나온 사람들로 이미 갑판은 붐볐다. 저 멀리 우뚝 솟은 아야소피아 **Hagia Sophia** 가 점점 멀어져 간다. 이 배는 이틀 뒤, 그리스에 도착할 예정이다.

시카고에서 온 닭살 부부

승선한 지 만 하루가 지났지만 아직 크루즈 생활에 적응하지 못했다. 그저 다른 사람들이 노는 모습을 바라보며 야외 수영장 옆을 서성였다. 이른 아침부터 옥상 갑판에는 선베드를 깔고 수영복만 걸친 채 누운 외국인들로 인산인해다. 그러고 보면 여행 중 바닷가 해변에서 만난 동양인은 햇빛을 가리기 위해 껴입느라, 반면 외국인들은 벗느라 바쁜 것 같다.

그때, 누군가 다가와 존댓말로 인사를 건넨다. 인상 좋은 이 아저씨는 누굴까.

"안녕하세요? 어제 배 출항할 때 이곳에서 사진 찍었죠? 한국말을 하길래 반가워서요."

지난 저녁 우리를 보고 궁금했단다. 하긴 우리 역시 한국말로 인사를 건네는 사람이 있다는 사실에 깜짝 놀랐다. 이 많은 사람 중에 아무리 둘러봐도 동양인은 찾기 힘들었고, 있다 해도 중국말을 쓰거나 부잣집 베이비시터로 따라온 동남아인 정도였다. 미국 시카고에서 부인과 함께 왔다는 켄 아저씨는 오늘 점심을 같이 먹자고 한다. 아는 사람 없이 둘이서 심심했던 참에 반가운 제안이었다.

"한국말을 쓰는 젊은이들을 만나니 같이 대화하고 싶었어요."

점심에 식당에서 다시 만난 아저씨. 함께 나온 부인이 상당한 미인이다. 요즘 한국의 젊은이들은 어떤 생각을 하는지 궁금했다는데, 우리를 만나 너무도 반갑단다. 그도 그럴 것이 20살에 미국으로 건너갔다는 그는 몇십 년간 한국에는 딱 한 번밖에 가보지 못했다.

"27살 때 한국에 들어가서 아내와 선을 봤죠. 근데 처음 봤을 때부터 이 사람이다 싶은 거예요. 그래서 이틀 만에 청혼하고, 3주 만에 결혼식을 올렸죠. 그리고는 미국에 돌아와 그 후론 한국에 가보질 못했네요."

"한국이 그립지 않으셨어요?"

"남편은 가족들이 전부 미국에 있으니까. 하지만 저는 부모님이 한국에 계셔서 세 번정도 갔다 왔어요. 마지막으로 간 게 2002년 월드컵 때 아이들이랑 같이 갔던가 봐요."

우리 또래의 자녀들을 두었다니 부모님과 비슷한 연배이다. 그렇게 따지면 그는 한국을 떠난 지 거의 30년이 된 셈이다. 미국에서 대학을 다니고 직업을 가지면서 그곳 생활에 완벽하게 적응한 것이다. 더구나 한인타운에서는 완전히 동떨어진 교외지역에서 살고 있단다. 그래서일까. 같은 한국말을 사용하고 있지만, 굉장히 다른 느낌이 든다.

학업과 하던 일을 중단하고 배낭을 싸 시작한 산티아고 순례길부터, 유럽 각국에서 우핑을 한 경험, 임신해서 머물며 지냈던 시간, 그리고 크루즈에 승선하여 오늘 이 자리에 있게 된 이야기까지, 부부는 눈을 반짝거리며 재미나게 들어주신다.

"젊은 사람들이 용기가 참 대단해요."

"그것 참 멋진 경험이네요. 우리 같은 사람들도 우핑을 할 수 있나요?"

우리 때문에 용기를 얻었다며 꿈만 꿔왔던 산티아고 순례길에 대한 구체적인 계획과 더불어 우프는 물론 캠핑 여행까지 시도해보고 싶어 하셨다. 연신 우리를 보면서 활력을 얻고 새로운 것을 많이 배웠다고 말씀하시는데, 이분들과의 만남을 통해 오히려 마음의 여유와 용기를 되찾은 건 우리 자신이다. 아내를 지긋이 바라보면서 다음 생에도 꼭 만나자고, 더 일찍 만나 오래오래 함께 살자고 이야기하는 켄 아저씨. 서로 아끼고 존중하는 모습이 나와 영글이 살아가야 할 미래로 비춰졌다. 늘 손을 꼭 잡고 다니는 닭살 커플을 보고 있으니 엄마, 아빠가 보고 싶어진다.

크루즈 안에서 캐나다나 미국에서 단체로 여행 온 한국 교민들을 종종 만났다. 대부분 20~30년 전에 한국을 떠난 이민자들이다. 그분들이 우리를 만나서 하는 첫 질문은 모두 '표를 얼마에 샀느냐?'였다. 우리도 늘 느끼지만 참으로 숫자, 순위, 정보가 중요한 사회다. 물론 우리도 종종 그 부분이 궁금했는데, 괜히 저렴하게 산 것을 떠벌리는 모습처럼 비칠까 싶어 대충 얼버무렸다.

266

처음에는 호기심에 우리 이야기를 물어보시지만, 이내 본인들 이야기에 열심이시다. 젊은 시절의 여행 이야기, 아들딸 자랑, 손주 이야기로 꽃을 피운다. 만리타국으로 이민 가신 지 오래된 분들의 대화 주제가 우리네 아버지, 어머니와 비슷하다는 것이 한편으로는 흥미롭다.

불편한 진실 마주하기

새벽 내내 비가 내리고 먹구름도 잔뜩 껴 어둡다. 닻 내리는 소리에 잠에서 깼는데, 그리스 코르푸Corfu에 도착했다. 어제 파도가 거세 속이 불편했던 우정이 영 침대에서 일어나지를 못해 배에 머물기로 했다. 기항지에 도착한 날은 배가 육지에 정박해 있을 뿐, 배 안은 여느 날과 똑같다. 코르푸에 나간 사람이 있기는 한 건지, 여전히 사람들로 붐빈다.

크루즈 옥상에서 바라본 갑판 위 풍경

크루즈 콧콧에서는 날마다 댄스수업이 펼쳐진다.

영글은 배에 올라타고 이틀 동안은 신나게 이곳저곳을 누비며 즐거워했다. 하지만 곧 이런저런 것들이 적응되자 다소 시들해진 모습이다. 발단은 밥 때문이었다. 식사는 주로 모든 승객에게 무제한으로 제공되는 4층 메인 레스토랑과 12층 스카이라운지에 차려진 뷔페에서 먹는다. 메인 레스토랑은 자리가 지정되어 늘 같은 사람들과 한 테이블에 앉게 된다. 음식은 매일 새롭게 준비되고 종류 또한 다양해서 채식부터 육류, 해산물까지 선택 폭이 넓은 편이다. 애피타이저 과일과 샐러드, 메인 요리와 디저트까지 담당 웨이터가 서빙을 해줘서 한자리에 앉아서 마음껏 먹을 수 있다.

12층 뷔페에는 아침 6시부터 저녁 11시까지 늘 음식이 차려져 있어 스시, 커리, 피자, 파스타, BBQ 등으로 자유롭게 식사가 가능하다. 이러한 성찬이 크루즈의 꽃이라고 할 만한데, 아이러니하게도 우리에게는 먹는 일이 고역이었다. 우프를 하며 늘 신선하고 맛과 향이 가득한 음식을 먹어와서인지 식당에 넘쳐나는 고기며 생선은 입에 안 맞았다. 더구나 소스와 짭짤한 간으로 애써 맛을 낸 것도 와 닿지 않았다. 무를 씹는 듯한 망고, 식초 맛이 나는 키위, 녹색껍질의 익지 않은 바나나. 과일은 생각만 해도 식욕이 사라진다. 매일같이 그 많은 사람들이 식사를 하는데, 도대체 어디서 음식들을 가져오는 걸까.

다른 식당에는 제대로 된 음식이 나오지 않을까 싶어 들어가 봤는데, 메뉴판을 보고는 기겁을 해서 나왔다. 추가비용이 붙는 칵테일 바, 카페, 레스토랑은 도저히 우리가 감당할 수 없는 수준이었다. 하물며 생수도 비싼 돈을 내고 사 먹어야 한다. 그러다 보니 기항지에 멈추는 날만 기다려진다. 밖에 나가면 맛있는 현지 음식과 신선한 과일을 맛볼 수 있으니까. 돌아올 때면 양손 한가득 과일과 생수 몇 통이 들려져 왔다.

상황이 그럼에도 불구하고 기항지에서 내리지 않은 우리는 나름대로 배 안에서도 잘 즐겼다. 선베드에 누워 낮잠도 자고, 책도 읽고, 맛없는 음식이라도 배는 채울 수 있으니 이 정도면 천국이다.

"벌써 들어왔어요? 코르푸 생각보다 좋던데!"

아껴뒀던 컵라면을 챙겨 테라스에 자리를 잡고 한참 먹던 찰나, 기항지 외출을 마치고 돌아오신 켄 아저씨가 말을 건넨다.

"저희는 컨디션이 좋지 않아 안 나가고 배 안에만 있었어요."

"근데 왜 식당에서 밥을 안 먹고 라면을 먹고 있어요?"

"아, 저희는 여기 음식이 입에 맞질 않네요. 아저씨는 괜찮으세요?"

"우린 맛있는데? 크루즈를 열 번 정도 타 봤지만, 이 정도면 잘 나오는 편이에요."

입맛이 이렇게도 다르단 말인가. 하긴, 이야기를 나눠본 사람들마다 음식이 괜찮다고 말하는 것을 보면, 우리 미각에 문제가 있는지도 모르겠다.

"배에 계속 있었으면 낮에 배에서 한 사람이 뛰어 내렸다는데, 알고 있어요?"

"네? 뛰어내리다니요?"

"57살 된 남자 한 명이 부인이 투어를 나간 사이에 갑판에서 뛰어내려 자살했대요. 부부싸움을 크게 한 뒤에 그랬다는 것 같네요."

"아까 앰뷸런스 소리가 잠깐 들리던데, 그 일 때문이었나 봐요."

여행 경험이 많은 켄 아저씨 말로는 크루즈에선 이런 일이 종종 발생한단다. 애초부터 자살을 결심하고 크루즈에 오르는 이들도 있고, 요양원에 들어가는 대신 크루즈를 타고 계속 여행을 다니다 생을 마감하는 노인들도 있다고 한다. 한 번은 크루즈가 출항할 때와 도착했을 때 승객의 수가 5명이나 차이난 적도 봤다고. 그래서 지병이 있는 탑승자들은 정기적으로 상주하는 의사에게 진단을 받아야 하고, 심지어 크루즈 맨 아래층에는 영안실까지 갖추어져 있다. 상상도 못했던 이야기를 듣고 보니 늘 화려하게만 보이던 크루즈가 달리 보인다.

탑승객들 면면을 보면 대부분 어르신들이 많다. 서양 사람들은 나이가 들어서도 여행을 많이 다니는 이유가 자녀들한테 유산을 남겨주지 않아서란다. 자식이 결혼할 때 집은 물론이고 혼수도 장만해주지 않기 때문에 자신들이 번 건 다 쓰고 간다는 생각들이다. 물론 휴가를 즐기기 위해 온 사람들이 대부분이겠지만, 생을 마감할 곳으로 크루즈를 선택한 사람들도 있다는 사실에 살짝 소름이 돋는다. 모아 놓은 돈으로 호텔 같은 방에 풍족한 음식을 즐기며 세계를 여행할 수 있으니 요양원보다는 나을 수도 있겠다는 생각도 들지만, 왠지 쓸쓸한 기분이다.

크루즈에서의 12일은 생각보다 긴 시간이었다. 이동이 없어서 편안하게 지냈지만, 그래서인지 시간이 더디다. 이런 사치를 다시 누릴 날이 있을까. 솔직히 기회가 생기더라도 다시 하고 싶지는 않다. 사실 모든 것이 너무나 넘쳤다.

방을 잠깐이라도 나갔다 들라치면 한결같이 룸서비스가 되어 있다. 이부자리가 깨끗하게 정리되고 화장실에는 여지없이 새로운 수건이 걸린다. 처음에야 방이 늘 단정한 상태로 유지되어 기분 좋았지만, 미안할 정도로 과한 서비스가 점점 부담되어 외출 때마다 문고리에 서비스가 필요 없다는 표식을 걸어놓았다.

우리 방의 서비스를 담당하는 이는 밤낮으로 같았다. 잠은 자는 건지, 휴식시간은 있는지, 식사는 하는 건지 통 알 수가 없다. 마주칠 때마다 밝은 표정으로 인사를 건네지만 햇빛을 오랫동안 보지 못한 듯 얼굴빛은 누렇다. 식당에서 일하는 직원도 아침, 점심, 저녁까지 늘 같은 사람이다. 상황이 그렇다보니 괜한 궁금증이 생겨 늘 마주치는 우크라이나 국적의 서빙 직원에게 이것저것을 물어보았다.

"도대체 쉬는 시간은 있어요? 매번 식사시간마다 계시던데."

"네. 식사시간 사이에 조금씩 쉬어요. 가끔 쉬는 날도 있고요."

"휴가는 가나요?"

"배에 올라타면 다시 출발지로 돌아갈 때까지 내내 땅을 밟기가 힘들어요. 크루즈 일정이 끝나면 바로 그날 새로운 손님들을 태워서 새 일정이 시작되거든요."

계약은 보통 6개월 단위로 하는데, 어떤 배는 2년이 되기도 한다. 한 번 출항하면 매번 같은 항로를 왕복하는 게 아니라 전 세계를 항해한다고. 지중해 항해가 끝나면 카리브해로, 그 다음에는 북유럽, 이런 식으로 장기간 항해를 한 후에 첫 출발지로 되돌아간다. 그동안 기항지에 내릴 수 있는 날은 며칠 안 된다고 하니 얼마나 고된 일일지 상상이 안 된다.

인터넷으로 크루즈 승무원의 처우를 검색해봤더니, 현실은 생각보다 더 심각했다. 어떤 크루즈의 선원 모집 공고를 보니 주당 근무시간이 70시간에 이르지만 연봉은 업무에 따라 1,200만~3,000만 원 사이이다. 실상은 그보다 더 많은 일을 하는 데도 말이다. 크루즈를 비판하는 책인 'Cruise Confidential'의 저자 브라이언 데이비드[Brian David]의 인터뷰가 눈에 들어왔다.

- 수습기간에는 하루에 14~15시간을 일하고 과제하는 데 사용합니다. 밥 먹는 중에도 공부해야 할 정도로 바쁘지요. 정식으로 배에서 일하게 되면 공식적으로 8개월 동안 하루도 쉬지 않고, 주 7일 80시간 이상의 노동을 합니다. 저는 레스토랑에서 웨이터로 일하면서 1주일에 100시간 넘도록 15주 연속으로 일하기도 했어요. 아침, 점심, 저녁 식사시간에 모두 일하고 8일에 2번만 점심시간에 쉴 수 있었어요. 10개월 동안 하루도 쉬지 못하고, 좁은 침대에서 제대로 수면을 취한 적이 한 번도 없어요. 평균 4~5시간밖에 자지 못했죠.

- 국경 없이 움직이는 크루즈는 어느 나라의 노동법도 적용받지 않습니다.

크루즈 회사는 미국 국적이지만, 승무원 중 미국인은 찾아보기 힘들다. 대부분 남미와 동유럽, 아시아, 아프리카의 개발도상국 출신들이다. 이 배에만도 60개국이 넘는 국적을 가진 승무원이 모여 있다. 아무리 장시간의 노동일지라도 그들에게는 이마저도 좋은 조건이기 때문에 지금도 별 탈 없이 크루즈 운항은 지속되고 있는 것이다.

우리의 안락한 선상 휴가를 위해 많은 사람들의 노동이 착취되고, 엄청난 에너지와 물자가 낭비된다. 배에서 발생하는 수십 톤의 쓰레기와 수십만 리터의 오물이 종종 바다에 무단 투기되기도 한단다. 알면 알게 될수록 마음이 불편해지는 여행이다.

마음먹기 나름

외출을 갔다 오면 어김없이 뉴스레터가 와있다. 내일의 날씨, 기항지 정보들과 공지사항이 적힌 신문이 방문 앞으로 배달된다.

'내일 오전 ○시에 이 배는 이스탄불 ○○항에 도착할 것이고 하선할 것이다. 짐은 ○시까지 방문 앞으로 내 놓아라'고 내일의 계획이 적혀 있다. 매일 반복되는 일상을 살다 보니 시간이 어떻게 가는지, 날짜가 어떻게 가는지 잊고 살았다. 열하루 동안 사용했던 방을 정리하면서 영글에게 물었다.

"우리의 여행을 돈과 맞바꿀 수 있다면 바꿀 거야?"

세상에는 돈으로 살 수 없는 것들이 많다. 잘 알고 있는 사실이지만 '돈이 없으면 살 수 없는' 현실에 부딪히는 순간, 그 말은 잊히고 만다. 여행 막바지가 될수록 하루하루가 돈으로만 계산되는 우스운 내 모습을 보게 된다. 여행이 끝나면 좋은 경험들로 마음이 더욱 풍성해질 거라 생각했는데, 무엇이 이토록 힘들게 한 것일까. 다행히도 길에서 만났던 소중한 인연들이, 뱃속에서 건강하게 커가는 '나무(태명)'가 우리에게 다시 용기를 북돋아준다.

"나는 젊을 때, 왜 그런 생각을 하지 않았을까요?"
"그 나이에 갖지 못 했던 여유가 참 아쉬워요."

크루즈에서 만난 인연, 켄 아저씨의 말에 우리의 올 한해를 돌아보게 된다. 그리고 잊지 말자! 생활이 아니라 삶을 살아갈 것. 그리고 지금 여기서 행복할 것.

Travler's Diary.

기항지 풍경

우리의 크루즈 여행은 12일 동안 무려 7개의 도시를 마주했다. 보통 이 정도 기간이면
4~5군데만 들른다고 하는데, 정말 최고의 일정이 아닐 수 없다. 기항지에서는 대부분
크루즈선사에서 운영하는 투어를 이용하는데, 불과 서너 시간 투어 비용이 인당
10만 원이 넘는 수준이었다. 가난한 우리는 단 한 번도 기항지 투어 신청을 하지 않았다.
그렇지만 조금만 발품을 들이면 거의 돈을 들이지 않고도 여행할 수 있다. 가이드의 친절한
설명을 들을 수는 없지만, 관광객 대상의 식당 일색인 크루즈 기항지에서 현지인 맛집을
찾아 식사도 하고 마음대로 시간을 보낼 수 있으니 훨씬 즐거운 선택이 될 수 있다.

MYKONOS, GREECE 14 OCT

꿈에 그리던 산토리니는 못 가게 되었지만,
이곳 미코노스 역시 순백색의 아름다운 마을이다.
여신 드레스를 장만해서 우아하게 걷고 싶은 마음이 굴뚝같다.

SPLIT, CROATIA 17 OCT

새소리와 종소리,
창 너머로 실려 오는 아드리아해의 바람에
가슴이 먹먹해진다.

마침 성벽 밖에 시장이 열려 있었다. 배에서 먹을 수 없었던 신선하고 달콤한 과일을
양손 가득 사서 배에 들어갔다. 여기에서 홍시를 먹게 될 줄은 상상도 못했다.

276

DUBROVNIK, CROATIA 18 OCT

아드리아 해의 성벽 위를 걸었다.
두브로브니크 성의 구시가는
일상의 삶이 고스란히 배어 있다.
골목 동네 꼬마들의 웃음소리, 햇빛을 받아
바싹 마른빨래가 널린 빨랫줄이 그렇다.

그리스의 상징 아크로폴리스는 커다란 공사 현장이 되어 있었다.
지도상으로는 구역이 잘 나누어져 있어 그럴듯한 설명인 것 같지만,
일단 들어서면 폐허가 된 유적들이 그냥 사방에 널려 있다.
설명도 없고 정리가 되어 있지도 않아 내가 지금 어디에 있는지
파악 불가능하다. 그리고 보니 그래 보인다. 맞겠지, 그렇겠지.
여전히 돌덩어리라는 생각 밖에, 지금도 별 감흥이 없다.

한국에서 '떡 아이스크림'이라 불리는
터키식 아이스크림을 제대로 만드는 곳을 찾았다.
잊지 못할 맛이다. 쿠사다시에서 내려
그리스 유적지 에페수스에 가는 일정이지만,
유적지에 관심이 없는 우리는 쿠사다시 시내를 돌아다니며
맛있는 견과류를 파는 곳만 찾아다녔다.

3.

EUROPE to HOME

캠퍼밴 '스페이스쉽'과 마지막 일주일

세상에는 공짜가 없다

엎친 데 덮친 격

검은 숲

런던 입성

다시 짊어진 배낭

세상에는 공짜가 없다

"우리 여기에 차 버리고 가자. 나 농담 아니야."

차에 시동이 걸리지 않는다. 또 섰다. 이 문제 많은 차를 끌고 영국까지 가는 것을 포기할 수 있는 마지막 기회다. 우린 이 똥차를 한 달 전에 예약했다. 캠핑카를 몰고 런던으로 향할 생각에 설레면서 기다려 왔던 계획의 시작은 이랬다.

• 8개월 여행의 피날레를 멋지게 장식하자.
• 어느 유러피안들처럼 캠핑카를 타고 멋진 풍경 속에서 먹고 자며 여행하자.

이것이 우리의 마지막 남은 로망이었는데, 캠핑카를 찾으러 간 때부터 일은 꼬이기 시작했다.

"스페이스쉽 Spaceship 리로케이션 차량을 인수하러 왔어요."

"그런 차 없는데요?"

그럴 리가 없다. 홈페이지에서 확인한 뒤 담당자와 통화도 했다. 캠퍼밴 차량이 로마 'Camping Tiber'에 주차되어 있다고 해서 어제 크루즈에서 내리자마자 이곳까지 비행기를 타고 왔다. 아무것도 모르는 캠핑장 직원과 옥신각신하고 있는데, 멀리서 상황을 지켜보던 한 사람이 다가온다.

"스페이스쉽 사무실은 지난달 이사를 갔어요."

뭐라고? 정신을 가다듬고 예약 메일을 보여주니, 어디론가 전화를 한 후 서랍 깊숙한 곳에서 꺼낸 키 하나를 건넨다.

"캠핑장 너머에 주차장이 있어요. 거기에 주차되어 있는 차를 몰고 가면 됩니다."

어찌 됐든 해결되어 다행이라 생각하고 주차장으로 갔다. 저 멀리 숲이 우거진 곳에 'For Travellers' Adventures'라고 적힌 주황색 차량 한 대를 발견했다.

"뭐야 거미줄 있어!!! 나, 이 차 못 타겠어."

"가만 보자. 어? 시동도 안 걸리는데, 기어변속기는 어디 있지?"

이 차는 누군가 런던에서 렌트해 이곳 로마까지 달려와 반납한 차량이었다. 우리는 영국에 있을 때부터 스페이스쉽 홈페이지에 공지된 리로케이션 딜^{Relocation deal}(회사 사무실이 있는 런던까지 차량을 반납해줄 사람을 찾는 안내)을 지켜봐왔다. 그래서 하루에 1파운드, 7박 8일 8파운드라는 파격적인 가격에 이 차를 렌트한 것이다. 원래 하루 렌트에 60파운드나 드는 캠퍼밴을 1파운드에 예약해 공짜나 다름없다고 즐거워했던 게 불과 얼마 전이었다. 그러나 지금 차 문을 열어 본 순간, 우리의 기대는 날아갔다. 로마에서 런던까지 다시 차를 옮겨줄 사람을 찾지 못하고 한 달 넘게 방치돼, 차량 관리는 둘째 치고 배터리까지 방전된 상태다. 어떠한 안내도, 담당자도 없다보니 보험을 어떻게 들어야 할지도 모르겠다. 영국 사무실은 아직 오픈 시간이 안 되어 전화로 도움을 받을 수 없었다. 먼지가 수북하고 곳곳에 거미줄 친 이 차를 몰고 2,000km를 달려 런던까지 가야 한다니. 다행히 캠핑장 엔지니어가 배터리에 점프를 띄워줘서 시동은 걸렸다. 운전석에 앉아 보니 영국 차량이라 좌석도 오른쪽, 변속기어도 핸들 옆에 붙은 수동기어라 어색하다.

우여곡절 끝에 일단 출발은 했는데, 아침 일찍부터 진을 빼서인지 허기가 진다. 10분 정도 달려 작은 마을에 있는 가게에 잠시 멈췄다. 역시 이탈리아의 커피와 샌드위치는 아무 데나 들어가도 맛있다. 이왕 출발한 거 즐거운 마음으로 재밌게 가자며 애써 서로의 마음을 다독인다. 뱃속이 채워져서일까. 좋은 추억이 가득한 스위스, 독일, 프랑스, 영국을 다시 한 번 지나쳐 갈 수 있다는 기대감에 똥차를 몰고 가는 일도 그리 나쁠 것 같지만은 않았다...는 것도 잠시!

"시동이 또 안 걸려!"

마음을 추슬러 다시 운전대를 잡은 영글이 절규에 가까운 소리를 지른다. 맙소사! 주위에 주차된 차를 찾아다니며 배터리 점핑을 해줄 수 있는지 부탁했지만, 로마 외곽에 위치한 조그만 마을에 영어를 할 줄 아는 사람은 없다. 손짓 발짓으로 상황을 설명한 끝에 고맙게도 한 분이 자신의 차를 몰고 와 점핑을 시작했는데, 꿈쩍도 안 한다. 어쩔 수 없이 조금 전 출발한 캠핑장에 전화를 걸어 오전에 도움 받았던 엔지니어에게 이곳에 와달라고 부탁했다.

시동이 안 걸리는 스페이스쉽 차량에
점핑을 하고 있다.

"이 차를 타고 어딜 간다고? 영국?"

"네. 일주일 안에 런던에 도착해야 해요."

"갈 수는 있겠지만~, 나라면 안 가."

캠핑장을 출발한 지 3시간이 지났는데 5km도 못 갔다. 도움을 주러 온 이탈리아 아저씨와 주변 사람들이 우리 이야기를 듣고는 고개를 흔들고 혀를 찬다. 20만km 이상 달린 고물차에 언제 무슨 문제가 생겨도 이상한 일이 아니었다.

이 차를 몰고 런던까지 가는 게 가능할까? 앞으로 험난한 여정의 예고에 마음이 복잡해진다. 지금이 차를 두고 갈 수 있는 마지막 기회라며 영글을 설득하자, 그는 스페이스쉽 사무실에 전화를 걸었다.

"차가 두 번이나 섰어요. 배터리에 이상이 있는 것 같은데, 도저히 영국까지 가는 건 무리입니다."

"그럼, 주변 카센터에서 배터리를 교체해서 가지고 오세요. 영수증 챙겨오면 도착해서 처리해 줄게요."

상황을 설명했지만 바뀐 것은 없다. 차량에 생긴 문제는 책임질 테니 차를 런던에 반납해 달라는 것이다. 로마에서 런던까지는 직선거리로 매일 같이 300km를 달려야 7일 안에 도착할 수 있다. 출발부터 순탄치 않다. 벌써 하루를 차와 씨름하느라 다 흘려보냈다. 피렌체에 속한 아름다운 플로렌스 지방을 뒤로하고 지금부터는 무조건 앞만 보고 내달려야 한다. 마음은 심란한데, 10월 마지막 자락임에도 불구하고 청명한 날씨와 기온만큼은 정말 끝내준다.

엎친 데 덮친 격

밤이 되자 제법 차가운 바람이 분다. 영글은 하룻밤 묵을 숙소를 찾다가 피렌체 인근 캠핑장으로 차를 몰았다. 설마 했는데, 영글은 거미줄 친 캠퍼밴에서 숙식을 해결할 작정인 듯하다. 캠퍼밴이라고는 하지만 한국의 카니발 정도의 크기에 침구류와 아이스박스, 음식 조리기구 등은 다른 사람이 사용하고 닦지 않아 지저분한 상태다. 애초에 여기서 먹고 자기가 쉽지 않은 상황이었다. 아침부터 진을 빼고 온종일 차 안에서 시간을 보냈더니 잠만이라도 따뜻한 곳에서 편히 자고 싶었다. 웃음기 하나 없는 내 표정에 결국 영글은 차를 돌려 숙소를 찾을 수밖에 없었다.

오늘은 이탈리아와 스위스 국경이 접해 있는 북쪽으로 올라가야 해서 일정이 빠듯했다. 지나가는 길에 있는 볼로네제^{Bolognese} 파스타의 고향, 볼로냐^{Bologna}에 들렀다 갈 생각이다. 그 지역의 대표 음식을 찾아 먹는 것, 자동차 여행의 포기할 수 없는 즐거움이다. 더구나 슬로푸드에서 주관하는 장인 생산자들의 장터가 오후에 예정되어 있다. 아침부터 서둘러 3시간을 달려 볼로냐에 도착했는데, 시장이 열린다는 장소를 찾기가 좀처럼 쉽지 않다.

"영글! 스톱! 스톱!!"
"쾅!"

차에서 내려 주차할 곳을 봐주고 있었는데, 잠깐 사이 차는 후진했고 소리 지르는 것을 듣지 못한 영글이 뒤에 놓인 전봇대에 차를 박아버렸다. 영글의 얼굴이 하얗게 질렸다. 뒤쪽 범퍼는 반원을 그리며 움푹 들어갔고, 차량 번호판은 충격으로 인해 바닥에 뚝 떨어졌다. 야단났다. 8파운드에 차를 빌리고 800파운드는 물어내게 생겼다. 지금 스파게티를 먹을 때가 아니다. 차를 고치는 건 둘째 치고, 번호판 없이 차를 몰다가는 경찰서에 잡혀갈지도 모른다. 무슨 수를 써서라도 다시 번호판을 붙여야 한다.

EU 가입국은 번호판 디자인이 동일한데, 유럽 대부분의 차 번호판은 흰색이다. 예를 들자면 'EU 마크(나라 스펠링) 번호' 식이다. 그런데 이 차량은 영국 차라 번호판이 노란색이다. 급한 대로 시가지를 샅샅이 뒤져 노란색 신발 끈과 투명 박스 테이프를 사서 끈을 칭칭 감고 테이프로 고정했다.

목표 했던 지점까지 한참을 남겨둔 채 일단 에어비앤비를 통해 숙소를 잡았다. 도착하자마자 영글은 카센터를 물색해 다음 날 정비소를 찾았다. 안될 것 같지만 혹시나 하는 마음에 말이다.

"이 차 번호판이 떨어졌는데, 붙여 줄 수 있을까요?"

신발 끈과 테이프로 봉합된 번호판을 가리키며 물었다. 머리를 긁적이는 정비소 엔지니어. 손짓 발짓으로 한참을 설명하고 나서야 이해를 한 엔지니어가 노란 번호판에 맞는 나사를 찾아봤지만 쉽지 않은 표정이다. 우리 두 사람은 두 손 모으고 기도하는 수밖에 없었다. 다른 차량을 손보던 엔지니어까지 총동원돼 영국 번호판에 들어맞는 나사 찾기가 시작되었다. 유럽에서도 한국처럼 번호판은 차량등록소에서 취급하기 때문에 그에 맞는 나사를 찾는 것은 어려울 거라고 예상은 하고 있던 터였다.

그런데! 하늘이 도왔다! 엔지니어는 번호판도 고정해주고 전봇대에 들이박아 움푹 들어간 범퍼도 펴주었다. 나사 색깔이 제 짝은 아니었지만, 외관상으로는 사고가 나기 전과 큰 차이가 없어 보인다. 나도 모르게 너무나 기뻐 엔지니어를 와락 끌어안았다.

"그라쩨에, 그라쩨에~. 수리비는 얼마 드리면 되지요?"
"괜찮아요. 안 받아요."

정말 부르는 데로 다 줄 생각이었다. 꿈인지 생시인지 믿을 수가 없다. 고마운 마음에 그 엔지니어를 업고 춤이라도 추고 싶었다.

노란 신발 끈으로 번호판을 묶어놓으니
나름 감쪽같다.

검은 숲

번호판을 붙이고 범퍼도 복구되지만, 기쁨도 잠시. 지금까지 4일째 먹고 달리고 자고만을 무한 반복 중이다. 관광도, 맛집에 들러 먹는 재미도 접은 지 오래다. 늦어진 일정을 만회하기 위해 고속도로만 달렸고, 끼니는 패스트푸드로 대충 해결했다. 지금 우리 처지가 생각할수록 너무 슬프다. 게다가 기름이 새는지 차에서는 경유 냄새가 진동하고, 커브를 돌 때마다 바퀴 쪽에서 나는 소음이 내내 거슬린다. 연비는 4km 밖에 나오지 않는 데다 고속도로로 계속 이동하다 보니 통행료도 엄청난 부담이다. 어디다 버리지도 못하고 마지못해 울며 겨자 먹기로 몰고 가고 있다.

"문제투성이인 차를 옮겨주는 자원봉사하고 있는 것 같아. 우리 왜 이렇게 된 걸까?"

하루에 8시간씩 운전하면서도 씩씩하던 영글인데, 얼굴에 먹구름이 끼었다. 나 역시 말수가 적어지고 차창 밖을 멍하니 응시하는 시간이 길어졌다. 기름 냄새 때문에 머리는 더 아파왔다. 이대로는 도저히 안 되겠다 싶어 전화를 받지 않는 스페이스쉽 사무실에 메일로 현재 상황을 항의하고 다시 길을 재촉했다. 스위스의 살인적인 물가와 숙박비가 부담스러워 국경과 맞붙어 있는 이탈리아 '꼬모Como'에서 하룻밤을 더 묵기로 했다. 이탈리아도 내일이면 마지막이다.

숙소에 도착해 메일을 확인한 영글은 차에 붙어 있는 출동서비스에 연락했다. 또 고쳐서 오라는 답변뿐이었다.

"콜센터는 프랑스에 있고, 이탈리아 담당자는 따로 있고, 똑같은 얘기를 몇 번을 해야 돼! 정말 웃긴 거는 차량이 점검해서 문제가 있으면 다른 차를 내줘야 하는데, 그 차를 고쳐질 때까지 쓰다가 다시 이곳으로 반납해야 한대."

하루에 다섯 시간씩 운전해야 겨우 런던에 도착할 수 있는데, 콜센터에 화를 내봤자 아무 소용이 없었다.

다음 날, 해당 정비소를 찾아가 한참을 기다린 끝에 점검을 받았다. 부품이 너무 오래돼서 제대로 고치려면 일주일은 걸린단다. 기름 냄새는 시트 밑에 바로 엔진이 달려서 올라오는 거라 해결할 수가 없다고 한다. 더 이상 지체할 상황이 아니라서 임시방편으로 수

룩셈부르크의 아침 풍경.
며칠 사이 여름에서 늦가을로 이동했다.

리를 받았다. 콜센터에서의 지급 처리가 완료된 후에야 출발할 수 있었는데, 뭐 한 것도 없이 수리비가 2,000유로 넘게 나왔다.

영글은 스페이스쉽에 다시 전화를 걸어 낭비한 시간과 기름값, 정신적 피해를 다 보상하지 않으면 갈 수 없다고 으름장을 놓았다. 그러나 여전히 다른 방도를 내놓지 못하는 담당자. 차에 대한 문제 때문에 생긴 금액은 영수 처리해 줄 테니 일단 오란다. 정말 못마땅하지만, 우리 역시도 어쩔 수 없는 처지이고 상황이다.

"할 수 있는 건 다 했으니까, 다 잊어버리고 남은 기간이라도 즐겁게 가자."
힘을 내자는 영글의 말에 마음을 다잡는다. 이제 이탈리아는 벗어나니까.

유럽은 국가에 따라 고속도로 요금을 내는 방식이 다르다. 우리나라와 비슷하게 프랑스, 이탈리아, 스페인은 톨게이트에서 요금을 지불하는 반면 스위스, 오스트리아 등 일부 나라는 비넷Vignette이라는 1년 이용권을 구매해서 사용해야 한다. 비넷을 부착하지 않고 고속도로에 1초라도 머물다가 발각되면 최소 75유로의 벌금을 내야 한다. 때문에 33유로 (40프랑)를 주고 비넷을 구매하는 편이 훨씬 낫다. 그런데 운 좋게도 이 차에는 스위스 비넷이 붙어 있었다. 다소 거리가 멀어지는 문제가 있지만, 통행료가 무료인 스위스, 독일, 벨기에를 통해 런던으로 가는 루트를 선택했다.

늦어진 일정 탓에 스위스의 경치는 차도 위에서만 감상했다. 여름옷을 입었던 이탈리아를 떠나 조금만 북쪽으로 올라와도 점점 단풍색이 짙어진다. 국경을 넘어선 지도 모른 채 독일로 왔다. 독일 '검은 숲Schwarzwald'은 영글이 멋진 단풍을 보고 싶다며 선택한 경로였다. 날은 어둑해졌지만 길 양옆으로 커다란 나무들이 아름다운 빛깔을 뽐내고 있다. 점점 안개가 피어오르더니 숲길은 이내 자욱한 연무 속에 갇혀버렸다. 어둠과 안개가 겹쳐지자 운전하는 영글은 긴장한 모습이 역력하다. 앞차의 꼬리등만을 쫓아 올라온 언덕 위, 갑자기 안개가 걷히고 햇빛이 든다. 얼마 안 있어 어마어마한 장관이 펼쳐진다.

운 좋게도 해가 질 무렵에 딱 도착했다. 지금까지 답답하고 화났던 마음이 눈앞에 펼쳐진 광경 하나로 풀어지는 듯하다. 이런 곳에서야말로 진짜 캠핑을 해야 하는데, 아쉬움이 크다. 대신 오늘의 숙소는 조금 특별한 곳으로 잡았다. 멋진 건물과 깔끔한 숙소가 딸린 산꼭대기 수도원이다. 밤늦은 시간에 도착해 체크인을 마쳤는데, 수녀 할머니께서 자신에게도 한국인 친구가 있다며 친절을 베푼다. 그 덕분에 피곤했던 몸도 마음도 편안해진다.

런던 입성

아름다운 검은 숲을 뒤로하고, 룩셈부르크Luxembourg를 지나 프랑스 칼레Calais에서 하룻밤을 보냈다. 하루 동안 국경 2곳을 넘나들을 수 있다니, 섬 아닌 섬나라에 살아온 우리로서는 신기하기만 하다.

영국 도버Dover로 들어가는 페리를 예약했다. 15분 전까지 도착하면 된다고 해서 차를 몰고 항구로 향했다. 출입국 심사를 하는 줄이 꽤 길다. 고속도로 톨게이트처럼 차에 탄 채로 심사하는데, 짐 검사는 까다롭지 않았지만 난민들 때문인지 심사관이 꼬치꼬치 캐묻는다.

"유럽에 와 지금까지 무슨 일을 했지요?"

"우핑을 했어요. 농장일도 하고 가축도 돌보고 건축일도 했어요. 중간중간 여행도 하고요."

"네? 농장에서 일했다고요? 한국에서는 뭘 했는데요?"

288

"저는 학생이고, 아내는 직장에 다녔어요. 지금 휴가예요."

"학생증 보여줘요."

심사관의 질문이 이어지는 바람에 배를 놓칠 것만 같다. 잘못한 것도 없는데, 괜히 식은땀이 난다. 출입국심사를 마침내 끝내고 매표소에 이르렀더니 우리만 남았는지 확인도 안 하고 직원이 티켓을 준다. 배 출발 시각이 아직 10분 정도 남았지만, 15분 전에 도착을 못했다는 이유로 다음 배를 타야만 했다. 추가 요금이 없다니 그나마 다행이다.

"영국에 가면 뭐 하고 싶어?"

"피시 앤 칩스Fish and Chips 먹어야지!"

"나는 복솔Vauxhall 역에 있던 티 룸에 다시 가고 싶어."

드디어 영국으로 가는 배에 차를 실었다. 이제 운전할 시간이 얼마 안 남았다는 사실이 무엇보다도 기쁘다. 내일 오전이면 차를 반납하고 스페이스쉽 담당자에게 실컷 화풀이를 할 수 있겠지.

늘 그랬듯, 배에서 내려 런던 가는 길은 생각보다 순탄치 않았다. 어느덧 퇴근 시간에 걸려, 오도 가도 못 하는 상황이 되었다. 1시간 갈 거리를 4시간이나 걸려 런던 변두리에 도착했다. 민박집에서 하루를 보내고 드디어 차량을 반납하기로 날이 밝았다. 로마에서 출발한 후 8일 동안 정말 쉬지 않고 열심히 달려왔다. 톨게이트비와 기름값, 뱃삯 영수증을 모조리 챙겨서 한바탕의 전투를 준비하며 스페이스쉽 사무실에 왔는데, 어찌 된 일인지 안이 썰렁하다.

"직원들은 아무도 없어요. 오늘 행사가 있어서 전부 홍보하러 나가 있어요. 저한테 이야기하면 전달해줄게요."

이게 무슨 말이지? 사무실에는 차량을 관리하는 사람만 남아 있었다. 화가 머리끝까지 났지만, 이야기해봐야 무슨 소용이 있단 말인가. 당장 내일 귀국을 위해 파리행 비행기를 타야 하니 다시 찾아올 수도 없는 노릇이다.

영수증은 전달해줬지만, 돈을 돌려받는 건 포기해야 하나 보다. 그 와중에 방금 채우고 온 기름값이 떠올랐다. 점검한 사람도 없는데, 바보같이 출발할 때 기름양을 맞춰서 반납한 거다. 화풀이를 못 한 것도 열 받는데, 돌아오는 내내 두고두고 생각이 났다. 그나마 차 뒷부분이 찌그러진 것을 알아차리지 못했다는 점을 위안으로 삼는다.

스페이스쉽 여행은 이렇게 허무하게 끝이 나고 말았다. 그리고 우리는 리로케이션 딜의 결제금액인 8파운드밖에 돌려받지 못했다. 누군가에게는 분명 멋진 일정이 될 수 있는 매력적인 캠핑 여행이겠지만, 차량의 상태부터 시작해 엄청난 유류비며 쌀쌀한 날씨 등 예상치 못한 변수가 너무 많았다. 애초 로마에서 우정의 말을 들었어야 했는데, 홀몸이 아닌 우정과 뱃속의 나무에게 미안한 마음뿐이다.

다시 짊어진 배낭

돌아가는 한국행 비행기 표를 손에 쥐니 뛸 듯이 기쁘다. 8개월 전 짊어진 배낭의 무게와 같은 두 개의 배낭은 수화물로 붙이고 비행기에 올라타는데, 우정이 손 편지가 적혀 있는 카드 한 장을 손에 쥐어준다.

"사실, 체코가 어디 붙어있는지, 네덜란드가 어디에 있는지 잘 알지도 못하면서 당신과 같이 배낭 메고 여행하고 싶다는 생각에 믿고 따라 나선 길이었어. 참 좋기만 했던 시간들이야."

13시간 비행 후 한국에 도착했다.

인천공항을 나서자마자 잔기침이 나온다. 뿌연 하늘, 차갑고 매캐한 공기가 이곳이 한국임을 알려주는 듯하다. 조금 전까지 비행기에서만 해도 다시 돌아왔다는 설렘이 가득했는데, 막상 공항을 나와 답답한 공기를 마주하니 걱정이 앞선다. 우정은 오로지 '한국에 가고 싶다'는 생각밖에 없었지만 나는 그렇지 않았다.

"다시 적응할 수 있을까?"

배낭을 내려놓는 순간, 그동안 내려놓았던 온갖 짐들을 다시 짊어져야 한다는 사실이 막막하다. 그래도 돌아갈 집이 있다는 사실, 다시 만날 가족과 친구들이 변함없는 큰 힘이 된다.

길고도 짧았던 8개월을 함께 보내며 뱃속에는 새로운 생명이, 가슴 한편에는 우리만의 이상향이 자리 잡았다. 이제는 용기 있게 새로운 여정을 시작할 때이다. 서로가 서로에게 기댈 수 있는 나무가 되고, 나침반이 되어왔듯이.

Supplement

05

남다른 시선,

현재를 여행하다

1.

교환을 통한 여행 :
넌 무엇을 나눌 수 있니?

우리의 여행은 '교환Exchange'을 통한 여행이다. 우프WWOOF, 헬프엑스HelpX, 워크어웨이 Workaway가 현재 가장 많이 알려진 교환 프로그램이다.

우리가 호스트에게 적정 수준의 노동을 제공하면, 호스트는 우리에게 숙식을 제공해 준다. 노동 시간은 보통 하루 4~6시간, 주 5일 또는 6일 정도이니 충분한 여가를 보낼 수 있다. 더 큰 즐거움은 호스트, 다른 봉사자들과 일주일 이상의 기간 동안 함께 일하고 식사 하는 등 일상생활을 공유하며 단순히 여행할 때는 몰랐던 그들의 생활방식과 생각, 문화 의 차이를 경험할 수 있다는 것이다. 언제 어떤 음식을 먹고 설거지는 어떻게 하는지, 집은 어떻게 꾸미고 청소는 어떻게 하는지, 가족 및 이웃과의 관계는 어떠한지, 정치나 사회에 대한 생각은 어떤지 자연스럽게 알아가면서 좀 더 깊이 있게 그들을 이해할 기회가 된다.

해외에서 장기간 머물고 싶은데, 워킹홀리데이를 통해 일자리를 구하기 어렵다거나 돈을 벌어도 숙식비로 나가는 게 더 많을 때, 이곳저곳을 여행하고 싶은 경우에도 이러한 프로그램을 이용하면 좋다. 무엇보다 현지인의 삶 속에 함께 하고픈 이들을 위해 우리가 경험해 보았던 세 가지 교환 프로그램을 자세히 소개한다.

①

우프 WWOOF, World Wide Opportunities on Organic Farms

www.wwoof.net

우프는 1971년 영국에서 시작되어 지금은 세계 전역으로 확대된, 유기농가들과 봉사자들을 연결하는 운동이다. 이 프로그램의 가장 중요한 핵심은 상호교환이다. 보통 우퍼 **WWOOFer**(우프 제도에 따라 노동력을 제공하는 사람)는 하루에 4~6시간 동안 우프에 등록된 호스트 농가에서 일하고 숙박과 식사를 제공받는다.

전 세계 143개국에서 우프가 행해지고 있는데, 나라별로 우프 대표부가 따로 있어 여러 국가에서 우프를 하고 싶다면 각 국가의 우프 홈페이지에 들어가 각각 회비를 내고 가입해야 한다. 회비는 적게는 20유로에서 많게는 80달러로 국가에 따라 다르게 책정되어 있는데, 가입하면 호스트의 리스트를 온라인에서 확인할 수 있다. 책자를 받는 방법도 있지만, 실시간으로 정보가 업데이트되지 않고 원하는 조건으로 검색할 수 없으므로 온라인을 통해 리스트를 보는 것이 더 편리하다. 유기농장주가 호스트라고 해서 모두 농장 일만 하는 것은 아니다. 생태건축을 하는 곳, 와인을 만드는 곳, 레스토랑을 운영하는 곳, 생태공동체 등 다양한 일을 해볼 수 있고, 농장에서 하는 일도 텃밭 재배, 과일 농사, 목장일, 빵 만들기, 양봉 등 무궁무진하니 선택의 폭은 넓다. 우프는 농업에 특화된 교환프로그램이라 농장의 형태나 농장일의 종류가 잘 분류되어 있어서 검색이 편리하다(나라별로 다른 시스템이라 편차가 있다).

국가를 나눠 가입해야 하는 데에는 그럴만한 이유가 있다. 다른 교환프로그램과 달리 '유기농장'들만 호스트를 할 수 있기 때문이다. 여기서 유기농장은 커다란 농장일 수도, 텃밭 수준의 아주 작은 농장일 수도 있다. 중요한 것은 호스트의 생태적인 철학과 그와 관련된 활동이다. 호스트가 되기 위해서는 국가별 대표부의 심사 과정을 거쳐야 하는데, 대표부에서 직접 농가를 방문하여 점검하는 경우도 있다. 또한 우퍼들의 피드백을 통해 문제가 있다는 것이 확인될 경우에는 제명이 되기도 한다. 즉, 어느 정도 검증된 호스트들로 이루어진다는 점에서 누구나 호스트가 될 수 있는 헬프엑스, 워크어웨이와는 다르다. 물론 국가에 따라 관리 수준에 차이는 존재한다.

우프의 목적은 단순히 농가들의 일손을 덜어주기 위한 것이 아니라, 유기농과 대안적인 삶에 대한 철학을 전파하는 것이다. 따라서 호스트들은 대체로 유기농에 대한 자부심을 느끼고 우퍼들에게 이를 알려주는 것을 좋아한다. 생태적인 삶을 추구하는 사람들이 많다 보니 생태화장실의(재래식) 똥을 비우는 일을 하게 될 수도 있고, 채식만 할 수도 있으며, 집에서는 인터넷 사용이 원활하지 않을 수도 있다. 아무 준비 없이 간다면 현대문명과는 동떨어진 그들의 모습에 당황하게 될지도 모른다.

우퍼가 되고자 한다면 손에 흙을 묻히는 것을 두려워하지 말고, 열린 마음으로 새로운 경험을 받아들일 준비를 하자. 출발하기 전 한국에서 미리 우프를 경험해보는 것도 큰 도움이 될 것이다.

②
헬프엑스 HelpX

www.helpx.net

농사일에 전혀 관심이 없다면 우프보다는 헬프엑스나 워크어웨이를 선택하는 편이 좋다. 헬프엑스는 2001년 영국에서 창립되었다. HelpX는 'Help Exchange(도움을 교환하다)'를 줄인 말로, 유기농장으로만 이루어진 우프와 달리 농장, 숙박업, 아기 돌봄 등 직종을 가리지 않는다. 주로 호주와 뉴질랜드에 엄청난 수의 호스트가 있지만, 유럽 등 다른 지역에도 꽤 많은 호스트가 분포해 있다.

장점은 20유로를 내고 프리미엄 헬퍼가 되면, 2년 동안 전 세계 호스트에게 연락을 취할 수 있다는 것이다. 무료 멤버일 경우엔 열람 가능한 정보에 제한이 있지만, 프리미엄 회원으로 가입하면 호스트의 주소, 연락처, 웹사이트를 이메일을 통해 받을 수 있고 호스트들이 우리의 프로필을 확인하고 초대할 수도 있다. 지도에서 원하는 지역을 선택해서 볼 수 있지만, 너무 많은 호스트가 등록되어 있어 원하는 호스트를 찾기가 쉽지 않다. 카테고리 구분이 구체적으로 되어 있지 않기 때문에 수고를 줄이려면 원하는 키워드를 정확하게 넣어 검색해야만 한다. 검색 결과에도 헬퍼가 궁금해할 만한 호스트의 기본정보가 깔끔하게 정리되어 있지 않다. 호스트가 써 놓은 설명글을 자세히 읽어봐야만 어떤 일을 어느 정도 강도로 하게 되는지, 숙소의 시설과 식사는 어떻게 하는지를 파악할 수 있다. 물론 그마저도 없으면 일일이 연락을 취해 확인해야 한다.

호스트에 대해 특별히 관리하지 않는다는 것도 우프와 다른 점이다. 누구나 쉽게 호스트가 될 수 있는 시스템이기 때문에 독일 마녀처럼 불공정한 대우를 하는 경우가 생길 수도 있고, 호스트의 생활이 어떠할지 예측 불가다.

헬퍼들이 남긴 리뷰를 판단 기준으로 활용하지만, 대부분 좋은 댓글을 다는 경향이 있어 신뢰하기 어렵다. 호스트도 메일을 보낸 헬퍼의 프로필을 볼 수 있으므로, 좋지 않은 댓글을 많이 남기는 헬퍼는 호스트가 피할 수 있다. 물론 불량 호스트라고 신고하는 기능이 있으나, 독일 마녀가 버젓이 호스트로 등록되어 있는 것을 보면 과연 의미가 있는지 모르겠다. 우프는 헬프엑스만큼 호스트에 대한 댓글이 많지 않지만 대체로 생태적인 삶, 조화를 중요하게 생각하는 호스트들로 이루어져 있어서 '공정함'에 대한 마인드가 어느 정도 갖춰져 있는 듯하다.

③
워크어웨이Workaway
www.workaway.info

한 번의 회원가입으로 전 세계 호스트 정보를 이용 가능하다는 점에서 헬프엑스와 같다. 하지만 29달러의 회비로 1년 동안 멤버십이 유지되니 헬프엑스에 비해 두 배 이상 비싸다. 대신 헬프엑스를 사용하다가 워크어웨이 홈페이지를 사용해보면 신세계가 따로 없다. 호스트의 종류, 일의 종류가 세분되어 있고, 언제 일손이 필요한지, 일하는 시간은 어느 정도인지, 애완동물이 있는지 등의 정보가 깔끔하게 정리되어 호스트와 연락을 취하지 않아도 쉽게 파악할 수 있다. 이 모든 정보를 검색조건으로 활용할 수 있어 호스트를 찾는 시간이 훨씬 줄어든다.

헬프엑스와 대체로 비슷하지만, 헬프엑스가 호주, 뉴질랜드의 호스트를 많이 가지고 있다면, 워크어웨이는 유럽 등 다른 지역의 호스트 비중이 높다. 워크어웨이는 노동과 숙식을 교환하는 것 외에도 언어를 교환하는 데에 매우 적극적이다. 헬퍼에게 언어를 배우고자 하거나, 언어를 가르쳐 줄 수 있다고 적혀 있는 호스트들이 많이 있다. 실제로 아일랜드에서 워크어웨이를 할 때, 프랑스에서 영어를 배우기 위해 온 헬퍼들이 꽤 많이 있었다. 여행 외에 언어를 배우고자 하는 목적이 있다면 워크어웨이를 적극적으로 활용해보자.

TIP.
교환여행의 노하우

자신에게 맞는 호스트를 찾는 일이 쉽지 않듯이, 호스트 역시 궁합이 맞는 헬퍼와 만나는 일에 어려움을 겪는다. 호스트의 입장을 잘 헤아릴 수 있다면 좀 더 수월하게 원하는 곳에서 머무를 수 있을 것이다.

8개월 동안의 경험을 토대로 우프, 헬프엑스, 워크어웨이를 할 때의 몇 가지 팁을 정리해보았다. 물론 가장 좋은 팁은 아래의 글을 읽지 않고 직접 다양한 호스트와 부딪혀보면서 자신만의 노하우를 터득하는 것이다. 그럼에도 쓰는 이유는 여유가 부족한 이들의 시행착오를 줄여주기 위함이니 참고만 하자. 우프코리아 공식카페**http://cafe.naver.com/wwoofkorea**에서도 많은 팁을 볼 수 있다.

1. 나 자신을 알라

• 가장 중요한 것은 '나'에 대해 잘 파악하는 것이다. 여행은 물론 나를 변화시키기 위한 도전이다. 하지만 섣부른 도전은 호스트에게 도움이 아닌 민폐를 끼칠 수도 있다. 내가 감당할 수 있는 수준이 어느 정도인지 잘 생각해 본 후에 호스트에게 연락을 취하자. 호스트와 의사소통이 얼마큼 가능한지, 할 수 있는 일이 무엇인지, 다른 환경에 쉽게 적응할 수 있는지, 가리는 음식은 없는지, 도시를 선호하는지 자연을 선호하는지 잘 판단해서 적합한 호스트를 찾자.

2. 마음가짐

• 그저 돈을 절약하겠다는 마음가짐으로 이런 프로그램을 이용할까 한다면 당장 생각을 바꿔라. 호스트는 아무런 목적 없이 시간만 보내러 오는 사람을 원하지 않는다. 생업이 달린 꼭 필요한 일을 위해 헬퍼를 구하는 경우가 많다. 숙소와 식사를 해결하는 것도 물론 중요하지만 헬퍼의 가장 중요한 목적은 그들이 필요로 하는 도움을 주는 것임을 잊지 말자.

3. 호스트 선택 노하우

나라마다 엄청난 수의 호스트가 있는 만큼 해보고 싶은 일과 가보고자 하는 지역, 나에게 필요한 조건을 미리 생각해둬야 호스트를 찾기가 수월하다. 예를 들어 ¹⁾ 승마를 배울 수 있는 농장 ²⁾ 일주일 최대 노동시간 30시간 ³⁾ 체류기간 2주일 ⁴⁾ 호스트가 헬퍼에게 식사 제공 ⁵⁾ 개인실 사용. 이 정도만 기준을 정해 놓아도 많은 호스트가 걸러질 수 있다. 처음부터 너무 많은 조건을 따진다면 호스트도 마음에 들어 하지 않을 것이고, 결국에는 아무 일도 못할 수 있다.

• 현재 헬퍼를 받고 있지 않더라도 검색결과에 호스트 리스트가 나올 수 있으므로, 최근 게시글 순으로 리스트를 정렬해서 보는 것이 편리하다.

• 조건이 맞는 호스트를 찾았다면 메일을 보내거나 전화를 해서 궁금한 점을 다시 확인한다. 홈페이지의 설명이 업데이트되지 않았을 수 있으니, 구체적인 조건을 다시 물어본다. 만약에 승마를 배우는 대신 온종일 말똥만 치우는 일을 해야 한다면, 이 또한 내가 감당할 수 있을지 다시금 고려해본다.

• 농사일의 경우 계절의 영향을 많이 받는다. 작물별로 농사철이 언제일지를 따져보면 좀 더 효율적으로 호스트 범위를 좁힐 수 있다.

• 공동체 마을이나 특별한 경험을 할 수 있는 호스트는 몇 개월 전에 예약이 마감되기도 한다. 정말 가고 싶은 장소가 있다면 사전에 머무를 수 있는 기간이 언제인지 대략적으로라도 약속을 잡아두자. 일반적인 농가들은 날씨에 따라 일거리의 양이 수시로 변하기 때문에 호스트가 너무 일찍 약속 잡는 것을 꺼리기도 한다. 이 경우 2주 정도 남겨두고 연락을 해도 충분히 호스트를 구할 수 있다.

• 홈페이지에 설명을 친절하게 써 놓았는지, 메일에 얼마나 정성껏 답변하는지도 좋은 호스트를 판단하는 기준이 된다.

• 호스트에 대한 평가 글을 자세히 읽어보자. 평점이 좋다고 100% 신뢰해서는 안 된다.

하나라도 좋지 않은 댓글이 있다면 유심히 살펴보고, 평가 글의 내용에 영혼이 담겨 있는지를 판단해보자.

• 일의 내용과 강도 외에도 매우 중요한 것은 숙박과 식사이다. 숙소에 대한 설명에 'Basic'이라는 모호한 단어가 들어 있는 경우가 있는데, Basic의 기준은 사람에 따라 천차만별이다. 지저분한 숙소에서 절대 못 자는 사람이라면 숙소의 사진을 꼭 확인한다. 보통 아침 식사는 집에 있는 시리얼, 빵으로 알아서 챙겨 먹고, 점심과 저녁은 호스트가 요리해주거나 함께 만들어 먹는다. 호스트에 따라서는 본인이 직접 해 먹어야 하는 경우가 있는데, 이때는 난감한 상황이 발생할 수 있다. 호스트가 식재료를 얼마나 준비해 줄지도 불확실하고 한국과 식재료가 다르기 때문이다.

• 호스트가 위치한 곳에 대중교통이 다니는지, 마을과의 거리는 어느 정도인지 등을 미리 파악해두는 것이 좋다. 참고로 우프, 헬프엑스, 워크어웨이 중복으로 가입된 호스트도 많다.

4. 메일 보내기

• 리스트에서 원하는 호스트를 찾았으면 다음 단계는 연락을 취하는 것이다. 가장 빠른 방법은 물론 전화이다. 보통은 메일을 보내더라도 빨리 답장받기가 쉽지 않고, 답장을 받더라도 헬퍼가 필요 없는 상태인 경우가 많다. 호스트 역시 전화로 연락하는 적극적인 헬퍼들을 선호한다. 물론 헬퍼 입장에서는 통화비가 부담되고 호스트 입장에서는 뭐라고 말하는지 알아듣기가 힘들지만, 통화하고 나면 비교적 소통이 빠르게 진행될 수 있다. 만약을 대비해 최소한 서너 군데 정도는 연락을 취해두도록 한다.

• 여러 곳에 연락을 하다보면 같은 내용의 메일을 호스트 이름만 바꿔서 보내게 되는데, 호스트는 이런 성의 없는 메일을 바로 안다. 정말 마음에 드는 호스트가 있다면 최대한 정성스럽게 내가 왜 그곳에서 일하고 싶은지에 대해 설명하자. 헬프엑스의 경우 헬퍼가 어느 지역에, 몇 명의 호스트에게, 몇 글자의 메일을 보냈는지에 대한 정보를 호스트에게 제공해준다. 그 정보만으로도 호스트는 이 사람이 'Ctrl+c/Ctrl+v'로 메일을 수십 군데 보내

고 있는지 충분히 알 수 있다. 시간이 들더라도 무엇을 경험하고 싶은지에 대해 정성껏 메일을 보내는 것이 결국에는 좋은 호스트를 찾는 더 빠른 길이다.

• 호스트 역시 자신에게 도움이 되고, 공통의 관심사를 가진 헬퍼를 선택하고 싶어 한다. 호스트가 자세한 설명을 적어야 선택받기 쉽듯, 헬퍼도 자신을 정확히 드러내야 선택을 받기 유리하다. 프로필과 호스트에게 보내는 메일에 일과 관련된 자신의 경험과 재능을 잘 표현하자. 단순히 문화교류를 위해서, 여행을 위해서 호스트를 구한다는 식의 식상한 메일은 잘 통하지 않는다. 우리는 메일을 보낼 때 유기농에 대한 관심, 농촌과 관련된 경험, 그리고 우리가 지향하는 삶, 우프의 경험에 대해서 적극적으로 표현했고, 그 결과 큰 어려움 없이 호스트를 구할 수 있었다. 또한 대부분 호스트는 문화적인 교류를 즐기기 때문에, 한식이나 태권도를 알려줄 수 있다거나 악기를 연주해 줄 수 있다고 해도 흥미를 가진다. 자신의 성향이 담긴 사진, 일하는 모습을 담은 사진을 첨부하는 것도 도움이 된다.

• 약속을 잡은 후에도 안심하지 말자. 호스트가 예약 사실을 깜빡 잊어버리는 경우도 있고, 연락이 없으면 오지 않는 것으로 오해할 수도 있기 때문이다. 틈틈이 연락을 주고받으면서 준비물이나 그곳의 날씨 같은 소소한 정보들을 알아두고 호스트에게 자신의 존재를 알린다.

• 먹지 못하는 음식이 있거나 특정 신체 부위가 안 좋은 경우에는 미리 양해를 구한다.

5. 사전준비
• 대부분 작업에 필요한 장갑이나 장화는 농장에 갖추어져 있다. 준비물을 물어보았을 때 가져오라는 말이 없으면 꼭 챙길 필요는 없다. 대신 작업에 적합한 옷과 튼튼한 신발, 챙이 넓은 모자를 챙겨가는 것은 필수다. 간혹 철없는 우퍼가 구두를 신고 스타킹을 신은 채 밭일을 하러 나오는 불상사가 생기기도 한다.

• 이용하는 프로그램에 따라 헬퍼에게 보험이 적용되는 경우가 있고, 아닌 경우도 있다. 만약을 대비하여 여행자보험을 들도록 하자.

• 돈을 받는 노동이 아니므로 워킹비자는 필수 조건이 아니다.

6. 호스트와의 생활

• 완벽한 호스트는 없다. 느려터진 인터넷 속도와 온돌이 아닌 난방방식, 집안에서 신발을 신고 다니는 문화 등 우리가 불편을 느낄만한 부분은 찾아보면 끝도 없다. 하지만 본인의 기대치와 맞지 않는다고 낙담하지 말자. 스스로 선택해서 온 만큼 즐거운 마음으로 일하고, 배우는 자세로 생활하면 금세 익숙해져 있는 자신의 모습을 발견할 것이다.

• 당당하게 원하는 것을 이야기하라. 함께 일을 하면서 호스트와 헬퍼의 소통은 무엇보다 중요하다. 몸이 아픈 경우에는 사정을 이야기해서 일하는 시간을 조정할 수 있다. 날씨가 너무 덥다면 낮을 피해 일할 수 있는지 물어보고, 일이 너무 힘들다면 힘들다고 이야기한다. 정상적인 호스트라면 당연히 헬퍼의 사정을 배려해 줄 것이다.

• 호스트와 헬퍼는 돈으로 맺어진 계약 관계가 아니라 평등한 파트너이다. 따라서 호스트와 헬퍼는 선의의 마음으로 서로를 존중하고 배려하는 것이 당연하다. 만약에 불공정한 대우를 받았다거나, 상대방이 헬퍼를 임금노동자처럼 여긴다면 가만히 있어서는 안 된다. 물론 헬퍼 역시 최대한 호스트에게 도움이 되도록 노력해야 한다. 농사일의 경우에는 작업자의 능력에 따라 같은 일을 하는 데에 걸리는 시간이 크게 달라질 수 있고, 날씨에 따라 일을 몰아서 해야 하는 경우도 생긴다. 정해진 시간에 너무 얽매여 있다 보면 어떤 시점에 꼭 해야 할 일을 끝내지 못할 수도 있다. 무리한 요구를 하지 않는 이상에는 최대한 도움을 줄 수 있도록 노력하자.

• 그들의 삶에 호기심을 갖고 가까워지도록 한다. 단순히 일을 해주고 숙식을 제공받는 관계에서 그친다면 이러한 교환 프로그램에 참여하는 의미는 반감될 것이다. 서로에 대해 충분히 이해하고 편안한 관계가 될 수 있도록 노력해야 호스트와의 생활은 윤택해지고 힘든 일도 즐거워질 것이다. 밥상에서 대화가 이루어지는 만큼 가장 쉬운 이야기 주제는 음식이다. 그들이 음식을 만들 때 호기심을 갖고 도와주거나, 가끔은 한식을 선보여 주자(김밥, 비빔밥, 불고기, 안동찜닭 같은 요리는 비교적 재료를 구하기 쉽고 외국인의 반응도 좋았

다). 며칠이면 서먹했던 분위기가 화기애애해질 수 있다. 북한에 대한 이야기도 늘 대화 주제에서 빠지지 않는다. 여행할 나라에 대해 공부하는 것도 좋지만, 우리나라의 역사나 문화에 대해 자신 있게 말할 수 있는 것이 우선이다.

• 한국적인 선물을 준비해가자. 조그마한 선물에도 그들은 굉장히 감동한다. 우리도 출국 전 남대문 시장, 인사동에 들러 하회탈 자석, 조각보, 색동보자기, 부채, 민화 엽서 등을 구입해갔다.

2.

숙소 :

여행의 시작과 끝

①

현지인 생활 엿보기, 에어비앤비 Airbnb

www.airbnb.com

이미 알 사람은 다 아는 숙박공유 플랫폼 에어비앤비. 에어비앤비는 2008년 8월에 창립된 세계 최대의 숙박 공유 서비스다. 호스트는 집에 있는 빈 곳 또는 비어 있는 집을 다른 사람에게 빌려주고 숙박료를 받을 수 있다. 우리는 우프를 하고 있지 않을 때 대부분 에어비앤비를 통해 숙소를 예약했다. 현지인과의 교류를 원하기도 했고, 음식을 직접 해 먹는 경우가 많았기 때문이다. 물론 가격 또한 일반 숙소보다 저렴한 편이다.

에어비앤비의 숙소는 크게 개인실, 다인실, 집 전체로 나누어진다. 개인실은 집의 방 한 칸을 단독으로 사용하는 건데, 거실과 부엌, 화장실 등 다른 구역은 서로 공유한다. 다인실은 말 그대로 한 방에 여러 개의 침대가 있어 다른 여행자와 함께 사용한다. 게스트하우스와 같은 개념이라 볼 수 있다. 집 전체를 빌릴 수 있는 경우는 집에 있는 모든 공간과 가전제품 등을 혼자서 이용할 수 있다. 그 외, 집의 세탁기, 냉난방기기, 식사제공, 주차장, 반려동물, 주방사용 가능 여부 등에 대한 정보도 제공하고, 사용자가 이를 통해 편리하게 검색할 수 있다.

우리가 느낀 에어비앤비의 첫 번째 매력은 숙소의 다양성이다. 관광지에 몰려 있는 획일적인 모습의 호텔들과는 달리 에어비앤비에서는 작은 마을이나 현지인들이 많이 사는 주택가에도 있다. 숙소의 형태도 일반적인 집에서부터, 정원이 딸린 집, 옥탑방, 동굴집, 배, 캠핑카 등을 통해 새로운 경험을 할 수 있다. 물론 당황스러운 경험도 있다. 일례로, 우리가 스위스 갔을 때 일이다. 물가가 워낙 비싼 나라이다 보니 어쩔 수 없이 에어비앤비를 예약하게 되었는데, 다락방을 빌리는 것이었다. 별로 기대를 하지는 않았지만 도착해보니 도저히 사람이 잘 수 있는 공간이 아니었다. 수직으로 세워져 있는 사다리를 타고 올라가니 쪼그려 앉을 수도 없을 정도로 낮은 공간이 나왔다. 마치 고양이 방을 우리에게 주기라도 한 것처럼 이부자리는 온통 털투성이였다. 요리할 때도, 음식을 먹을 때도 자꾸 뛰어드는 고양이 때문에 편안한 시간을 보낼 수 없었다.

두 번째 매력은 현지인과 교류를 할 수 있다는 것과 그들의 생활을 엿볼 수 있다는 것이다. 집에 들어가 보면 꼭 호스트와의 교류가 없더라도 한눈에 그들의 생활과 가치관을 어느 정도 파악할 수 있다.

세 번째는 집안 시설의 편리한 이용이다. 주방을 사용할 수 있고 밀린 빨래를 해결할 수 있으니 장기간 머물 경우에는 모든 것에 돈이 들어가는 호텔보다는 훨씬 편안하다. 단, 집 전체를 빌린 게 아니라면 세탁비를 내야 하거나 주방을 마음대로 이용하기 쉽지 않다.

이렇게 매력이 많은 대신 불편한 점도 많다. 호텔 예약 사이트처럼 결제만 하면 끝나는 게 아니다. 예약하더라도 호스트가 승인하지 않는 경우가 있고, 예약 사실을 기억하시못하는 경우도 종종 발생한다. 이밖에 집 청소가 잘 되어있지 않거나 주방 사용이 가능하다고 했는데 조리도구가 제대로 갖추어져 있지 않은 경우, 와이파이가 된다고 했는데 고장이 난 경우 등 평가 글로만은 확인할 수 없는 것들이 많다. 호텔 수준의 상태를 기대한다면 늘 불평으로 가득한 에어비앤비 생활이 될 것이다.

TIP. 에어비앤비 예약

에어비앤비 예약은 호스트와의 약속을 잡는다는 점에서 교환프로그램과 유사한 점이 많다.

- 헬프엑스와 마찬가지로 평가 글이 상향 평준화되어 있다. 별의 개수에 연연하지 말고 솔직해 보이는 평가에 집중하자.
- 호스트와의 교류를 원한다면 숙소에 대한 설명과 평가 글을 통해 교류를 즐기는 호스트인지를 먼저 판단해보자.
- 와이파이, 세탁 등에 대한 추가적인 비용이 발생할 수 있으니 설명글을 잘 읽어보자.
- 적어도 방문 하루 전에는 호스트에게 내가 갈 것임을 상기시키고, 그와 동시에 집에 들어가는 방법을 확인하자.
- 호스트와 연락할 수 있는 휴대전화 번호가 적힌 숙소가 여러모로 수월하다.
- 프로필 작성에 신경을 쓰고 호감이 갈만한 사진을 등록하자.
- 이용했던 숙소에 대해서 후기를 꼭 남겨주자. 호스트도 내게 후기를 남기기 때문에 나에게 남겨진 좋은 후기가 많다면 숙소를 예약하기가 훨씬 편하다.
- 새벽이나 밤늦은 시간 공항에 출발·도착하는 경우, 특히 에어비앤비가 유용할 수 있다. 공항 주변에 여행객을 위한 픽업 서비스를 해주는 호스트를 종종 찾을 수 있다.

②
잠자리 공유 네트워크, 카우치서핑 Couchsurfing
www.couchsurfing.com

최근 들어 카우치서핑을 이용하는 한국인 여행자들도 많이 늘어나는 추세다. 카우치서핑은 '소파Couch'를 '찾아다니는 것Surfing'을 뜻하는 말이다. 에어비앤비가 돈을 받고 숙소를 제공하는 것과는 달리, 카우치서핑은 호스트가 무료로 잠잘 공간을 제공한다. 정말 현지인과의 교류를 원한다면 에어비앤비보다는 카우치서핑이 답이 될 수 있다. 에어비앤비에는 의외로 돈을 벌기 위한 목적만 가진 사람들도 많기 때문이다.

카우치서핑 홈페이지에는 에어비앤비처럼 집의 위치나 사진이 많이 올라와 있지 않다. 그래서 잠자리의 불확실성은 더욱 커진다. 호스트의 평가 글은 에어비앤비 이상으로 칭찬 일색이다. 어떻게 이렇게 천사 같은 사람들이 많은가 싶다. 하지만 이 중에서도 정말 교류를 즐기기보다는 자신이 나중에 많은 곳을 여행하기 위한 목적으로 호스팅을 하는 사람들도 많다.

　우리는 사실 우프를 하지 않을 때 최대한 카우치서핑을 통해 숙소를 해결하려고 했었다. 초반에 도시마다 수십 개의 메시지를 보냈지만 늘 거절만 당했다. 혼자 카우치서핑을 구하려 해도 쉽지 않다고 하는데, 우리는 둘이라서 더 어려운 것으로 생각했다. 그러나 7~8월에는 운 좋게도 세 번의 카우치서핑을 할 수 있었다. 맛있는 한식을 해 주겠다는 메시지를 넣어보았는데 이게 통한 것이다. 덕분에 세 번 모두 잠자리는 물론 주방까지 이용할 수 있었고, 호스트와도 잘 지낼 수 있었다.

　우프도 그랬지만 '공짜니까'라는 생각에서 벗어나야 서로에게 즐거운 경험이 될 수 있다. 상대방이 우리에게 베풀어 주듯이, 나 역시 적극적으로 나누겠다는 마음을 표현하면 카우치서핑을 구하는 것도 더욱 수월해질 것이다.

영국 글래스고Glasgow에서 만난 세카 키플. 원래는 소파에 자야 했지만, 룸메이트의 방이 비어 있어서 침대에서 잘 수 있었다. 세카는 시험 기간이라 바쁜 와중에도 노트북에서 영화 파일을 복사해 주는 등 우리를 챙겨주었다. 일주일에 두 번은 호스팅을 한다는 세카. 왜 카우치서핑 호스트를 이렇게 열심히 하게 되었냐고 물었더니, 누구에게 도움을 주는 일이 즐거워서란다. 처음 보는 사람에게 바라는 것 하나 없이 자신의 공간을 내어줄 수 있다는 것이 믿기지 않는다. Give & Take 문화에 익숙하고, 사람을 볼 때 믿음보다 의심이 앞서는 우리에게는 작지 않은 충격이다. 우리도 이렇게 누군가에게 아무런 조건 없이 베풀 수 있는 넉넉한 사람이 될 수 있을지. 고마운 마음에 안동찜닭을 요리해주고, 아침 식사까지 우리가 해주었다.

③
시골 속 근사한 휴식처, 농가민박

그 나라의 진짜 모습을 보고 싶다면, 도시보다는 시골을 여행하는 것을 추천한다. 물론 우프를 통해 농장체험도 하면 더할 나위 없겠지만, 그것 말고도 시골을 느끼는 방법은 많다. 유럽에서는 일찍부터 농촌관광이 자리를 잡아서 호텔이나 펜션 뺨치는 수준의 농가민박이 즐비하다. 시골 사람들의 순박함과 포근함은 전 세계 공통이다. 아름다운 전원의 풍경 속에서 진정한 휴식을 취해보자.

'Bed & Breakfast' 옵션을 선택하면 보통 현지인과 같은 건물에 딸린 객실에 머무르며, 숙박과 함께 현지식 아침 식사도 맛볼 수 있다. 간섭받지 않고 편안하게 휴식을 취하려면 독채를 빌리면 된다. 보통은 일주일 이상 장기간 숙박을 할 경우, 더욱 저렴하게 머물 수 있다. 숙소에 따라 동물 먹이 주기, 승마, 자전거 대여 등 다양한 액티비티를 제공하는 곳도 많으니 시골이라고 심심할 걱정은 없겠다. 물론 렌터카를 하지 않으면 찾아가기 힘들 수 있으므로 사전에 대중교통이나 픽업할 수 있는지 꼭 알아보도록 하자. 나라별로 정리가 잘 되어 있는 농가민박 예약 사이트를 소개한다.

- 영국 팜스테이 : www.farmstay.co.uk
- 프랑스 지트 드 프랑스 : http://en.gites-de-france.com
- 스페인 까사 루랄(스페인어 페이지) : www.casarural.es
- 이탈리아 아그리투리스모 : www.agriturismo.it/en
- 스위스 비앤비 : www.bnb.ch
- 오스트리아 팜 할리데이 : www.farmholidays.com

EPISODE. 한밤중의 벽 타기 – 스페인 세테닐 ^{Setenil de las Bodegas}

여행 잡지에서 본 독특한 풍경 하나만 보고 우리는 론다^{Ronda} 주변의 '세테닐'이라는 조그만 마을로 향했다. 우여곡절 끝에 잡지에 소개된 스페인의 농가민박 '까사루랄^{CASA Rural}'에 도착했지만, 오늘은 꽉 차서 숙박할 수 없다며, 길 건너 가게에 다른 까사루랄 호스트가 있으니까 찾아가 보란다. 문이 닫혀 있는 가게에서 한참을 기다려 주인의 차를 타고 숙소로 이동할 수 있었다.

리모컨을 누르니 커다란 문이 열리고 하얀 이층집이 나타났다. 한쪽에는 작은 놀이터가 있다. 집 안으로 들어가자 넓은 거실과 벽난로가 우릴 반긴다. 농가민박이라더니···. 농촌에 있기는 하지만 우리나라 펜션처럼 집 전체를 사용하는 것이었다. 인당 25유로의 가격에 마당과 수영장이 딸린 이층집을 모두 사용할 수 있다. 가격대비 정말 훌륭한 선택이다. 오랜만에 단둘이 넓은 공간을 사용할 수 있어 더욱 즐겁다.

식사하고 나니 이제 추운 방에서 잘 일이 걱정이다. 스페인은 따뜻한 나라라 난방시설이 잘되어 있지 않다. 방에 있는 조그만 라디에이터가 끝이다.

"장작이 조금밖에 없네? 이걸로는 몇 시간 못 갈 거 같아. 장작을 구해오자."

"그래, 혹시 문이 안 열릴지 모르니까 닫지는 말고 나가자. 예전에 여행할 때 열쇠가 있는데도 문을 못 열었던 적이 있어서."

"설마 그러기야 하겠어? 뭐, 그래도 혹시 모르니."

그 순간 '쾅!!!' 말은 말이었을 뿐. 나오면서 문을 닫아버린 건 영글이었다. 주섬주섬 장작을 챙겨서 돌아왔는데 문이 정말로 안 열린다. 아무리 열쇠를 돌려봐도 굳게 닫힌 문은 열릴 생각을 않는다. 당겼다가 열기. 돌리면서 밀기. 그냥 세게 밀기. 온갖 문 여는 방법을 동원해보았지만 요지부동. 안에서 문을 열 때도 뻑뻑하다 싶었는데, 결국은 이런 사달이 났다. 찰나의 순간, 우린 잠옷 차림으로 이 외딴곳에 덩그러니 남았다. 처음엔 어처구니가 없어 웃음이 나오더니 점점 답 없는 현실에 집 주위를 뺑뺑 돌아본다. 핸드폰은 가지고 나오지도 않았고, 건물에는 전화번호 하나 안 적혀 있다.

2층에 기어올라 가볼 요량으로 에어컨 실외기를 타보려 낑낑댔지만 역시 우리 실력으로는 어림없었다. 주변엔 도움을 청할 다른 집도 없고, 결국은 집 밖에 지나가는 차를 잡아보기로 했다. 밤이라 날씨는 점점 추워진다. 장작을 찾겠다고 가지고 나온 랜턴이 있어 다가오는 차를 향해 흔들었더니 지나가던 차 한 대가 우리 앞에 멈춰 섰다. 영어가 통하지 않아 손짓 발짓으로 상황을 설명하는데, 운 좋게도 차에서 내린 아주머니가 자신이 이 집 호스트의 사촌이란다.

"올레! 지져스!" 아무리 고생을 시켜도 결국 신은 우리의 편인가보다. 문을 열어주고 떠나는 아주머니에게 고개가 절로 굽혀진다. 정말~고맙습니다!

집 밖에서 꽤 많은 시간을 보낸 건지, 집 안으로 들어와 보니 벽난로 장작들이 다 꺼져가고 있다. 벽난로 앞에서 꺼져가는 불씨에 입으로 바람을 불어대며 용쓰고 있는 나에게 영글이 '그렇게 들쑤신다고 되는 게 아냐' 한소리 하더니 장작을 기술적으로 쌓고 벽난로 문을 닫아 둔다. 조금 뒤 새로운 나무에 불이 옮겨 붙어 활활 타기 시작한다. 꺼져가는 불도 살리는 영글의 숨겨진 능력에 오늘 밤은 참 따뜻할 것 같다. 다사다난했지만 우리 둘이어서 웃을 수 있었던 하루였다.

④

명문대 기숙사에서 하룻밤, 유니버시티룸Universityroom

www.universityrooms.com

여행준비를 하던 중 정말 유용한 꿈을 꿨다. 대학에서 방학 동안 비어 있는 기숙사를 일반인에게 개방한다는 정보를 듣고 기숙사에서 숙박하는 꿈이었다. 잠에서 벌떡 깨어 당장 스마트폰으로 검색해 보았더니 정말로 가능한 일이었다.

'유니버시티룸'이라는 서비스로 미국, 유럽, 호주 등지의 120개 도시에 있는 대학들의 기숙사를 이용할 수 있다. 대학생이 아니더라도 옥스퍼드Oxford, 캠브리지Cambridge 등 몇백 년도 넘은 역사를 자랑하는 유서 깊은 대학의 숙소에서, 비교적 저렴한 비용으로 머물 수 있다. 학생들을 위한 식당이나 편의시설도 이용할 수 있는 건 덤이다. 세계의 학교들을 돌아다니며 학생 체험을 해보는 것도 즐거운 여행의 묘미가 아닐까.

예약 방법은 일반 숙소 예약과 비슷하다. 사이트에 회원가입을 한 후 원하는 도시, 원하는 숙소를 선택해서 결제하면 끝. 한 가지 주의할 점은 늘 이용 가능한 것이 아니라는 것이다. 많은 학교에서 방학 기간에만 운영하기 때문에 운이 조금 따라야 한다. 숙소에 따라 장기 숙박만 가능한 곳도 있으니 잘 살펴보자.

해리포터 촬영지인 옥스퍼드대학 크라이스트 처치Christ Church에서 아침 식사를 먹어볼 수도 있다.

⑤
자연에서 즐기는 낭만, 캠핑 camping

유럽을 여행하며 가장 부러웠던 것 중 하나는 그들의 캠핑문화다. 멋진 자연이 있는
곳이면 가장 좋은 명당을 차지하는 것은 리조트도 펜션도 아닌 캠핑장이다. 상쾌한 아침
공기 속에 새와 풀벌레 소리를 들으며 깰 수 있다는 것만으로도 행복할 텐데, 텐트를 나
오면 알프스의 전경이, 지중해의 쪽빛 바다가 한눈에 펼쳐진다. 생각만 해도 가슴이 설레
지 않는가. 그렇긴 하지만, 그 많은 짐을 한국에서부터 어떻게 가져가냐고? 걱정하지 말
라. 욕심과 두려움만 없앤다면 유럽에서의 캠핑은 어려울 것이 없다. 전문가는 아니지만
도움이 될 만한 팁을 정리해본다.

1. 캠핑용품은 현지에서 사자

하루 숙박비도 안 되는 가격에 저렴하게 캠핑용품을 살 수 있다. 가벼운 짐으로 여행을 하
다가 꼭 필요한 캠핑용품을 사서 잠깐 사용하고, 여행이 끝나면 기증하거나 되팔면 된다.
이틀만 캠핑해도 본전을 찾았다는 생각을 하게 될 것이다.

TIP. 캠핑용품 저렴하게 구매하기

• 데카트론 Decathlon

프랑스를 중심으로 하는 아웃도어 전문 매장. 프랑스는 물론 이탈리아, 스페인, 독일 등
유럽 곳곳에 커다란 매장을 운영하고 있는데, 다양한 상품 구색과 파격적인 가격이 장점
이다. 2인용 텐트를 30유로도 되지 않는 가격으로 구입했다. 그 텐트로 2주일 정도 숙박을
했는데 나름 쓸 만했다. 지도에서 'Decathlon'을 검색해보자.

• 뷰 컴퍼 Au Vieux Campeur www.auvieuxcampeur.fr

유명 브랜드의 용품을 사려면 이곳을 이용하자. 역시 프랑스에 있는 아웃도어용품 전문
점으로 파리, 리옹, 마르세유, 툴루즈 등 10여 개 지역에 매장을 운영하고 있다. 하이킹용
품은 물론 캠핑, 스키, 스쿠버다이빙, 클라이밍 등 아웃도어에 관련된 것이라면 모두 찾을
수가 있었다. 파리의 경우, 각 테마별로 별도의 매장들이 운영되고 있으니 참고하자. 홈페

이지에서 원하는 숍의 위치를 미리 알아두고 가는 것이 편하다.

• 스포츠다이렉트 Sports direct www.sportsdirect.com

영국에서 캠핑한다면 이곳을 추천한다. 영국 웬만한 도시에는 모두 매장이 있으며, 20파운드도 안 되는 가격에 텐트를 살 수 있다.

2. 텐트도 없이, 조리도구도 없이 캠핑한다고?

텐트와 각종 장비 없이도 캠핑할 수 있는 방법이 있다. 글램핑 시설이나 방갈로, 이동식 주택, 캠핑팟 Camping pod 등이 갖추어져 있는 캠핑장이 그것이다. 물론 침낭을 챙겨야 하는 것은 잊지 말자. 음식을 꼭 할 필요도 없다. 레스토랑이나 바가 갖추어져 있는 캠핑장이 많으므로 버너와 코펠은 과감히 준비물에서 뺄 수 있다. 텐트에서 자는 것과 요리해 먹는 즐거움을 빼면 뭐하러 캠핑을 하냐고 묻겠지만, 캠핑장 안팎으로 즐길 거리를 많이 찾을 수 있으니 걱정할 필요는 없겠다. 이곳 사람들처럼 주변을 산책하거나, 잔디밭에 드러누워 책을 보며 여유를 즐겨보는 것도 좋다. 트래킹을 하고 자전거를 빌려 경치를 둘러볼 수도 있다. 호수나 강에서 수영할 수 있는 곳도 있으며, 탁구장, 테니스장 등 운동시설이 갖추어져 있는 곳도 많다.

모든 장비를 갖추어 완벽한 캠핑을 할 생각이 아니라면 배낭 하나로도 이렇게 충분히 캠핑할 수 있다. 렌터카가 없더라도 블라블라카(다음페이지에 설명)나 히치하이킹을 잘 활용하면 의외로 쉽게 캠핑장에 찾아갈 수 있을 것이다.

• 좀 더 자세한 정보를 얻고자 하면
아래 두 카페를 참고해보자.

- 유빙(유럽 자동차 여행 1위 카페)

  http://cafe.naver.com/eurodriving
- 아웃티어(아웃도어 프런티어)

  http://cafe.naver.com/campingnbbq

3.

교통 : 전천후 해결사 블라블라카Blablacar

www.blablacar.com

우리의 여행비를 줄이고 이동을 편하게 하는데 톡톡한 공헌을 한 것이 있다면, 바로 '블라블라카Blablacar'다.

장기여행을 하면서 한 장소에 오래 머무는 우리 같은 경우에는 유레일패스를 이용하는 것은 좋은 방법이 아니다. 이동할 때마다 교통편을 알아보고 예약을 해야 하는데, 그러다 보면 비싼 요금이 부담되거나 한 번에 연결되는 교통편이 없는 경우가 종종 발생한다. 예전 같으면 '울며 겨자 먹기'로 예약을 했겠지만, 지금은 이럴 때 블라블라카를 이용하면 좋다. 블라블라카는 운전자가 자신의 여행 계획과 탑승 가능한 인원을 온라인에 올리면 카풀을 연결해주는 서비스를 제공한다.

대중교통이 비싸고 불편한 프랑스에서 특히 유용한데, 독일과 스페인, 이탈리아 등 대부분 지역에서도 대체로 버스요금의 50~70% 수준에 카풀을 이용할 수 있다. 예약 방법은 간단하다. 원하는 출발, 도착장소와 날짜를 검색하면 그 날짜의 카풀 리스트가 나오고, 운행스케줄과 금액, 차량, 운전자 정보를 확인해 예약하면 된다. 운전자의 사진과 평가 글을 확인할 수 있으며, 운전자의 대화 정도, 음악재생 여부, 흡연/반려동물 가능 여부

316

도 표시되어 있다. 물론 메시지를 통해 사전에 구체적인 미팅장소 등 정보를 교환하고 일 정을 조율할 수 있다.

우리는 대중교통이 한 번에 가지 않을 때나 너무 비쌀 때는 물론, 갑작스러운 철도 파 업으로 목적지에 못 가게 되었을 때, 비행기가 엉뚱한 공항에 우리를 내려주었을 때 등 중 요한 순간마다 블라블라카를 이용했다. 차에서 블라블라 수다를 떨라고 '블라블라카'인 데, 영어 대화가 피곤한 우리는 늘 침묵하고 있거나 잠을 자곤 했다. 기억에 남는 블라블 라카 경험을 짧게 소개해 본다.

블라블라카 경험담

스페인 그라나다Granada – 세비야Sevilla

첫 블라블라카 이용. 뭣도 모르고 핸드폰도 개통하지 않은 채 약속을 잡았다. 약속 장소를 잘못 이해해서 커다란 쇼핑센터를 몇 바퀴 돈 끝에 만나기로 한 시간보다 30분이나 지나 겨우 차를 탔다. 뒷좌석에 있던 운전자의 강아지가 허벅지 위에 올라와 잠을 자는 통에 땀띠가 날 뻔했다. 그가 영어를 하지 못해 걱정했는데, 다행히 앞자리에 한 명이 타고 있었고, 덕분에 뒷자리에 앉아 편히 잠을 청할 수 있었다.

스페인 세비야Sevilla – 포르투갈 타비라Tavira

역시 영어를 사용하지 못하는 운전자다. 구글Google 번역기를 사용해야 겨우 대화가 된다. 옆자리에 말없이 앉아만 있으니 운전자가 꾸벅꾸벅 졸기 시작한다. 휴게소에 들러 커피 한잔을 사주고는, 졸지 못하게 옆자리에서 계속 땅콩 과자를 건네주었다.

그런데 아뿔싸! 내릴 때 차에 카메라를 두고 내렸다. 바보같이 숙소에 도착한 다음 날 그걸 알고는 블라블라카 메시지를 확인했다. 다행히도 마음씨 좋은 운전자가 택배로 카메라를 보내줬다.

독일 프랑크푸르트한공항Frankfurt-Hahn Airport – 본Bonn

프랑크푸르트로 가는 비행기를 타기 전, 숙소를 예약하고 다음 날 교통편을 찾았다. 그런데 저가항공 라이언에어RYANAIR를 타고 우리가 내린 '프랑크푸르트한공항'은 프랑크푸르트와는 전혀 다른 곳이었다. 프랑크푸르트까지 거의 2시간을 대중교통으로 이동해야 하는데, 넋을 놓은 사이 공항버스도 놓쳤다. 오히려 내일 가기로 한 본이 더 가까운 거리라서, 공항 옆 숙소에서 하루를 보내기로 하고, 블라블라카를 예약했다. 드라이버가 호텔 바로 앞으로 픽업을 와 주었고, 본에 있는 호텔 문 앞에 내려주니 개인택시가 따로 없다.

벨기에 브뤼셀공항Brussels Airport – 네덜란드 암스테르담Amsterdam

벨기에 우프를 마치고, 암스테르담으로 가는 날. 철도 파업으로 기차가 한참이 지나서 온 것으로도 부족해 브뤼셀공항까지 밖에 가지 않는단다. 브뤼셀 시내에서 암스테르담으로 가는 버스를 예약해 놓았지만, 공항에 도착하니 이미 시간이 지나버린 후. 온갖 방법을 생각해보다가 불현듯 블라블라카가 떠올라 검색해 보니, 마침 공항 주변에서 출발하는 차가 있었다. 게다가 새 차 냄새가 폴폴 풍기는 넓고 편안한 차량이다. 이번에도 먼저 탄 다른 커플이 드라이버와의 대화를 맡았다.

프랑스 비에르종Vierzon – 파리Paris

프랑스 우프가 끝난 후, 기찻값의 절반도 되지 않는 블라블라카를 예약했다. 알고 보니 호스트 실비와 친분이 있는 사람이었다! 실비가 임산부니 운전을 살살해달라고 당부까지 해줘서 마음이 편했다. 그런데 기대와 달리 운전자는 약속 시각을 30분이나 넘겨 도착했다. 땡볕에서 한참을 기다렸는데, 차에 에어컨이 없으니 죽을 맛이다. 그는 역할극을 통해 가족이나 조직의 갈등을 해소해주는 직업을 가졌는데, 차 안에서 그와 나누었던 이야기는 매우 흥미로웠다.

TIP. 블라블라카 제대로 이용하기

편안하게 도시 간 이동을 할 수 있는 것은 물론, 때에 따라서는 정말 멋진 차를 타볼 기회를 가질 수 있다. 대화를 즐기는 사람이라면, 현지인과 오랫동안 이야기를 나눌 수 있고, 여행지에 대한 정보를 얻을 기회도 생기니 금상첨화다.

단점이라면 약속 장소를 정확히 파악하지 못해서 헤맬 수 있다는 것과 드라이버가 약속 시각보다 늦게 도착하는 경우가 있다는 정도다. 걱정되는 다른 점들은 다 피해 가는 방법이 있다.

여기 그 팁을 소개한다.

1. 국가별 사이트가 따로 있다. 같은 구간을 검색하더라도 어떤 나라의 홈페이지를 선택하느냐에 따라 운전자 리스트가 다르게 나온다. 예를 들어 운전자가 영어를 사용하지 못한다면, 영어 사이트에서는 검색이 되지 않기 때문에 해당 국가의 사이트에서 검색하는 편이 가장 많은 운행 스케줄을 확인할 수 있다. 사실 언어는 큰 문제가 되지 않는다. 구글 번역기로 메시지를 쉽게 주고받을 수 있기 때문이다. 영어로 홈페이지 구조를 익혀놓으면 타 언어 홈페이지에서도 쉽게 예약을 할 수 있을 것이다.

2. 영어 홈페이지에서 결제하는 경우 통화가 파운드로 바뀌는데, 이 경우 유로로 결제할 때와 금액에 차이가 생기기도 한다. 환율에 따라 파운드가 더 비쌀 수도, 유로가 더 비쌀 수도 있으니 확인을 해 보고 저렴한 쪽을 선택하자.

3. 서로 연락이 원활하지 않을 경우, 혼선이 생길 수 있으니 꼭 핸드폰을 개통하자.

4. 유럽의 차량은 보통 트렁크가 없는 해치백 스타일이다. 커다란 짐이 있는 경우, 운전자에게 미리 메시지를 보내 짐을 실을 공간이 있는지 확인한다.

5. 여행경로를 볼 수 있는 경우도 있으니, 너무 많은 곳을 들리지는 않는지 꼭 확인해본다.

6. 운전자에 대한 평가 글을 꼼꼼하게 체크한다. 운전 솜씨나 차량의 상태 등 중요한 정보가 많다. 이 또한 전체적으로 댓글을 좋게 다는 경향이 있음을 잊지 말자.

7. 운전자와의 대화가 자신 없다면, 한두 사람이 더 탑승하기로 되어 있는 차를 예약하자.

8. 사진을 올리고 인증을 거칠 경우 운전자의 수락 확률이 높아진다.

9. 작은 도시는 검색을 해도 잘 나오지 않는다, 검색해서 원하는 결과가 나오지 않으면 가까운 큰 도시를 선택해서 다시 검색한다. 만약 현재 있는 곳이 운전자의 운행 경로 상에 위치한 지역이라면 픽업이 가능한 경우도 있다. 예를 들어, 서울에서 부산으로 가는 운전자에게 대전 나들목 주변으로 나갈 테니 태워달라고 요청하는 식이다.

4.
여행 시 유용한 웹사이트와 애플리케이션
& 우프코리아 소개

도시 간 교통

우리는 주로 저가항공 또는 버스를 타고 이동하였다. 기차는 대체로 한참 전에 예약해야 저렴하므로 일정이 수시로 변동되는 우리에게는 맞지 않았다. 유럽 내 기차나 저가항공은 인터넷에 정보가 많으니 생략한다.

Busradar(Web/iOS/Android) www.busradar.com
원하는 출발지, 도착지와 일정 정보를 넣으면 버스, 기차, 블라블라카 등 모든 교통수단의 정보를 보여주는 매우 유용한 서비스. 웬만한 큰 도시 간 이동은 이 앱 하나만 있어도 쉽게 정보를 찾고 예약할 수 있다. 작은 버스 회사의 정보까지는 나오지 않지만, 그렇다고 해서 무조건 교통편이 없는 것은 아니다.

GoEuro(Web/iOS/Android) www.goeuro.com

Busradar와 유사한 서비스인데, 저가항공편 정보도 나온다.

Megabus(Web) http://megabus.com

예약만 잘하면 제일 저렴하게 이동하는 방법이다. 영국에 가장 많은 노선을 가지고 있지만, 그 외 유럽지역을 이동할 때도 편리하게 이용할 수 있다. 최근 영국 외 노선은 독일 버스회사 'Flixbus'에게 인수되어 Flixbus^{www.flixbus.com}의 홈페이지로 연결된다. 예약하면 1파운드(수수료 0.5파운드 제외)밖에 안 되는 파격적인 가격으로 먼 거리를 이동할 수 있다.

Flixbus(Web/iOS/Android) www.flixbus.com

독일 기반의 장거리 시외버스 회사이다. 최근 2년도 안 되는 기간 'Meindernbus', 'Megabus', 'Postbus' 등 쟁쟁한 버스 회사들을 인수하면서 유럽의 장거리 버스를 거의 독점하다시피 운영하고 있다. 예약 시 최저 5유로부터 이용할 수 있다.

Eurolines(Web/iOS/Android) www.eurolines.com

몇 년 전까지만 해도 유럽에서 도시 간 버스 이동은 Euroline 말고는 마땅한 이동 수단이 없었다. 그만큼 많은 도시가 연결되어 있지만, 나라별로 웹사이트가 따로 운영되고 있고 예약시스템이 불편한 경우가 많다.

Ouibus(Web) www.ouibus.com

프랑스 국영철도가 운영하는 버스 회사

Alsa(Web/iOS/Android) www.alsa.es/en

스페인 기반의 버스 회사. 스페인에는 Alsa 외에도 중소규모의 버스 회사가 많으니, 도시별로 검색해 보거나 현지 관광안내소 또는 터미널에서 알아보는 것이 정확하다.

STUDENT AGENCY(Web) www.studentagency.eu/en

체코 기반의 버스 회사. 동유럽지역 여행 시 유용하다.

locomotimes(iOS/Android)

기차 예약 애플리케이션이 없는 이탈리아의 기차 시간표를 유일하게 확인할 수 있다. 예약은 trenitalia 홈페이지^{www.trenitalia.com}를 통해서만 가능하다.

TIP. 버스 이용 시 유의사항

• 유럽에는 우리나라처럼 버스터미널 개념이 없는 곳이 많으니 정류장 위치를 정확히 확인해야 한다. 우리도 버스를 놓치거나 애를 먹은 적이 한두 번이 아니다.

• 장거리 버스가 많아 이런저런 사정에 의해 30분이고 1시간이고 연착되는 경우가 허다하다. 조금 늦게 정류장에 도착했다고 낙심하지 말자.

지도 및 여행정보

maps.me(iOS/Android)

데이터로밍을 할 경우엔 구글맵을 사용하는 것이 편리하지만, maps.me는 로밍을 하지 않았을 때 매우 유용한 앱이다. 로밍해도 인터넷이 느린 경우가 많아서 다운로드 받아놓으면 편리하다. 와이파이가 되는 곳에서 원하는 지역의 상세 지도를 내려받아 오프라인에서 사용할 수 있다. 구글맵보다 속도가 매우 빠르고 샛길, 공중화장실까지 잘 표시되어 있을 정도로 정확도가 높다.

tripadvisor(Web/iOS/Android)

전 세계인이 사용하는 여행정보 커뮤니티다. 한국인들에게 알려지지 않은 관광지와 맛집을 찾기에 제격이다. 물론 평점이 높아서 갔던 식당이 우리나라 사람의 입맛에는 맞지 않는 경우도 더러 있다. 주요 도시는 오프라인 지도를 다운로드 받는 기능이 있어서 'maps.me'와 함께 자주 사용하였다.

Use-it map(Web/iOS) www.use-it.travel

젊은 여행자들을 위한 지도. 처음에는 벨기에 주요 도시들을 중심으로 만들어졌는데, 이탈리아, 체코 등 다른 지역으로도 전파되고 있다. 해당 지역의 젊은 사람들이 만든 생생한 지도로, 이곳저곳 이야기가 숨어 있는 상점들이나 여행지들을 재미있게 소개해 놓아서 또 다른 재미를 찾을 수 있다. 벨기에의 경우, 브뤼셀, 브뤼헤, 겐트, 리에주, 앤트워프 등 웬만한 곳에는 모두 있으며, 관광안내소 또는 일부 호스텔에서도 나눠준다. 홈페이지 또는 iOS 기반의 스마트폰을 통해서도 내려받아 이용할 수 있다.

navmii GPS(iOS/Android)

우리가 렌터카 여행 시 사용한 애플리케이션. 미리 국가별 지도를 다운로드해 오프라인에서 사용할 수 있는 지도이다. 간혹 정확도가 떨어질 때나 주소가 검색되지 않을 때에는 'maps.me'와 함께 사용했다.

캠퍼밴(소형 캠핑카) 렌탈 업체 - 영국 기준

유럽의 일부 캠핑카 회사 중에는 한국인에게는 렌트를 해주지 않는 경우도 있다고 하니 사전에 잘 확인해보자.

Spaceships Rentals www.spaceshipsrentals.co.uk

영국에 본사가 있는 캠퍼밴 회사. 카니발급 차량을 가지고 다니며 숙식할 수 있는 매력이 있다. 런던, 에딘버러, 더블린, 로마, 바르셀로나에서 차량 픽업 및 반납을 한다. 우리와 같은 불상사가 생기지 않도록 꼭 차량의 상태를 잘 확인하고 relocation deal은 특히 주의하자.

Bunk Campers www.bunkcampers.com

역시 영국에 있는 소형 캠핑카회사로, 영국과 아일랜드 내에서만 이용할 수 있다. 런던, 에딘버러, 글래스고, 더블린, 벨파스트에서 인수 및 반납이 된다.

페리 & 크루즈

Direct Ferries(Web/iOS/Android) www.directferries.co.uk
전 세계 페리 가격을 비교 할 수 있는 사이트

Vacationstogo(Web) www.vacationstogo.com
전 세계 크루즈 정보를 볼 수 있는 사이트. 잘 찾으면 특가 할인을 구할 수 있다.

생활

트라비포켓(iOS/Android)
여행용 가계부 애플리케이션

오프라인사전(iOS/Android)
원하는 나라의 언어를 선택해서 다운로드 받을 수 있는 사전이다. 오프라인에서 정말 요긴하게 사용할 수 있다는 점은 장점이지만, 없는 단어가 종종 있으므로 완벽을 기대하지는 말고 사용하는 것이 좋다.

기타 정보

생태건축 워크숍(Web) http://naturalhomes.org
생태건축, 자연주의 생활과 관련된 워크숍을 찾아볼 수 있다.

영국 생태공동체(Web) www.diggersanddreamers.org.uk
봉사자를 구하고 있는 생태공동체 정보를 알려준다.

수공예 워크숍(Web) www.craftcourses.com

영국에서 열리는 각종 수공예 워크숍의 정보를 제공한다.

땅을 소유하지 않은 농부, 세상을 가꾸는 여행
우프코리아 소개

1971년 영국에서 시작된 우프 활동은 2016년 현재 전 세계 143개국에서 시행되고 있다. 우프코리아는 호주에서 우프를 경험했던 한 청년에 의해 1997년 창립되었다. 당시 많은 언론과 기사에도 소개되었지만, 지금처럼 친환경, 유기농에 대한 관심과 개념이 부족했을 때라 주로 해외에 나가 현지인 농장에서 함께 일하며 자연스레 영어를 공짜로 배운다고만 알려졌다. 2011년에 농림축산식품부에서 사단법인으로 승인받은 이후, 본격적으로 한국의 친환경 유기농 농가들의 일손을 돕는 단체로 활동할 수 있었다. 우프코리아의 호스트는 현재 70곳으로 친환경 유기농 농장 외에도 우리나라 전통문화를 보여주는 사찰 및 황토 및 기와집을 짓는 곳, 대안 교육을 하는 곳 등 다양한 곳에서 활동을 함께 하고 있다. 호스트는 매우 까다롭게 선정을 하는데, 1년 단위 재승인 심사를 통과해야만 활동할 수 있다. 우프코리아를 찾는 우퍼들의 80%는 외국인들로서 미국, 프랑스, 싱가포르, 홍콩 등에서 참여가 높고 대부분 20~30대가 주를 이루지만, 50~60대로 은퇴 후 세계 여행을 하며 한국 우프를 경험하는 이들도 꾸준히 늘고 있다. 내국인의 참여는 20% 정도이며 20~60대까지 고르게 분포되어 있다. 다른 나라처럼 더 많은 내국인이 한국의 농촌에 관심을 갖는 날이 오길 고대하고 있다.

북촌한옥마을에 위치한 우프코리아의 한옥 사무실에서는 찻집과 게스트하우스를 운영 중이니, 부담 없이 방문해 우리 전통 차도 맛보고 한국 우프에 대한 정보도 알아보자.

by 김혜란 우프코리아 상임이사

• http://wwoofkorea.org, www.theplaceseoul.com(복합한옥공간 '곳')
• 서울시 종로구 계동길 52-11, 02-723-4458

Epilogue

배낭여행 꿈을 꿨고 꿈을 이뤘습니다.

매일 같이 배낭을 풀고 싸고 짊어지는 일이 설레고 좋기만 했습니다.

오늘은 아침부터 아기의 짐을 싸고 있습니다. 기저귀, 손수건, 치발기, 여벌 옷.

내 배낭이 아니라 아이의 짐을 챙기고, 배낭을 짊어진 내가 아니라 아이를

업고 있는 내 모습을 보며 아 행복하구나! 이렇게 삶은 이어져 가는 것 같습니다.

여전히 저 우정은 휴직 상태고, 영글은 학생의 신분으로 돌아왔습니다.

그리고 이팝나무 꽃이 흐드러지게 핀 5월, 예쁜 딸 지은이를 만났습니다.

새소리 바람 소리 햇빛과 친구 삼고, 아름다운 자연의 소리에 가깝게 키우겠다고

다짐합니다.

우리 모습이 그때와 크게 변한 건 없지만, 지난 1년간 돈으로 살 수 없는 시간과 경험을

함께했습니다. 가슴에만 품고 살던 버킷리스트를 하나씩 지웠습니다. 그리고 그 힘으로

앞으로 더욱 단단하게 살 수 있게 되었습니다.

태양과 바람과 물과 흙을 존중하는 사람들과 함께했습니다.

그곳에서는 자연이 사람을 돕고, 사람이 또 다른 사람을, 그리고 자연을 돕습니다.

돈이 우선인 세상에서 돈을 배제하고도 서로의 도움을 주고받으며 얼마나 풍성한 삶을

누릴 수 있는지 알게 되었습니다. 금전적 관계로 사람을 만나는 게 아니므로

더 많은 것을 얻을 수 있었던 것이죠.

1년 동안 24시간을 함께하며 알았습니다.

우리는 사치를 피곤해하고 산책을 즐긴다는 것을.

함께 있으면 어디든 눈부시고 아름다운 장소가 된다는 것을.

앞으로도 그런 순간들을 평생 함께하며 살고자 합니다.

늘 우리가 원하는 곳에 우리가 있기를.

색다른 부부의 유기농 라이프

유럽, 여행 말고 우프!

초판 1쇄 발행 2016년 11월 28일

저자	유영글, 정우정
발행인	이심
편집인	임병기
책임편집	김연정
기획편집	이세정, 조성일, 이아롬, 신기영
디자인	스튜디오 고민
마케팅	서병찬
총판	장성진
관리	이미경

출력	삼보프로세스
인쇄	형제아트인쇄㈜
용지	영은페이퍼㈜

발행처	㈜주택문화사
출판등록번호	제13-177호
주소	서울시 강서구 강서로 466 우리밴처타운 6층
전화	02.2664.7114
팩스	02.2662.0847
홈페이지	www.uujj.co.kr

정가 14,800원
ISBN 978-89-6603-032-3 13980

이 도서의 국립중앙도서관 출판예정도서목록(CIP)은 서지정보유통지원시스템
홈페이지(http://seoji.nl.go.kr)와 국가자료공동목록시스템(http://www.nl.go.kr/kolisnet)에서
이용하실 수 있습니다. (CIP제어번호 : CIP2016028061)

이 책은 한국출판문화산업진흥원 2016년 우수출판콘텐츠 제작 지원 사업 선정작입니다.